U0163279

未来能源技术系列丛书

纳米构建
热电薄膜

胡志宇 吴振华 著

上海交通大学出版社
SHANGHAI JIAO TONG UNIVERSITY PRESS

内容提要

随着半导体热电材料性能与热电器件效率的提升,热电发电系统未来很有可能替代传统瓦特时代的机械热机,成为新一代环保、高效、全固态的热能启动发电系统。本书基于作者多年来从事热电薄膜所积累的创新科研成果,梳理了热电薄膜的微观结构设计与性能调控策略,总结了利用低维纳米结构提高材料热电性能的手段。本书使用物理气相沉积方法构建纳米尺度的热电薄膜,以大量详实的第一手试验数据为依据,探索不同材料种类、厚度、加工条件对热电性能的影响,并建立了数学模型,通过调控相关参数实现热学/电学性能的可编辑,最终达到提升热电转换效率的目的。本书的主要研究对象为 Si 基和 Sb_2Te_3 基多层薄膜以及 Sb_2Te_3 和 Bi_2Te_3 基薄膜。同时,对热电薄膜的未来发展及应用提出了思考和展望,利于启发从事能量转换与利用的读者的创新思维。本书可供希望了解更多有关高性能低维材料制备的研究人员、工程技术人员和高等院校相关专业的师生参考。

图书在版编目(CIP)数据

纳米构建热电薄膜/ 胡志宇,吴振华著. —上海:
上海交通大学出版社,2020
ISBN 978-7-313-23411-7

Ⅰ.①纳… Ⅱ.①胡… ②吴… Ⅲ.①纳米技术-应用-热电器件-研究 Ⅳ.①TN37

中国版本图书馆 CIP 数据核字(2020)第 111490 号

纳米构建热电薄膜
NAMI GOUJIAN REDIAN BAOMO

著 者:	胡志宇 吴振华			
出版发行:	上海交通大学出版社	地 址:	上海市番禺路 951 号
邮政编码:	200030	电 话:	021-64071208
印 制:	上海万卷印刷股份有限公司	经 销:	全国新华书店
开 本:	710 mm×1000 mm 1/16	印 张:	16.75
字 数:	297 千字		
版 次:	2020 年 8 月第 1 版	印 次:	2020 年 8 月第 1 次印刷
书 号:	ISBN 978-7-313-23411-7		
定 价:	99.00 元		

前　言

　　能源与环境保护是关系到我国国民经济发展和国家安全的重大问题。当今世界,能源安全是各国国家安全的重要组成部分。作为世界最大的能源消费国,如何有效保障国家能源安全、有力保障国家经济社会发展,始终是我国能源发展的首要问题。世界正处于能源革命的浪潮中,本次能源革命的发展趋势主要呈现以下几个特点:① 一次能源结构正处于高碳向低碳转变的进程;② 新能源和可再生能源将成为未来世界能源结构低碳演变的重要方向;③ 电力将成为终端能源消费的主体;④ 能源技术创新将在能源革命中起决定性作用。

　　在现代社会中,随着用电设备的普及,人们对电力的需求与日俱增。目前我国电力供给主要依靠燃烧煤、油、天然气等一次石化能源,虽然一些提高发电效率与环保控制的技术正逐渐投入使用,但这样大规模的高温燃烧的发电手段依然不可避免地带来环境污染,释放大量的温室气体。

　　人类活动使得全球气候变暖已经成为人类不得不面对的问题,人们一直在积极寻找一种能够减缓或降低全球气温升高的技术。事实上,从工业革命开始到现在,人类消耗的化石能源使得地球温度升高了 $1℃$ 左右,如果我们能够利用这 $1℃$ 的温差所蕴含的巨大能量就可以获得持续的环保能源供给。2015 年通过的《巴黎协定》的主要目标是将 21 世纪全球平均气温上升幅度控制在 $2℃$ 以内,并将全球气温上升控制在前工业化时期气温之上 $1.5℃$ 以内。

　　人类一直期望找到如同自然界一样取之不尽、用之不竭的能量来源。是否可以获得一项技术,在不需要提供额外能源的条件下,把地球表面无时不在、无所不在、取之不尽、用之不竭的超低品质的(温差小于 $25℃$)环境热能直接转换为电能?如果有了这样的先进能源技术并规模化运用后,人类就能获得真正可持续、完全环保的绿色能源,并彻底摆脱对石化能源的依赖。利用环境热能发电还有一个非常重要的优势,就是可以从根本上解决目前世界上能源存在的不均衡性问题。目前所有的能源,无论是石油、天然气、水资源、核能、太阳能、风能等都存在一个根本性的问题,那就是能源分布不均衡。这些能源的分布不均曾经引起过无数的纷争甚至战争,给世界各国人民带来无数的灾难。唯有地球表面环境热能量的分布是无时不在、无所不在,而且完全免费的。物理学告诉我们,热能量是体积能量,某一特定质量的物体在没有相变的情况下,1℃(或 1 K)温差所含的热能量是完全一样的。如一个 1 kg 的铁块,在 40～41℃之间变化的热能量与其在－41～－40℃之间变化的热能量是完全一样的。如果能够利用温差发电就可以完全、彻底地解决能源分布不均这个世界难题!

传统热机是通过机械运动把热能转换为电能的,根据卡诺定律,传统热机必须在很大温差条件下(一般大于 200℃甚至 300℃)才能进行有效工作,获得较为经济的输出。目前,柴油/汽油机发电系统综合发电效率不到 25%,而 75%的能量作为废热白白浪费掉了。根据 2018 年中国统计年鉴,我国热电厂与核电厂综合发电效率为 44.6%,大量的冷却水的出口温度为 30～60℃,再加上其他工业废热,每年浪费的废热超过 100 个三峡大坝的年发电量(2018 年三峡电站全年发电量为 1 016 亿千瓦时,而三峡大坝 1993 年的建设成本将近 1 000 亿元人民币)。此外,太阳能光伏发电仅仅利用了太阳能可见光谱的一部分能量,而约 2/3 的热能量不仅没有得到利用,还会因为提高光伏板的温度而降低发电效率。这些蕴含量巨大的超低品质的热能量,因为温差非常小,传统热机完全无法利用。

制约当前热电材料发展与应用的因素主要有两个:一是材料的热电转换效率较低,二是热电器件与装置成本高、规模化制造技术不成熟。近年来,热电材料的研究主要集中在中高温范围(如 $PbTe$、Cu_2Se、half-Heusler、$SnSe$ 等),并取得了较为显著的成果,而中低温区的热电材料研究缺乏,进展缓慢。近年来 Bi_2Te_3、$GeTe$ 等低温热电材料体系的热电优值有所提高,但器件的效率仍然不高,经济性、可靠性和稳定性还较差,远不足以支撑未来温差发电技术的规模化、商业化应用。

热电材料的性能可以用热电优值 ZT 来表征。现阶段的理论预测和实验结果表明,二维超晶格、纳米复合材料能显著提升热电优值。当材料达到纳米尺度时,费米能级附近电子能态密度发生变化,对声子传输产生维度和尺寸限制及界面散射效应,增加了对热和电输运调控的自由度。因此,将材料低维化是提高热电性能的有效手段。

得益于现代先进加工技术和表征方法的进步,含有纳米结构成分的传统块状热电材料已经开发出来,并获得了高的 ZT 值。目前,对于热电材料的研究主要集中在两方面:一方面是含有纳米结构的块体热电材料,另一方面则是纳米热电材料。目前,最好的商用热电材料的 ZT 值只有 1 左右,转换效率只有 5%～7%。因此,当热电材料的 ZT 值低于 1 时,转换效率很低;达到 2 时可以用于废热的回收利用；只有 ZT 值达到 4 或 5 时，才具备使冰箱制冷的能力。

通过控制不同维度可以设计热电材料，低维化的热电材料热电性能优异。热电材料低维化后，费米能级附近的状态密度会提高，载流子有效质量及塞贝克系数绝对值增加。另一方面，声子的量子禁闭效应会降低热导率。此外，量子约束等效应会提高载流子迁移率。相比于发展较为成熟的块体热电材料与器件，热电薄膜易与现代微纳加工技术结合制成微型器件，适用于更加广阔的领域。本书旨在研究构建纳米尺度的热电薄膜，对影响热电薄膜性能的因素进行调控，为热电薄膜的低维化应用提供借鉴。

本书利用多种物理气相沉积技术与微纳加工技术，试图探索出一条能适用于规模化制备高效纳米构建热电薄膜材料的方法。本书所有内容均为上海交通大学纳微能源研究所团队（曾志刚、杨鹏辉、吴义桂、刘艳玲、曹毅、肖丹萍、田遵义、沈斌杰、沈超、林聪、房博、叶峰杰、张向鹏、张海明、王志冲、张自强、杨钢、胡阳森、木二珍、吴之茂、刘洋等）在过去近十年中利用纳微能源研究所实验室与学校的科研条件获得的第一手实验结果，数据真实可靠。

我们非常感谢一直关心与支持我们工作的各位领导、专家、老师与朋友们，感谢国家自然科学基金（51776126）的资助！更加感谢家人们给予我们无私的爱与支持，才使得我们能够顺利完成本书中的研究工作！

目 录

研究背景与现状

依靠燃烧煤、油、天然气等一次化石能源的获取能源途径,不可避免地带来了环境污染,释放了大量的温室气体,从而导致全球气温升高。能源的大量消耗也导致了能源危机,人们急需获取新型的、可持续的、环保的能源,以摆脱对化石能源的依赖。热电转换可将环境热能直接转换为电能,为人类获取能源提供了一种新型途径。

1.1 研究背景

人类文明的发展一直伴随着能源的消耗。人类社会进入工业时代以后,煤炭成为主要的能源来源;第二次世界大战之后,石油和天然气成为新的能源来源并迅速得到广泛应用;到了 20 世纪后期,逐渐形成了以煤炭、石油和天然气等化石燃料为主体的世界能源体系;直到 20 世纪末 21 世纪初才形成以化石燃料为主、新能源为辅的世界能源体系。根据国际能源署的报告,以石油、天然气和煤为代表的化石能源仍然是目前世界能源主要来源(如图 1-1 所示)。能源作为人类社会经济发展的重要物质基础,随着人类生活水平的不断提高和经济的不断进步,消耗也越来越大,能源危机也随之出现。根据联合国的预测,在 21 世纪初的 20 年里,世界能源的消耗量将以每年 2% 的速率增长。而依据美国能源部的预测,2020 年世界的能源消耗总量将比 1999 年增长 59% 左右。能源问题已

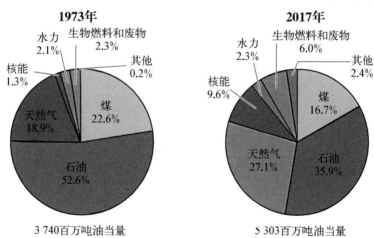

图 1-1 目前世界能源消费情况(IEA2018 Key World Energy Statistics)

注:1. 图中不包括电力贸易;
　　2. 泥炭和油页岩与煤聚集在一起;
　　3. 其他包括地热、太阳能、风能、潮汐/海浪/海洋、热能和其他。

经成为 21 世纪人们最关注的热点问题之一。

近年来,随着新能源技术的不断发展,新能源在世界能源结构中所占的比例不断提高。但是根据世界能源委员会及国际应用系统分析研究所的研究报告,预计到 21 世纪中期,煤炭、石油及天然气等传统的化石燃料仍将是世界能源的主体。预计到 2100 年,太阳能、风能、生物质能等可再生能源比例有所增加,可能占据世界能源组成的一半左右。然而,目前作为能源主体的煤炭、石油、天然气等不可再生能源已经接近枯竭[1]。同时,传统的化石燃料在使用过程中产生的有害物质已经给环境造成了极大的危害,引起了严重的环境污染问题。另外,当前能源的利用率不高也是能源利用过程中存在的重要问题,能源有效利用率低将造成大量的能源浪费。如表 1-1 所示为世界上主要能源消耗国化石能源的利用效率[2]。从表 1-1 中可以看到,我国在能源利用过程中大约有三分之二的能源被浪费掉,而全世界有一半的能源被浪费掉。能源的浪费主要是以热的形式大量损失掉,比如内燃机的燃烧、工厂烟囱、电器件发热等。

表 1-1 世界主要国家能源结构及利用效率

国　　家	煤炭/%	石油/%	天然气/%	能源利用效率/%
中　国	65.59	24.62	2.71	36.81
美　国	24.15	39.00	26.20	50.00
日　本	20.67	47.62	13.68	52.51
德　国	25.68	38.62	22.56	52.51
印　度	55.61	30.05	7.81	40.06
俄罗斯	15.39	19.20	54.61	54.08
巴　西	6.76	48.11	6.93	62.26
世界平均	25.50	37.45	24.26	50.32

为了解决以上问题,寻求可替代传统化石燃料的新的环境友好型能源、开发新的能源应用技术便成为解决能源问题的主要方式。而热电技术的出现为解决能源危机及环境污染等问题提供了一条新途径。

1.2　热电效应及发展

热电指的是热能和电能在温度梯度下能够相互转换的现象。热电效应包含塞贝克效应、汤姆逊效应和珀耳帖效应。塞贝克效应是德国科学家塞贝克在 1821 年发现的,它指的是材料在存在温度梯度的条件下能够产生电势差的现象。珀耳帖效应是塞贝克效应的逆效应,它指的是在不同导体两端通入电流时,除了产生焦耳热之外,在电流接入的导体两端产生吸热或放热效应,吸热或放热取决于通入电流的方向。该效应是法国科学家珀耳帖在 1834 年发现的。汤姆逊效应指的是在存在温差的导体中通入电流时,导体除了产生焦耳热之外,还能在导体输入电流的两端发生吸热或放热反应,吸热或放热取决于电流的通入方向。该效应是英国科学家汤姆逊在 1856 年发现的。自热电效应被发现以来,其应用便得到了迅速发展,各种各样的热电器件不断开发出来。热电器件是一种能够利用热电材料的塞贝克效应将热能直接转化为电能的装置。热电转换是一种很有前途的绿色能源利用方式。热电器件具有的无噪声、无污染、无机械振动等固有优势使其被广泛应用于车辆[3-5]、可穿戴设备[6-9]、太阳能系统[4,10-12]以及工业废热回收系统[12-14]等。热电器件可将人体的热量或废热直接转化为电能,从而提高能源利用效率、降低能源成本。图 1-2 展示了热电器件的部分应用。近几十年来,随着新的热电材料和新的热电器件加工方法已研究开发出来,如丝网印刷[6,9,15-16]、物理气相沉积[17]、火花等离子烧结[18-21]、热压[22-23]、金属有机物化学气

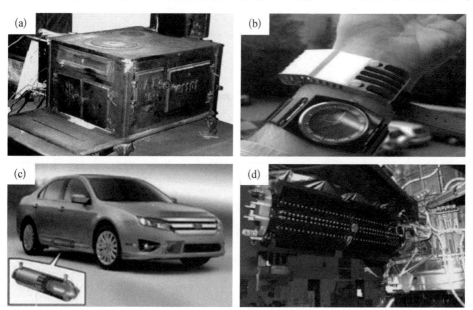

图 1-2 热电器件的部分应用

(a) 燃木炉供热发电[25];(b) 人体热量发电手表[26];(c) 福特汽车排气管余热发电[27];(d) 旅行者号辐射热源发电[28]

相沉积[24]等,热电材料和器件的研究及应用再次引起研究者的兴趣。

1.2.1 塞贝克效应

本书中涉及的主要是塞贝克效应(Seebeck effect)的应用,即热转化为电的应用研究。塞贝克效应原理如图 1-3 所示,当材料两端存在温差时,材料中的载流子会在温差的驱动下从高温端向低温端移动,从而在闭合回路中产生电压。其中,P 型半导体材料的载流子主要为空穴,N 型半导体材料的载流子主要为电子。材料产生的塞贝克电压与材料两端的温差呈正比,该比例系数称为塞贝克系数。P 型半导体的塞贝克系数为正,N 型半导体的塞贝克系数为负。塞贝克电压可用式(1-1)计算:

$$U = \alpha \cdot \Delta T = (\alpha_P - \alpha_N) \cdot (T_h - T_c) \tag{1-1}$$

式中,α 为塞贝克系数;U 为塞贝克电压;ΔT 为温差;T_h 为高温端温度;T_c 为低温端温度。

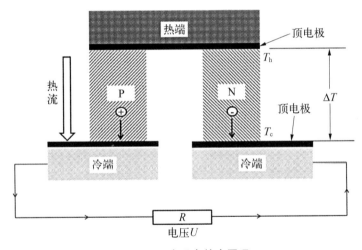

图 1-3 塞贝克效应原理

图 1-3 中的结构称为 PN 热电对。在实际应用中,为了获得较高的电压,往往将多个热电对进行串联。

1.2.2 热电材料性能参数

热电材料在热电器件中起着至关重要的作用[28],热电器件的发展、应用伴随着对热电材料的开发和研究。热电材料的性能可以用热电优值 ZT 来表征,

热电优值 ZT 与热电材料的物理性质相关,可表示为[29]

$$ZT = \frac{\sigma \cdot \alpha^2}{\kappa} \cdot T \qquad (1-2)$$

式中,σ 为热电材料的电导率;α 为热电材料的塞贝克系数;$\kappa = \kappa_e + \kappa_L$ 为热电材料的热导率,κ_e 和 κ_L 分别为电子热导率和晶格热导率;T 为绝对温度。$\sigma \cdot \alpha^2$ 表示热电材料的电学性能,也称为功率因子[28],而 κ 则表示热电材料的热学性能。根据式(1-2)可以看出,高性能的热电材料需要高的电导率、高的塞贝克系数和低的热导率。一种热电材料的塞贝克系数、热导率、电导率及 ZT 值是与该材料的能带结构、载流子浓度等参数相关的函数[30]。热电材料的 ZT 值、功率因子、热导率、电导率及载流子之间的关系如图 1-4 所示[31]。

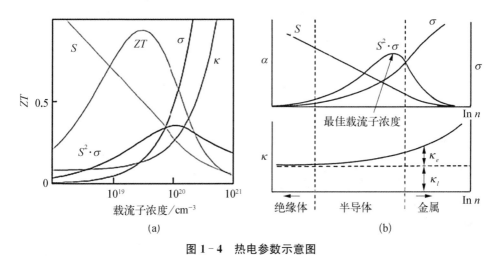

图 1-4　热电参数示意图

(a) 热电材料相关参数之间的关系;(b) 塞贝克系数、热导率和电导率在最佳载流子浓度时的关系(最佳载流子浓度为 1×10^{19} cm^{-3} [32])

在发现塞贝克效应之后的很长一段时间里,应用材料主要为金属及其合金材料。由于金属具有很低的塞贝克系数和 ZT 值,因此,早期的热电材料主要用于制备热电偶[32]。直到 20 世纪 30 年代,随着半导体热电材料的发现及半导体热电材料理论的发展,热电材料的性能得到了极大的提升。然而,自 20 世纪 60 年代至 20 世纪 90 年代,热电材料的发展比较缓慢,没有取得明显的进步。直到 90 年代中期,理论预测通过纳米结构工程可以大大提高热电效率(图 1-5),才再次掀起研究热电材料的热潮[33]。

由于现代先进加工技术和表征方法的发展,含有纳米结构成分的传统块状热电材料已经开发出来,通过纳米化处理可使块体热电材料获得高的 ZT 值。目前,对于热电材料的研究主要集中在两个方面:一方面是含有纳米结构的块体热电材料,另一方面则是纳米热电材料。几种典型热电材料的 ZT 值如图 1-6 所示。

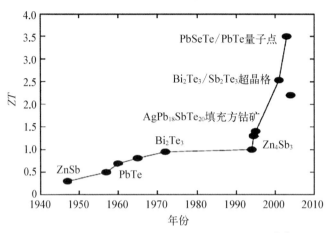

图 1-5 在不同年份的热电材料 ZT 值的变化[34]

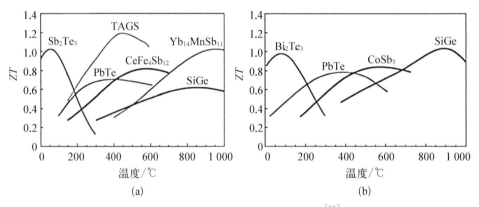

(a)   (b)

图 1-6 几种典型热电材料的 ZT 值[31]

提高热电材料的 ZT 值可以提高材料的热电转换效率,热电转换效率 η 与 ZT 值的关系为

$$\eta = \frac{T_h - T_c}{T_h}\left(\frac{\sqrt{Z\bar{T}+1}-1}{\sqrt{Z\bar{T}+1}+1-T_c/T_h}\right) \qquad (1-3)$$

式中,T_h 为热端温度;T_c 为冷端温度;$\bar{T}$ 为平均温度,即 $\bar{T} = \dfrac{T_h + T_c}{2}$。

目前,最好的商用热电材料的 ZT 值只有 1 左右,其热电转换效率只有 $3\%\sim7\%$。根据图 1-7 的估算,其热电效率远远低于卡诺效率(热机的最高效率只与高温和低温端的热力学温度有关)。当热电材料的 ZT 值低于 1 时,热电转换效率是非常低的;当 ZT 值达到 2 时可以用于废热的回收利用;只有 ZT 值达到 4 或 5 时,热电材料才具备使冰箱制冷的能力[28]。

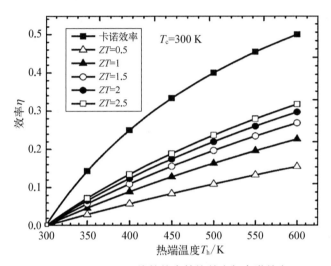

图 1-7 不同 ZT 值的热电转换效率与卡诺效率

1.2.3 Si 基热电材料研究进展

Si 是应用最广泛的半导体材料,同时也是热电材料的一种。它是现代集成电路的基础,在地球上储量巨大,开采和加工都极为方便。同时 Si 的性能稳定,无毒无污染。因此,Si 作为热电材料具有广阔的应用前景。

Si 是第ⅣA 族元素,其晶胞类型为金刚石结构的面心立方体,晶格常数为 0.543 nm,为共价键类型,摩尔质量为 28.085 5 g/mol,理论密度为 2.33 g/cm³,熔点为 1 690 K。块体 Si 的功率因子较大,电学性能也较优。然而,Si 具有较高的热导率,在室温状态下,单晶 Si 的热导率可达 148 W·m^{-1}·K^{-1}[35],其较高的热导率导致很难建立起较大的温差,从而导致纯 Si 的热电性能较差。因此,想要提高 Si 材料的应用价值就必须降低其热导率。为了降低 Si 的热导率,科学家们提出了多种方案。比较常见的方法有:通过 Si 和其他材料复合化[36];将 Si 低维化[37-38],制备出二维薄膜或者形成一维纳米线。

Si 可以与 Ge 复合形成 SiGe 合金,这种合金是一种较好的高温热电材料。由于 Si 与 Ge 的原子质量及原子半径相差较大,若两者复合则会有强烈的质量波动和应力应变散射,将对声子运动造成显著影响[39],从而导致热导率显著下降,热电性能明显提升。有报道称,当其作为 P 型热电材料的时候,在 1 000 K 的高温下,SiGe 合金的 ZT 值可以达到 1.08[40]。因为 SiGe 合金较好的热电性能,用 SiGe 合金制作的热电器件已经在航空航天领域得到了广泛的应用[41]。

　　Mg 和 Si 复合形成的 Mg_2Si 被认为是一种十分有前途的热电材料[42]。其最佳的工作范围在中温区(400～700 K)。Mg_2Si 基热电材料具有有效质量大、迁移率高、晶格热导率小等特点。在能源危机和环境危机日趋严重的情况下,Mg_2Si 基热电材料因其热电性能较优,且对环境友好,被认为是最具应用潜力的中温区热电材料之一。1955 年首次制备了 Mg_2Si,随后科学界对 Mg_2Si 基热电材料进行深入探索。2006 年 Fedorov 等[43]利用熔炼法制备了一系列 Mg_2Si 基固溶体热电材料,并研究了能带结构对其性能的影响规律。同年 Nemoto[44] 和 Tani 等[42]也分别利用烧结和热压的方法制备了 Mg_2Si 基热电材料,并掺杂其他元素提高其性能。

　　多孔硅由于其光致发光特性在 20 世纪 90 年代引起了广泛的关注。后续的研究发现,纳米化可以有效降低 Si 材料的热导率,从而提高其热电性能。Gesele 等[45]研究发现,孔洞随机分布且孔隙率为 64%～89% 的多孔硅在室温下的热导率为 $0.1 \ W \cdot m^{-1} \cdot K^{-1}$,比块体 Si 小 3 个数量级。虽然对热导率降低有极大的帮助,但是这种传统的多孔结构 Si 的电学性能也大幅度下降。Yamamoto 等[46]发现,这种孔隙形状随机分布的多孔结构会导致其电导率非常低($\sigma = 0.2 \ S \cdot cm^{-1}$),因此,室温下的 ZT 只有 0.03。Song 等[47]发现,如果孔隙是有序的且大小为微米级的,电导率会有显著提高,同时热导率可降低到 $40 \ W \cdot m^{-1} \cdot K^{-1}$。Lee 等[48]通过动力学仿真预测,由于声子的散射,有序的纳米级多孔 Si 热导率可以低至 $0.6 \ W \cdot m^{-1} \cdot K^{-1}$。

　　通过二维化的方式制备 Si 基薄膜也是提高 Si 基热电材料热电性能的重要手段。Huxtable 等[49]测试了不同温度的 $Si/Si_{0.75}Ge_{0.25}$ 和 $Si_{0.75}Ge_{0.25}/Si_{0.25}Ge_{0.75}$ 两种超晶格纵向薄膜的热导率,实验结果表明 $Si/Si_{0.75}Ge_{0.25}$ 超晶格的热导率与其周期厚度有关,其随周期厚度值的减小而减小;而 $Si_{0.75}Ge_{0.25}/Si_{0.25}Ge_{0.75}$ 超晶格的热导率与周期厚度并没有明显的相关性。Lee[50] 和 Borca - Tasciuc 等[51]对 $Si_{0.75}Ge_{0.25}$ 超晶格的热导率进行测量,实验结果表明热导率会先随着周期厚度的增加而增大,而当周期厚度超过 10 nm 时则开始减小。Koga[52] 利用分子束外延的方法制备了应用"载流子袋装工程"概念的 Si/Ge 超晶格并获得了极大的 ZT 值,在这个体系中,Si/Ge 界面上的晶格应变提供了另一个自由度来控制超晶格的导带结构。

最近几十年,科学家们不断研究一维热电材料。2008 年,美国加州理工学院的 Boukai[37] 制备了 10 nm 宽的 Si 纳米线,发现在纳米线中声子的平均自由程有效降低,从而导致热导率下降到块体值的 0.5%。同年,美国加州大学伯克利分校 HochbAum[53] 利用化学法制备了直径为 20~300 nm 的 Si 纳米线,获得了极高的 ZT 值。在室温下,50 nm Si 纳米线的 ZT 值达到了 0.6,其原因是较高的表面粗糙度导致其热导率比块体 Si 的热导率低了两个数量级。

1.2.4 Sb_2Te_3 和 Bi_2Te_3 热电材料研究进展

碲化锑(Sb_2Te_3)和碲化铋(Bi_2Te_3)为具有类石墨状的六面体层状结构,其化合物及其衍生物是最早也是较成熟的热电材料,在中低温下的热电性能优异。该体系化合物及其衍生物在市场上已得到普遍使用,主要用于温差发电和通电制冷。在介绍材料的研究现状时,若无特殊说明,Sb_2Te_3 均为 P 型热电材料,Bi_2Te_3 均为 N 型热电材料。这里介绍纳米复合结构(主要为块体)和薄膜两部分,介绍块体纳米复合结构意在给薄膜的复合结构研究提供借鉴。

1) 纳米复合结构

调控纳米复合结构可提高功率因子或降低晶格热导率,从而提高 ZT 值。通过合成 Sb_2Te_3 纳米片[54],在 Sb_2Te_3 中复合 Pt[55]、石墨[56]、Te[57-59]、I^-[60]、Cu_2Te[61]、S[62]、PEDOT[63]、Bi[64]、Ag[65] 等,获得的最大 ZT 值小于 1.5。调控 Bi_2Te_3 纳米棒[66]、纳米片[67],使用氩离子对 Bi_2Te_3 纳米柱改性[68],还原氧化石墨烯和 Bi_2Te_3 纳米复合块体材料[69],采用湿法化学方法合成[70],液相反应调控 Bi_2Te_3 纳米片和纳米串[71],掺入 Se[72-73]、Te[74-76]、石墨烯量子点[77]、Bi_2Se_3[78]、Ag/Cd/Cu[79-81]、Lu/Tm[82]、CuI 和 Sn[83],获得的最大 ZT 值小于 1.3。

以上合成方法包括了溶液法、固相合成法、热压法、微波法、离子交换法、熔融法和电等离子体烧结(spark plasma sintering,SPS)等,主要研究对象为块体结构。

2) 薄膜

Li 等[84] 通过计算表明,五层原子的 Sb_2Te_3 薄膜室温 ZT 值可大于 2,而维度变为块体后 ZT 值降低到 0.5 左右。使用不同的基片[Si(111)、石英玻璃、聚酰亚胺[85]、Si(100)[86]、Al(0001)[87]、石墨烯和氧化硅[88]、硼硅酸盐玻璃[89]]和后退火处理,控制 Sb_2Te_3 薄膜厚度、晶粒尺寸及基片温度[90-93],掺 γ - Sb_2Te_3[94]、Sb[95]、Te[96-97]、Ag[98-101]、Cu[102-103]、S[104],获得的最大 ZT 值

为 1.0。

针对 Bi_2Te_3 薄膜,采用氧化硅[105]、玻璃[106-107]、Si(111)[108]、单晶 MgO[109] 等基片调节薄膜内部固有缺陷[110]和纳米片形貌[111]。使用的薄膜沉积方法包括磁控溅射法、分子束外延法(molecular beam epitaxy,MBE)、热蒸发法、等离子体增强化学气相法、溶液法及电沉积法[112]等。由于薄膜的各向异性参数测试存在一定困难,以上研究主要是对薄膜功率因子或热导率的研究。通过载流子能量过滤和纳米晶界面散射声子来提高功率因子或降低热导率。近年来,Jin 等[113]在单壁碳纳米管(SWCNT)支架上合成了(00l)取向的 Bi_2Te_3 柔性薄膜,该材料室温下最大 ZT 值达 0.89。Kim 等[114]在 N 型 Bi_2Te_3 引入导电聚合物(polypyrrole)进行杂化,增加了塞贝克系数,由于声子散射效应使得热导率降低,ZT 显著提高(在 25℃时为 0.98,100℃时最大达 1.21)。Choi 等[115]通过使用 MBE 在氧化硅基片上沉积了富 Te 的 Bi/Te 多层结构并进行退火,构建了 Te - Bi_2Te_3 薄膜,在 375 K 时,ZT 值达 2.27。

综上所述,各种增强热电材料性能的手段主要是在保证电导率的前提下,提高塞贝克系数(包括能量过滤效应),使得功率因子增大。此外,引入界面散射声子降低热导率。对于薄膜而言,薄膜形貌、厚度、退火温度、基片以及异质结构的引入均会影响其热电性能。

1.3 周期性纳米多层薄膜

1.3.1 周期性纳米多层薄膜概述

为了提高材料的性能,可以将两种不同的材料叠加起来,利用材料的不同特性和材料之间的界面特性,实现材料性能的优化。周期性纳米多层薄膜就是基于这种思想构建起来的功能型纳米薄膜,其基本定义为多种不同组元间相互交替叠加而成的周期性变化的复合薄膜结构。周期性纳米多层薄膜的基本结构如图 1-8 所示,两组元呈交替周期排列,相邻几个不同组元组成一个周期,称为调制周期,记为 h_p,$h_p = h_a + h_b$,其中 h_a、h_b 分别为构成多层周期薄膜的一个组元的单层的厚度,组元厚度之比称为调制比:$n = h_a/h_b$。在周期性纳米多层薄膜中,最主要的特征就是在纳米级别的组元之间有多个相界面,从而产生不同于块体材料的纳米尺度效应和界面效应[116]。

周期性纳米多层结构因其特殊的性能,在很多领域都有重要的应用。其中一个重要用途就是用来制造量子阱激光器[117],因为其具有性能稳定、受温度影响小、阈值低等优点,十分满足未来通信行业的需求。周期性纳米多层薄膜的另一重要用途是制造光学双稳态器件,这类光学非线性元件利用了激光的量子约束效应,具有响应迅速、工作环境要求低等突出的优点。利用该特性的 GaAs/AlAs 多层结构已经得到工程化的应用[117]。而周

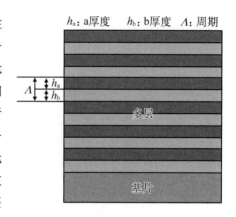

图 1 - 8　周期性纳米多层薄膜基本结构示意图

期性纳米多层因其具有特殊光学性能,在大型极紫外光刻机和软 X 射线设备中也有广泛应用[118-119]。在波长为 4.5～30 nm 的软 X 射线范围内,周期性纳米多层被证明是一种能有效用于正入射的反射涂层。这种周期性纳米多层一般由高原子序数和低原子序数材料层交替组成,各层厚度在 1～10 nm 范围内。涂层能使四分之一波叠加,使得光谱波段的反射率得到增强[119]。

1.3.2　周期性纳米多层薄膜热电性能

周期性纳米多层薄膜制备的方式有很多种,为了得到高质量的多层薄膜(精确而均匀的薄膜厚度和化学成分),一般采用物理沉积法制备,如分子束外延法(molecular beam epitaxy,MBE)、化学气相沉积法(chemical vapor deposition,CVD)和磁控溅射法。然而在研究多层热电薄膜的热电性能时,由于薄膜纵向和面向的热电性能区别较大(见图 1 - 9),迫使研究者必须分别研究。

在面内方向,如果电子输运不受影响,通过声子在每个界面的散射使热导率降低就可以显著改善热电性能。但是,平面内的输运参数也可能受到分层结构的影响,每一层的量子阱结构也会对输运产生一定的影响[120]。

在垂直于平面的方向,热电的传导受到了层的阻碍,因此会产生不同的现象。为了研究周期性纳米多层薄膜的纵向热电转换,科学家们进行了大量的科学研究。1987 年,Yao[122]第一次通过实验的方法测得了 GaAs/AlAs 超晶格多层的纵向热导率,发现薄膜的热导率虽然大于块体的热导率,但是比它们的加权平均值要小。Chen 等[123]利用他们自己设计的新测试方案,测试了 GaAs/AlAs 多层薄膜结构横向和纵向的热导率,发现薄膜的热导率是块体热导率的 1/7。Lee 等[50]用实验的方法测试了 Si/Ge 超晶格多层薄膜的纵向热导率,发现得到

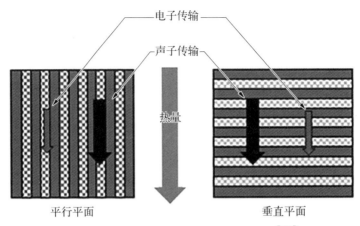

图 1-9   不同传输方向有不同的输运特性[121]

的热导率基本上和 SiGe 合金的热导率相当。

这些年来,人们得到了各种不同材料体系的超晶格多层热导率数值,例如 Bi_2Te_3/Sb_2Te_3、Si/Ge、InAs/AlSb[124]、InP/InGaAs[125]、SbTe 基超晶格。这些实验都说明,对于这些超晶格薄膜系统,不管是纵向的还是横向的热导率都小于其块体的热导率。Yao 对 GaAs/AlAs 平行于薄膜方向热导率的研究结果和 Capinski[126]对其纵向热导率的研究结果表明,超晶格热导率会随着周期厚度的增大而减小,也就是说,界面的热阻随着周期性厚度的增加而增加。

到目前为止,多层系统的热电性能并没有得到很大的改善。Harman 等[127]利用了 MBE 沉积 N 型 PbTe/Te 多层体系,调节了各层厚度和载流子浓度。结果表明,与同类的块体材料相比,塞贝克系数和功率因子有明显提高,但在热导率方面没有明显的改善。利用 MBE 制备了 Se 掺杂(N 型)的 PbSeTe/PbTe 超晶格,他们发现通过外延应变自组装的锥形量子点可以进一步改善性能,并且在室温下获得了 1.5 的 ZT 值[128]。

总结多层热电的研究发现:① 大多数研究集中在少数几种材料体系上,特别是Ⅴ-Ⅵ化合物(锑和铋的碲化物)、Ⅳ-Ⅵ二元化合物(硒化铅、碲化物)、Ⅲ-Ⅴ半导体(铝、镓和铟的砷化物)和Ⅳ族体系(硅和锗);② 尽管对声子输运和散射的理解还远未完成,但大多数效率的提高都来自热导率的降低;③ 面内的热电研究较少;④ 通过提高功率因子的研究来提高 ZT 值的研究较少。

最近,Mahan 等[129]提出了一个特殊方法来提高功率因数,通过将高电子浓度的材料(如金属)与半导体结合,引入相对于费米能级不对称性的传导电子分布,从而显著改善了功率因数。同时,高的界面密度也可以有效降低热导率,从

而提高了整体的 ZT 值。这个方法不久就被科学家们引入到对岩盐结构氮化物相(ScN 和 GaN)和金属过渡氮化物(ZrN 和 ZrWN)组成的多层结构的研究上。金属过渡氮化物具有类似金属的电阻率($15 \sim 50 \ \Omega \cdot cm$),同时这些材料还具有极高的热稳定性和化学稳定性,熔点通常在 $2773 \ K$ 以上,在高温下具有很高的抗氧化性。这两种化合物体系不容易融合,层状结构不容易受高温的影响,因此其具极大的应用价值。Rawat 等[130]利用单质金属靶,在 $1123 \ K$ 的基体温度下反应溅射沉积 ScN/(Zr,W)N 金属-半导体超晶格。同时他们对 ScN/(Zr,W)N 超晶格的室温热导率进行了评估,研究表明,ScN/ZrN 在 $3 \sim 7 \ nm$ 的周期内,可以得到最小的热导率,其值为 $5 \ W \cdot m^{-1} \cdot K^{-1}$,远低于组成材料的热导率(ZrN 的总热导率为 $47 \ W \cdot m^{-1} \cdot K^{-1}$,计算晶格的贡献为 $18.7 \ W \cdot m^{-1} \cdot K^{-1}$)。通过合金化 W-N 减少 ScN 的晶格失配,可使热导率进一步减少到 $2.2 \ W \cdot m^{-1} \cdot K^{-1}$ [131]。同时,Zebarjadi 等[132]研究了 ScN(6 nm)/ZrN(4 nm)超晶格,测得其在室温下的塞贝克系数为 $840 \ mV/K$。因此,半导体和金属组成的多层具有极大的热电潜能。

1.3.3 周期性纳米多层薄膜热稳定性

由于热电薄膜制冷系统可以获得很高的冷却功率密度,因此其在微型化电子芯片中有极大的应用价值。在研究热电薄膜性能的时候,不仅要考虑其科学上的价值,也需考虑其工程上的价值。在工程应用会出现接触电阻、基片热导率、在芯片上集成热电材料和经典的器件垂直高度等问题[120,133],这些问题都是工程上极为关注的。除此之外,纳米晶体的长期热稳定性、相互扩散、粗化等问题也是应用中关注的一个重点。

1.4 本章小结

本章针对能源体系及其存在的问题进行了阐述,引出新型的能源利用方式——热电转换,并对热电效应的机理及评价方式进行了阐述。选取应用最广的 Si 半导体以及室温附近热电性能优良的 Sb_2Te_3 和 Bi_2Te_3 系材料,针对提高热电性能的纳米复合结构和多层结构的进展进行了综述,为本工作的进行提供基础和借鉴。

2

热电性能测试方法与装置

衡量热电器件转换效率的主要指标为热电材料的热电优值（ZT 值），若要提高转换效率则需要增大 ZT 值。根据 ZT 的表达式，其值与材料的塞贝克系数、电导率和热导率密切相关。由于塞贝克系数、电导率和热导率 3 个物理量相互耦合，很难同步调节，因此 ZT 值和热电转换效率很难大幅度提高。通过精确测量材料的 3 个参数以及相关的载流子特性，有利于调控材料合成方法与条件，提高材料的热电性能。

2.1 薄膜热导率的测量

与块体材料不同，相对于薄膜而言，当热量在其内部传输时，会出现载流子的平均自由程和薄膜厚度相当的情况，因而载流子将在边界处发生散射，导致垂直薄膜方向的热物理参数发生变异。在这种情况下适用于测试块体材料热物理性能的传统方法和装置已难以对薄膜材料进行测试，这对材料热物理参数的测试提出了新的挑战。经过多年的研究，人们发展出了多种行之有效的薄膜热导率测量方法。薄膜热导率测量方法根据不同测量特征可以分成不同的类别。根据热导率测量方向，可将薄膜热导率的测量方法分成两类：一是平行薄膜方向热导率的测量，二是垂直薄膜方向热导率的测量。本节针对实验中用到的两种热导率测量方法和装置进行了阐述。

2.1.1 3ω 法

2.1.1.1 测量原理

20 世纪 80 年代末，Cahill[134] 提出利用 3ω 法来测量材料的热导率，3ω 法是一种瞬态测量方法，主要可用于测量垂直薄膜方向的热导率，它分为斜率 3ω 法和差分 3ω 法。相对于其他薄膜热物理性能测量方法而言，3ω 法利用金属加热线的温度波动与有限宽度加热源的热传导理论模型相结合来确定材料的热导率，不需要花费很长时间来保持热流的稳定，并能够有效降低热辐射对测试结果精度的影响，从而提高测量的速度和精度。3ω 法经过多年不断的发展，目前已成为薄膜热导率测量的一种重要手段。

在解释 3ω 法热导率测量原理前，首先从理论上分析当金属线中通入一定频率交流电流后所产生的温度波动情况。图 2-1 为 3ω 法热导率测量原理示意图。当金属线中通以频率为 ω 的交流电流时会产生频率为 2ω 的焦耳热，并导致金属线温度的波动。对于纯金属而言，其电阻与温度呈线性关系，因此，金属线中将

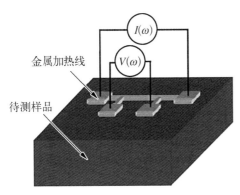

金属加热线

待测样品

图 2 - 1　3ω 法热导率测量原理示意图

出现频率为 2ω 的振荡电阻。这个频率为 2ω 的振荡电阻与频率为 ω 的交流电流共同作用,于是就得到了频率为 3ω 的电压,通过测量 3ω 电压,就可以得到金属线的温度波动情况。上述过程可以用数学语言来表达。

当通过两个金属电极引脚给金属线通以 $I(t) = I_0\cos(\omega t)$ 的交流电流时,其产生的焦耳热功率为

$$P(t) = I_0^2\cos^2(\omega t) \cdot R = \frac{1}{2}I_0^2R[1 + \cos(2\omega t)] \qquad (2-1)$$

加热功率表达式可以分成两项,一项与加热频率无关(直流部分),一项与加热频率相关(交流部分)[135],即

$$P(t) = \left(\frac{1}{2}I_0^2R\right)_{DC} + \left[\frac{1}{2}I_0^2R\cos(2\omega t)\right]_{2\omega} \qquad (2-2)$$

电流加热产生的热量会引起金属线温度升高,其温度变化同样包含与温度无关项和与温度相关项,即

$$T(t) = T_{DC} + T_{2\omega}\cos(2\omega t + \varphi) \qquad (2-3)$$

式中,T_{DC} 代表金属线稳态温升部分;$T_{2\omega}$ 是频率为 2ω 的温度波动幅值;而 φ 是由于系统比热容引起的相位滞后。

对于纯金属而言,电阻随温度的上升而增大,如果实验可以测量得到金属线的电阻温度特性关系 dR/dT,那么其既可作为加热线又可作为测温线。

电阻温度系数 r_t 定义为当温度改变 1℃时电阻值的相对变化:

$$\frac{dR}{dT} = R_0 r_t \qquad (2-4)$$

因此金属线电阻随温度变化的表达式可以写成

$$R = R_0[1 + r_t T(t)] \qquad (2-5)$$

通过式(2-3)和式(2-5)可以得到金属线电阻的表达式为

$$R(t) = R_0\{1 + r_t[T_{DC} + T_{2\omega}\cos(2\omega t + \varphi)]\} \qquad (2-6)$$

根据欧姆定律 $V(t) = I(t) \cdot R$,金属线两端的电压为

$$V(t) = I_0 \cos \omega t \cdot R_0 [1 + r_t T_{DC} + r_t T_{2\omega} \cos(2\omega t + \varphi)] \quad (2-7)$$

整理上式可以发现其中包含 3ω 项，3ω 法热导率测量方法正是因此而命名。

$$V(t) = I_0 R_0 (1 + r_t T_{DC}) \cos \omega t + \frac{1}{2} I_0 R_0 r_t T_{2\omega} \cos(\omega t + \varphi)$$
$$+ \frac{1}{2} I_0 R_0 r_t T_{2\omega} \cos(3\omega t + \varphi) \quad (2-8)$$

式(2-8)表明金属线上的电压由 3 部分组成，前两项表示金属线上施加频率为 ω 交流电流时由焦耳热所引起的电压，最后一项表示 3ω 电压，由该项可以计算得到金属线温度波动幅值 $T_{2\omega}$。

$$T_{2\omega}(\omega) = \frac{2V_{3\omega}}{I_0 R_0 \alpha} = 2 \cdot \frac{V_{3\omega}}{I_0} \frac{dT}{dR} \quad (2-9)$$

式(2-9)表示通过测量 3 倍频电压信号以及金属线的电阻温度系数，可以确定金属线温度波动随频率的函数关系。

以上过程为当金属线通以频率为 ω 的交流电流后，对金属线本身的温度波动进行分析。下面对待测样品在有限宽度线加热源加热时的热传导模型进行理论分析。

Cahill[134]的研究结果表明，当电流通过金属线加热样品时，金属线本身的温度变化可以与下方待测材料的热导率联系起来。如图 2-2 所示，当一个无限窄线加热源加热半无限大固体时，由 Carslaw[136]推导得到的方程可以计算其引起的样品温度变化情况：

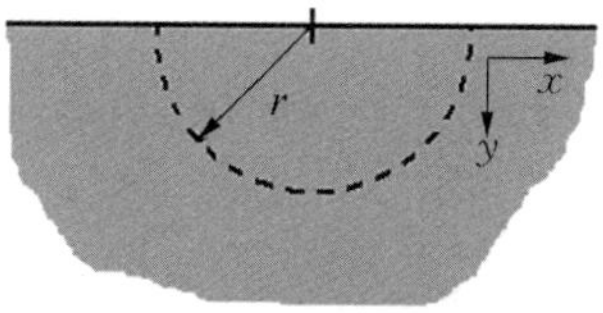

图 2-2　无限窄线加热源加热时的热传导模型示意图

$$\Delta T = \frac{P}{4\pi l \kappa} \int_{-\infty}^{t} e^{\frac{i\omega t' - r^2}{4D(t-t')}} \frac{dt'}{t - t'} \quad (2-10)$$

式(2-10)同样适用于当单位长度内加热功率为 P/l 的周期交流线加热源加热样品时的温度波动情况，其中 r 为径向距离 $\sqrt{x^2 + y^2}$。

将积分项拉普拉斯变换后得到零阶第二类贝塞尔函数 K_0，则

$$\Delta T = \frac{P}{2\pi l \kappa} K_0(qr) \quad (2-11)$$

将波矢 q 的倒数定义为由加热所产生的热波波长，即

$$q^{-1} = \sqrt{\frac{D}{\mathrm{i}\omega}} \qquad (2-12)$$

热波波长 q^{-1} 通常代表热波的穿透深度,即在一个交流加热周期内,热波所能穿透样品的深度。q^{-1} 的数值对于利用 3ω 法测量不同厚度样品是一个非常重要的参数。式(2-12)表示样品中热波的穿透深度随着加热频率的增大而减小,并且穿透深度与材料的热扩散系数 D 相关。热扩散系数 D 和热导率 κ 通过材料的密度 ρ 和比热容 C 可以相互转化[138],即

$$D = \frac{\kappa}{\rho C} \qquad (2-13)$$

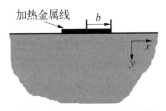

加热金属线

图 2 - 3　有限宽度加热源加热时的热传导模型示意图

对于金属线和待测样品而言,其接触处的温度变化情况是一致的,因此待测样品温度波动可以由线宽为 $2b$ 的金属线测量金属线与样品界面处的温度得到,如图 2-3 所示。在分析过程时可以不必讨论样品 y 轴(垂直样品表面)上的温度波动,而只考虑样品沿 x 轴方向(沿样品表面)上的温度分布情况,并且忽略金属线本身的厚度。对于在 $x-y$ 平面内各向同性的均匀材料,热波在 x 轴和 y 轴上的穿透深度假设是相等的。将式(2-11)转换到笛卡尔坐标系,那么实空间坐标 x 被傅里叶空间坐标 k 所代替,即

$$\Delta T = \frac{P}{l\pi\kappa} \mathrm{K}_0(qx) = \frac{P}{l\pi\kappa} \int_0^{+\infty} \frac{\cos(qxt)}{\sqrt{t^2+1}} \mathrm{d}t = \frac{P}{l\pi\kappa} \int_0^{+\infty} \frac{\cos(kx)}{\sqrt{k^2+q^2}} \mathrm{d}k$$

$$(2-14)$$

利用数学关系式 $\mathrm{e}^{\mathrm{i}kx} = \cos(kx) + \mathrm{i}\sin(kx)$,傅里叶变换可以写成

$$\Delta T(x) = \frac{1}{\sqrt{2\pi}} \int_{-\infty}^{+\infty} \Delta T(k) \cdot \mathrm{e}^{\mathrm{i}kx} \mathrm{d}k$$

$$= \frac{1}{\sqrt{2\pi}} \int_{-\infty}^{+\infty} \Delta T(k) \cdot \cos(kx) \mathrm{d}k + \frac{\mathrm{i}}{\sqrt{2\pi}} \int_{-\infty}^{+\infty} \Delta T(k) \cdot \sin(kx) \mathrm{d}k$$

$$(2-15)$$

由于式(2-14)是对称函数,因此式(2-15)的傅里叶变换可以简化为

$$\Delta T(x) = \sqrt{\frac{2}{\pi}} \int_0^{+\infty} \Delta T(k) \cos(kx) \mathrm{d}k \qquad (2-16)$$

将式(2-14)的 $\Delta T(x)$ 用式(2-16)代替整理可得到

$$\Delta T(k) = \frac{P}{\sqrt{2\pi}l\kappa} \cdot \frac{1}{\sqrt{k^2 + q^2}} \qquad (2-17)$$

假设在线宽 $2b$ 的范围内金属线产生的热量均匀地进入样品,那么线宽为 $2b$ 的有限宽度线加热源的傅里叶变换可以写成

$$\frac{1}{2b}\mathrm{rect}\left(\frac{x}{2b}\right) \rightarrow \frac{\sin(kb)}{kb} \qquad (2-18)$$

经过傅里叶逆变换可以得到

$$\Delta T(x) = \frac{P}{l\pi\kappa}\int_0^{+\infty} \frac{\sin(kb)\cos(kx)}{kb\sqrt{k^2 + q^2}}\mathrm{d}k \qquad (2-19)$$

最后,在线宽 $-b < x < b$ 范围内进行积分并在该范围内取平均值后得到

$$\Delta T = \frac{P}{l\pi\kappa}\frac{1}{2b}\int_{-b}^{b}\cos(kx)\mathrm{d}x\int_0^{+\infty}\frac{\sin(kb)}{kb\sqrt{k^2+q^2}}\mathrm{d}k = \frac{P}{l\pi\kappa}\int_0^{+\infty}\frac{\sin^2(kb)}{(kb)^2\sqrt{k^2+q^2}}\mathrm{d}k$$
$$(2-20)$$

式(2-20)给出了利用线宽为 $2b$ 的有限宽度线加热源加热各向同性样品时所引起的物体表面温度波动的一般表达式,该表达式忽略了金属线和待测样品之间的接触热阻。

1) 斜率 3ω 法

当测量块体材料的热导率时,金属线加热所产生的温度波动随加热频率的变化关系如图 2-4 所示,该曲线可以分为两个区域。在低频区域,热波穿透深度远远大于金属线宽度 $2b$,此时温度波动与加热频率的对数可以近似为线性关系。线性方程可以由式(2-20)在约束条件 $|qb| \ll 1$ 下近似得到,从线性方程中可发现材料的热导率与线性曲线的斜率成反比。在高频区域,热波的穿透深度与金属线宽度 $2b$ 相当或小于金属线宽度,此时,温度波动曲线是一条横轴的渐近线。由于无法得知式(2-20)在该区域的解析表达

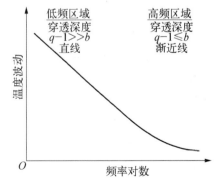

图 2-4 斜率 3ω 法温度波动随
加热频率的关系曲线

式[138],因此目前只能在 Matlab 程序帮助下利用式(2-20)拟合实验得到的温度波动曲线来求取热导率。

Cahill[134]推导得到了在低频区域即热波波长远大于金属线宽度情形时的近似表达式,此时热波穿透深入下方待测材料(见图 2-4 左半部分)。在约束条件下,式(2-20)可以近似为

$$\Delta T = \frac{P}{l\pi\kappa}\left[-\frac{1}{2}\ln(2\omega) - \ln\left(\frac{ib^2}{D}\right) + \ln 2 - \frac{i\pi}{4} - \gamma_R\right]$$
$$= \frac{P}{l\pi\kappa}\left(-\frac{1}{2}\ln(2\omega) + const\right) \tag{2-21}$$

式中,欧拉常数 $\gamma_R = 0.5772$。

利用式(2-9)的温度波动表达式代入式(2-21),并对等式两边对频率取微分后得到

$$\kappa = \frac{I_0^3 R_0}{4\pi l\left(\dfrac{dV_{3\omega}}{df}\right)}\frac{dR}{dT} \tag{2-22}$$

理论上通过两次不同加热频率下测量 3 次谐波电压就可以确定线性曲线斜率 $dV_{3\omega}/df$,从而计算热导率 κ,但实际测量时都是通过连续采集某一段低频范围内的数据,并通过线性拟合来得到温度波动曲线的直线斜率。值得注意的是线性近似只有在热波穿透深度远远大于金属线宽度时才成立,否则温度波动随频率对数的关系不再是线性关系。

2) 差分 3ω 法

当测量基片上薄膜样品的热导率时,金属线加热所产生的温度波动随加热频率的变化关系如图 2-5 所示,该曲线也可以分成两个区域。在高频区域,热波的穿透深度较小,如果穿透深度小于待测薄膜的厚度 t,那么温度波动曲线只包含待测样品的热物理信息,此时曲线形状取决于金属线宽度 $2b$ 和薄膜厚度 t 的比值。当薄膜厚度与金属线宽度相当时,温度波动曲线是一条横轴的渐近线;当薄膜厚度远大于金属线宽度时,温度波动曲线包含一段线性部分。在低频区域热波波长远远大于待测薄膜的厚度,如果薄膜厚度 t 远远小于金属线宽度 $2b$,此时待测薄膜内的热流情形可以认为是一维垂直薄膜方向的,那么温度波动曲线可以认为是在基片温度波动的基础上增加一个偏移量(见图 2-6),该偏移量可以用来计算待测薄膜的热导率。

在低频测量区域,温度波动与频率的对数呈线性关系,线性斜率与基片热导

率 $\kappa_{\text{substrate}}$ 相关,而不受薄膜热导率 κ_{film} 的影响。总温度波动曲线 ΔT_{total} 等于基片温度波动 $\Delta T_{\text{substrate}}$ 与薄膜温度波动 ΔT_{film} 之和

$$\Delta T_{\text{total}} = \Delta T_{\text{substrate}} + \Delta T_{\text{film}} \tag{2-23}$$

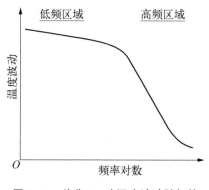

图 2-5　差分 3ω 法温度波动随加热
频率的关系曲线

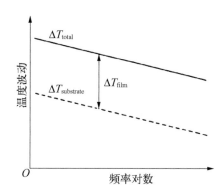

图 2-6　差分 3ω 法低频区域温度波动
随加热频率的关系曲线

基片温度波动 $\Delta T_{\text{substrate}}$ 可以通过实验测量或者理论计算得到,而总温度波动 ΔT_{total} 可以通过测量基片上的薄膜样品得到。将这两个温度波动求差分后就可以得到待测薄膜本身的温度波动 ΔT_{film},它与薄膜的厚度 t 成正比,与薄膜的热导率 κ_{film} 成反比

$$\Delta T_{\text{film}} = \frac{t}{2bl\kappa_{\text{film}}} \tag{2-24}$$

式中,$2b$ 和 l 分别是金属线的宽度和长度。

由式(2-24)即可计算得到基片上待测薄膜的热导率。由于在理论模型分析时忽略了界面接触热阻,因此测量得到的薄膜热导率包含 3 部分:薄膜本身热导率、薄膜与基片间的界面热阻以及薄膜与金属线之间的界面热阻。测量基片上薄膜的热导率,通常要制备两个测试结构,其中一个包含待测薄膜,而另外一个不含待测薄膜即参考样品。在相同的加热功率下,分别测量两者的温度波动情况,差分计算后得到待测薄膜上的温度波动情况,然后利用式(2-24)即可得到待测薄膜的热导率。在 3ω 法中由于加热金属线既是加热源又是测温传感器,如果金属线中的漏电流进入待测样品中就会使测量产生误差,这就使差分 3ω 法只能用于测量绝缘材料热导率。对于非绝缘材料,则必须在待测样品和加热金属线之间增加一个绝缘层,如图 2-7 所示。

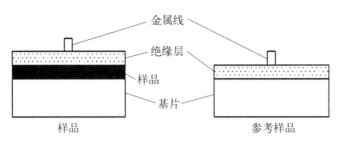

图 2-7 差分 3ω 法结构示意图

2.1.1.2 3ω 法热导率测量装置搭建及验证

1) 3ω 法热导率测量装置搭建

3ω 法热导率测量装置原理如图 2-8 所示。测量过程中由于基频电压比 3ω 电压约大 3 个数量级,为了提高 3ω 电压测量的准确性,通常会在测试电路中串联一个高精度低温度系数的变阻箱。同时为了使输入锁相放大器的信号稳定,首先使加热金属线和可变电阻器两端的电压信号进入两个单增益差分放大器,然后分别进入锁相放大器的 A、B 输入端。通过调节可变电阻器的电阻使加热金属线和可变电阻器两端的基频电压尽可能相等,这样就可以将基频电压分量去除,以减小其对 3ω 电压信号测量的影响。最后利用锁相放大器精确有效地提取加热金属线两端的 3ω 电压。另外函数发生器为整个测量装置提供驱动信号和参考信号。

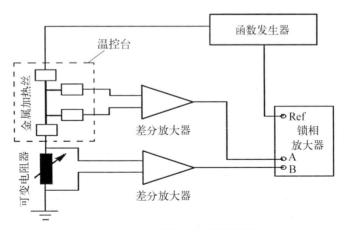

图 2-8 3ω 法热导率测量装置原理

3ω 法热导率测量过程对仪器的精度有很高的要求,图 2-9 所示为设计搭建的 3ω 法热导率测量装置实物。图中锁相放大器为美国 Stanford Research Systems 公司的产品,型号为 SR830,它能够提取测量 1 mHz~102.4 kHz 频率范围内的微弱信号;函数发生器采用的是交流直流电流源 Keithley 6221,它能够提供幅值范围为 2 pA～100 mA、频率范围为 1 mHz～100 kHz 的交流电流信号;差动放大器型号为 AD524AD;可调电阻器的型号为 ZX25P,精度为 0.01 Ω;温控台为一块 50 mm×50 mm 的热电模块,型号为 TEC1 - 12726,其表面能够提供的加热或制冷温度范围为-10～100℃;数据采集仪 Agilent 34970A 实时监控并记录实验测量数值。

图 2 - 9 3ω 法热导率测量装置实物

2) SiO_2 薄膜标准样品的制备

由于薄膜热导率受到生长方式和加工工艺等外界因素的影响,使得不同实验室的测量结果很难得到一致的结论,所以标定薄膜热导率测量装置的可靠性是比较困难的。下面测量 SiO_2 薄膜的热导率来验证测量装置精度。选择 SiO_2 材料是因为 SiO_2 薄膜生长工艺成熟,且对其热导率产生影响的外界因素较少,热物理性能比较稳定。同时作为微电子工艺中关键材料,其研究较为广泛,因此成为广大学者标定薄膜热导率的标准材料。1994 年,Cahill[139] 测量了 80～400 K 温度范围内的 SiO_2 薄膜的热导率,发现其热导率随着温度的升高而增大,但都小于对应的块体热导率。1999 年,Kim[140] 测量了利用热氧化方式制备的不同厚度 SiO_2 薄膜的热导率,测量结果表明考虑界面因素后热导率与薄膜厚度无关。2002 年,Yamane[141] 测量了利用不同方式制备的 SiO_2 薄膜的热导率,发现其热导率与薄膜孔隙率相关。因此,本节也选取了 SiO_2 薄膜作为标准样品,以验证测量装置的可靠性。

以下是 SiO$_2$ 薄膜标准样品的制备过程,首先选取自身长有 1 μm 厚 SiO$_2$ 薄膜的 Si<100>基片,其上方的 SiO$_2$ 薄膜由热氧化的方式生长形成。然后使用 BOE 溶液(HF∶NH$_4$F=1∶6)通过化学刻蚀的方式刻蚀得到厚度分别为 200 nm、400 nm、600 nm 和 800 nm 的 SiO$_2$ 薄膜,图 2 - 10 为前期摸索得到的 BOE 溶液对 SiO$_2$ 材质的刻蚀速率。

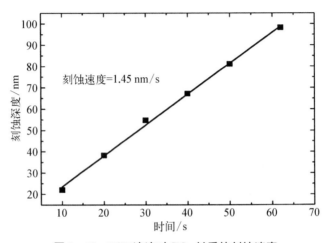

图 2 - 10　BOE 溶液对 SiO$_2$ 材质的刻蚀速率

在利用差分 3ω 法测量 SiO$_2$ 薄膜的热导率时,除了需要 SiO$_2$ 薄膜标准样品外,还需要另外一块相同的但没有生长 SiO$_2$ 薄膜的 Si<100>基片作为参考样品。然后利用微加工工艺分别在 SiO$_2$ 薄膜样品和 Si 基片参考样品的表面沉积加热金属线,加热金属线尺度以及材质的选择对测量结果有显著的影响。由于 Ag 的德拜温度较低,因此低于室温测量时一般采用 Ag 作为加热金属线材质。高于室温测量时,由于 Pt 和 Au 都是出色的惰性金属,不易被氧化,且其电阻温度系数十分稳定,所以加热金属线的材质一般选用 Pt 或 Au。但是上述这些金属与 SiO$_2$ 薄膜之间的附着力比较差,因此可以在 SiO$_2$ 薄膜的上方先沉积厚度为 5~10 nm 的金属 Ti,再沉积加热金属线。实验中究竟采用何种金属作为加热金属线材质,除了要考虑测量温度范围外,还必须考虑所选金属的电阻温度变化特性以及金属的电阻率特性。在本实验中设计了一系列不同线宽的加热金属线的掩模版,如图 2 - 11 所示。

采用微加工工艺在 SiO$_2$ 薄膜上沉积加热金属线,如图 2 - 12 所示,具体实验步骤如下。

(1)样品表面首先用去离子水清洗,并用 N$_2$ 吹干。然后在温度为 90℃的

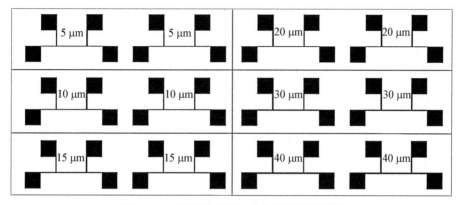

图 2‑11　不同线宽的加热金属线的掩模版

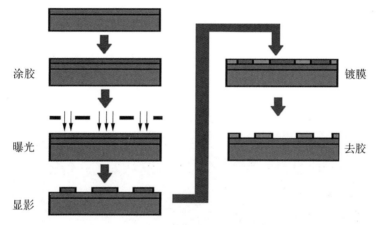

涂胶

曝光

显影

镀膜

去胶

图 2‑12　SiO₂ 薄膜标准样品制备过程

热台上预烘 3 min,其目的是为了增强样品与光刻胶之间的黏附性。接下来利用匀胶机(WS‑400Bz‑6NPP,美国 Laurell)将负性光刻胶(AR‑N 4450‑10,德国 Allresist)均匀地涂在样品上,不同光刻胶要求不同的旋转涂胶条件,设置最初以 500 r/min 的速度低速旋转 5 s,接着提高到 3 000 r/min 高速旋转 30 s,最后减速至停止。光刻胶被涂到样品表面后需要前烘,热台温度设置为 90℃,前烘时间 3 min。前烘的目的是为了去除光刻胶中的溶剂,从而提高光刻胶的黏附性和均匀性,样品前烘完后冷却至室温。

(2) 样品涂完光刻胶后,在紫外光刻机(URE‑2000/35,中国科学院光电技术研究所)下对准并进行接触曝光,曝光强度为 20 mW/cm²,曝光时间为 15 s,曝光的目的是使得掩模版上的图形转移到涂胶的样品上。对于负性光刻胶而言,紫外光曝光区域发生硬化,使得曝光的光刻胶难溶于显影液溶剂中,而未曝光区域则在显影液中被除去。样品曝光完后需要在温度为 90℃ 的热台上后烘 3 min，后烘的目的是为了提高光刻胶的黏附性并减少光刻过程中驻波的影响。

（3）显影是样品表面光刻胶中产生图形的关键步骤，使用负性光刻胶对应的显影液（RD6，美国 Futurex）将光刻胶上可溶解区域溶解，之后用去离子水冲洗干净并用 N_2 吹干。

（4）在进行镀膜之前，先利用等离子刻蚀机（ME-3A，中国科学院微电子研究所）对样品进行刻蚀，以去除样品表面显影时残余的光刻胶，刻蚀气体为 O_2，刻蚀强度和时间分别设置为 100 W 和 1 min。实验中加热金属线的材质为 Ag，为了增加金属与 SiO_2 薄膜之间的附着力，采用磁控溅射法（PVD75，美国 Kurt J. Lesker）先沉积厚度为 5 nm 的 Ti，然后再沉积厚度为 200 nm 的 Ag。

（5）样品上沉积完金属后，先后分别用丙酮和乙醇溶液对样品进行浸泡去胶，重复 3 次，最后用去离子水冲洗干净样品并用 N_2 吹干。

3）SiO_2 薄膜热导率测量结果分析

经过上述微加工工艺步骤之后，得到了沉积金属加热线的 SiO_2 薄膜标准样品，下面在室温下（20℃）对这些标准样品进行热导率测量，图 2-13 为 3ω 法热导率测试结构在光学显微镜下的图片。

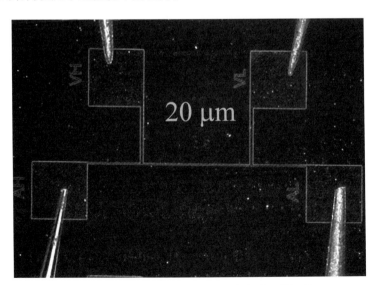

图 2-13 3ω 法热导率测试结构的光学显微图片

3ω 法热导率测量过程分为两个步骤，具体如下。

（1）测量加热金属线的电阻温度系数 dR/dT 及其初始电阻值 R_0。将加热金属线的四个引脚分别接入 Agilent 数据采集仪四线制测电阻的四个对应接口,同时将 K 型热电偶(Omega 公司)贴在待测样品表面,用于实时监测样品表面的温度。然后接通电源利用热电模块缓缓加热样品,在加热样品同时利用 Agilent 数据采集仪的 34902 高速模块每隔 1 s 测量一组电阻温度数据,并于 10 s 后停止测量,重复 2 次取平均值。测量结果表明金属加热线的电阻与温度之间有很好的线性关系,以 200 nm 厚度 SiO_2 薄膜上 20 μm 线宽的加热金属线为例,图 2-14 为测量得到的电阻温度曲线,将数据点线性拟合后可以得到加热金属线的电阻温度系数 dR/dT 为 0.031 8 Ω/℃,并由此可以计算出室温下 (20℃)加热金属线的初始电阻值 R_0 为 15.71 Ω。

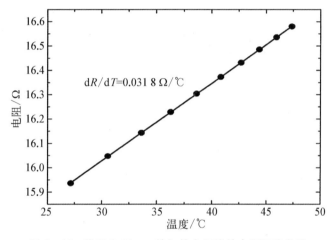

图 2-14 线宽为 20 μm 的加热金属线的电阻温度曲线

(2) 测量加热金属线在不同测量频率下的 3ω 电压 $V_{3\omega}$。按前文的电路示意图连接好测量电路后,首先调节可调电阻器的电阻,使其等于加热金属线室温下的初始电阻值。然后利用交流直流电流源(Keithley 6221)通入交流电流信号加热样品,由于此时加热金属线和可调电阻两端的基波电压近似相等,通过锁相放大器的差分输入可以将基波信号滤除,进而测量出给定频率下的 3ω 电压。由小到大改变交流直流电流源的输出信号频率,测量不同频率下对应的 3ω 电压,接着由大到小改变频率重复上述测量步骤,对同一个测量频率下的 3ω 电压信号取平均值。在具体操作过程中,以 20 μm 线宽的加热金属线为例,保持输入交流电流幅值 $I_{rms}=50$ mA 恒定不变,然后在 100～1 000 Hz 范围内改变输入电流的频率,测量加热金属线在外加不同电流频率时输出的 3ω 电压信号。以 200 nm 厚度 SiO_2 薄膜上 20 μm 线宽的加热金属线为例,图 2-15(a)为测量得到的 SiO_2 薄膜样品和参考样品的 3ω 电压信号与测量频率的关系图。利用式 (2-9)可以由 3ω 电压信号计算得到 SiO_2 薄膜样品和参考样品的温度波动幅值

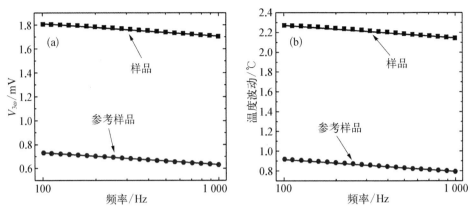

图 2 - 15　SiO$_2$ 薄膜样品和参考样品的(a)3ω 电压信号和(b)温度波动
　　　　　幅值与测量频率的关系

与测试频率的关系,如图 2 - 15(b)所示。

在分别测量得到 SiO$_2$ 薄膜样品和参考样品的温度波动幅值与测量频率的
关系后,利用差分计算可以得到 SiO$_2$ 薄膜样品本身的温度波动幅值,然后出式
(2 - 24)可以最终得到 SiO$_2$ 薄膜标准样品的热导率。表 2 - 1 列出了利用不同
线宽加热金属线测量得到的 SiO$_2$ 薄膜标准样品热导率以及文献参考值。

表 2 - 1　SiO$_2$ 薄膜标准样品热导率测量结果

SiO$_2$ 薄膜厚度 /nm	金属线线宽 /μm	热导率测量值 /(W $\cdot$ m^{-1} $\cdot$ K^{-1})	热导率参考值 /(W $\cdot$ m^{-1} $\cdot$ K^{-1})
179.5	10	1.38	
	15	1.59	
	20	1.61	
	平均	**1.53**	
364.6	10	1.37	① Kim[164]:
	15	1.43	薄膜厚度 488 nm
	20	1.22	基片厚度 380 μm
	平均	**1.34**	测试温度 300.7 K
560.4	10	1.29	热导率 1.33 W $\cdot$ m^{-1} $\cdot$ K^{-1}
	15	1.24	② Yamane[165]:
	20	1.17	薄膜厚度 500 nm
	平均	**1.23**	基片厚度 500 μm
762.2	10	1.36	测试温度 298 K
	15	1.32	热导率 1.34 W $\cdot$ m^{-1} $\cdot$ K^{-1}
	20	1.28	
	平均	**1.32**	

表 2‐1 中测量得到的 SiO_2 薄膜热导率包含样品与加热金属线以及样品与 Si 基片之间接触热阻的因素。为了扣除接触热阻对测量结果的影响,利用式 (2‐6)计算不同厚度 SiO_2 薄膜的热阻值,结果如图 2‐16 所示。从图中可以看到,不同厚度 SiO_2 薄膜样品的热阻值与其厚度之间呈线性关系,根据式(2‐7) 利用拟合直线的斜率即可得到样品的热导率值,测量结果表明在室温下(20℃) SiO_2 薄膜本征热导率值为 $1.24\ W\cdot m^{-1}\cdot K^{-1}$,与文献参考值基本相符,证明所搭建的 3ω 法热导率测量装置符合测量要求。

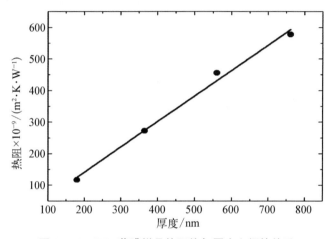

图 2‐16　SiO_2 薄膜样品热阻值与厚度之间的关系

2.1.2　TDTR 法

最常见的测量方法通常为 3ω 法,但 3ω 法需要经过电极加工等过程,引入了额外的界面,工艺复杂。在测量厚度较薄的薄膜时,需要很高的加热频率。因此,本节也选择性地采用了非接触式的时域热反射法(time‐domain thermore flectance,TDTR)测量薄膜热导率,此方法对薄膜结构影响小、精度高。测量装置如图 2‐17 所示,原理如图 2‐18 所示。

在测量前,首先在待测薄膜上沉积一定厚度的 Al 膜作为传感层,由于 Al 膜的反射率与温度的关系近似线性,可根据此推出薄膜温度的变化。激光射出飞秒激光后,在偏振分光镜的作用下分束,泵浦光(pump)到达 Al 表面并加热 Al 膜,Al 膜的温度先升高,然后由于热量向待测薄膜内部传导而使得其温度降低。而探测光(probe)在一定的时间延迟后到达 Al 膜表面相同位置,收集探测光经过薄膜表面反射后的信号强度,得到信号与延迟时间的曲线,选择传热模型对获得的曲线进行拟合后获得薄膜的热导率。

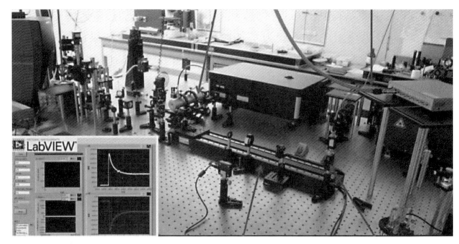

图 2-17　时域皮秒飞秒脉冲方法装置(箭头为激光路径)

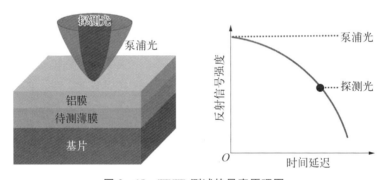

图 2-18　TDTR 测试热导率原理图

2.2　电导率及霍尔效应测试

1) 电导率测量原理与方法

薄膜的电导率测量通常先要测量薄膜的方块电阻,并根据薄膜厚度计算薄膜的电导率。主要有范德堡法(van der Pauw)和直线四探针法两种方式。范德堡法适用于任意形状的样品,可以去除薄膜中温差引起的塞贝克效应的影响,同时也能适用于霍尔效应测试,因此本节薄膜的电导率测量采用范德堡法,图 2-19 为示意图。

图 2-19　范德堡法测量薄膜电导率

首先,在电极 1、2 之间通入电流 I,获得电极 3、4 之间的电压 V_{34}。在电极 1、2 之间通入反向电流 I,获得电极 4、3 之间的电压 V_{43}。通过通入反向电流测量,可抵消热电材料的塞贝克效应对测量的影响。随后以相同方法,依次获得电压 V_{14}、V_{41}、V_{12}、V_{21}、V_{32} 和 V_{23}。根据测得的电压、电流,可获得薄膜水平和竖直两个方向的平均电阻 R_h 和 R_v:

$$R_h = (V_{12} + V_{21} + V_{34} + V_{43})/4I \qquad (2-25)$$

$$R_v = (V_{23} + V_{32} + V_{14} + V_{41})/4I \qquad (2-26)$$

根据 R_h 和 R_v 可由下式获得薄膜的单位方块电阻 $R_s(\Omega)$:

$$e^{-\pi R_v/R_s} + e^{-\pi R_h/R_s} = 1 \qquad (2-27)$$

由扫描电镜或膜厚仪确定薄膜的厚度 t_f,以获得薄膜的电导率 σ:

$$\sigma = 1/(R_s \cdot t_f) \qquad (2-28)$$

2) 霍尔效应测试原理与方法

半导体薄膜内的载流子浓度、迁移率是影响材料的电学和热学性能的重要因素,通过霍尔效应可以获得薄膜的以上参数。通过不同温度下的霍尔效应测试还可以研究薄膜材料中的载流子散射机制。

霍尔效应测试在基于范德堡法测电导率的基础上,将薄膜置于一个磁场方向垂直于薄膜的平行板之间,磁感应强度为 B,在薄膜中通入电流 I,在薄膜另外两端会产生电势差,即霍尔电压 U_H。霍尔效应测试如图 2-20 所示。霍尔效应测试设备型号为 MMR。

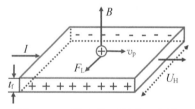

图 2-20 霍尔效应测试示意图

在薄膜中通入电流时,以空穴载流子为例,其漂移速度为 v,并在磁场的作用下受到洛伦兹力 F_L,使得薄膜内电荷发生偏转,聚集在薄膜一端,形成了霍尔电压 U_H,并获得薄膜的载流子浓度 n 和载流子迁移率 μ,各参数表达式如下:

$$U_H = R_H IB/t_f \qquad (2-29)$$

$$n = 1/(R_H q) \qquad (2-30)$$

$$\mu = R_H \sigma \qquad (2-31)$$

式中,R_H 为霍尔系数;q 为载流子电量。在进行霍尔电压测试时,首先在一个磁场方向以范德堡法进行测试,随后将磁场反向进行同样的测试,可消除热电势等影响因素带来的误差。

以上介绍了室温下的电导率与霍尔效应的测试方法,通过精密的温控设备,可以进行不同温度下的相应参数测量。需注意本方法测量的电学参数系数为薄膜面内的参数,即平行于基片的方向,全文中以此方法测量的相关参数均为此方向,可根据薄膜的各向异性估测其面内外的电学参数。

2.3　塞贝克系数测试

将薄膜横放在一个热端和冷端上面,通过控制冷热端温度,使薄膜两端形成一个稳定的温度差 ΔT,同时采集两点的电势差。热端和冷端使用 Peltier 半导体制冷片,通过通相反的电流以实现热端和冷端温度的恒定控制。测试时,控制温度差在 5 K 以内,待温度差稳定以后,断开热端和冷端的电流,温差逐渐减小为零,平衡时的温度为 T。通过实时采集温差降至零的过程中的数据,可观测到电压随温度的变化。在温差较小时,寄生电势可视为常数,电势差随着温差的变化呈线性变化,斜率即为塞贝克系数。

本文通过搭建设备进行测试,对静态法和动态法测试的塞贝克系数进行了比较,考虑到静态法对测试控制要求较高,最终确定使用动态法测试塞贝克系数。测试装置实物如图 2-21(a)所示,使用精度为 1/3B 级的 Pt100 热电阻作为温度传感器,实时采集温度的变化。Pt100 热电阻接线采用四线法,以去除线路电阻的影响。热电阻和热电势差均采用 Agilent 数据采集仪进行采集,型号为 34972A,精度为 $6^{1/2}$。两个探针之间的距离为 1 cm。通过测试 3 次塞贝克系数取平均值,线性拟合系数优于 0.996。在测试不同温度的塞贝克系数时,采用烘

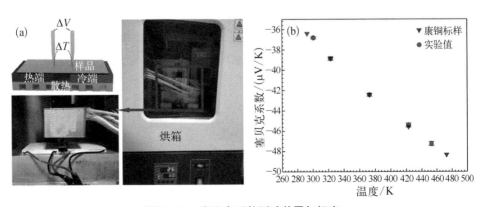

图 2-21　塞贝克系数测试装置与标定

(a) 测试装置;(b) 康铜的测量结果与标定值

箱提供所需环境测试温度,测试温度范围为 $300\sim460$ K。在测试过程中,通入纯度为 99.999% 的氮气以提供氛围。使用康铜标准样品(成分 Cu55/Ni45)对所搭建塞贝克系数设备进行了标定,如图 2 - 21(b)所示,本装置对康铜标准样品的测试结果与标定值吻合良好,表明了本装置的可靠性。康铜标准样品及标准值由林赛斯(上海)仪器设备有限公司提供。需注意本方法测试的塞贝克系数为薄膜面内的参数,即平行于基片的方向,全文中测试的塞贝克系数均为此方向。

2.4 本章小结

本章针对热电薄膜的相关参数的测试原理与方法进行了介绍,为后文实验的顺利进行提供了保障。首先,介绍了 3ω 法和 TDTR 法的原理,两种方法均用于测量垂直薄膜面内的热导率;其次,对薄膜面内的电导率及霍尔效应测试原理与方法进行了介绍;最后,搭建了薄膜面内塞贝克系数的测试装置,介绍了其测试原理,并进行了校准。

3

Si基多层薄膜

Si 性能稳定,无毒无污染,是应用最为广泛的半导体材料,同时也是热电材料的一种。然而,Si 具有较高的热导率,如何降低其热导率,提高热电性能是 Si 基热电材料面临的重要问题。为了降低 Si 基材料的热导率,可以将 Si 和其他材料复合化,制备出二维薄膜或者形成一维纳米线。此外通过构造周期性纳米多层薄膜产生纳米尺度效应和界面效应,是降低 Si 基材料热导率的重要途径之一。

3.1　Si/Si$_{0.75}$Ge$_{0.25}$ 多层薄膜

本节采用磁控溅射法制备 Si/Si$_{0.75}$Ge$_{0.25}$ 周期性多层薄膜。通过控制不同周期厚度比,考察其对多层薄膜热导率的影响。

3.1.1　薄膜制备

本节采用磁控溅射法制备 Si/Si$_{0.75}$Ge$_{0.25}$ 多层薄膜,磁控溅射设备型号为PVD75(Kurt J. Lesker,美国)。基片选择 Si<100>,其电阻率为 1 000 Ω·cm。在镀膜前首先将 Si<100>基片分别用丙酮和乙醇溶液超声清洗 10 min,清洗完后用超纯水冲洗并用 N$_2$ 吹干。利用纯度均为 99.999% 的 Si 和 Si$_{0.75}$Ge$_{0.25}$ 靶材在室温下交替沉积制备 Si/Si$_{0.75}$Ge$_{0.25}$ 多层薄膜样品,当真空度达到本底真空后开始镀膜。如图 3-1 所示为 Si 和 Si$_{0.75}$Ge$_{0.25}$ 材料沉积速率与溅射功率之间的关系,Si 和 Si$_{0.75}$Ge$_{0.25}$ 的沉积速率与溅射功率基本呈线性关系。在沉积过程中

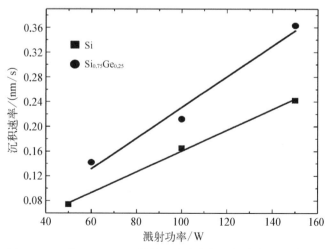

图 3-1　Si 和 Si$_{0.75}$Ge$_{0.25}$ 材料沉积速率与溅射功率之间的关系

Si 和 $Si_{0.75}Ge_{0.25}$ 的溅射功率均控制为 100 W, Ar 工作压强为 3 mTorr(1 Torr=133 Pa), 用膜厚监控仪检测到此时两者的沉积速率分别约为 0.17 Å/s 和 0.22 Å/s (1 Å$=10^{-10}$ m), 与图 3-1 中线性拟合值一致。在溅射过程中, 为了保证膜厚的均匀性, 基片保持旋转速率为 20 r/min。

表 3-1 列出了 $Si/Si_{0.75}Ge_{0.25}$ 多层薄膜的制备参数, 共制备了 5 个周期厚度从 2.5 nm 至 50 nm 的 $Si/Si_{0.75}Ge_{0.25}$ 多层薄膜, 其中 Si 和 $Si_{0.75}Ge_{0.25}$ 的厚度比控制在 3:2, 而样品总厚度均在 500 nm 左右。

表 3-1　$Si/Si_{0.75}Ge_{0.25}$ 多层薄膜的制备参数

样品编号	本底真空/Torr	溅射气压及溅射功率	Si/SiGe 厚度比/(nm/nm)	周期数	界面数	总厚度/nm
1	1.9×10^{-7}		$\sim1.5/\sim1$	200	399	540.3
2	1.4×10^{-7}	3 mTorr Si 100 W $Si_{0.75}Ge_{0.25}$ 100 W	$\sim3/\sim2$	100	199	515.0
3	3×10^{-7}		$\sim6/\sim4$	50	99	514.8
4	3.2×10^{-7}		$\sim12/\sim8$	25	49	508.0
5	2×10^{-7}		$\sim30/\sim20$	10	19	507.2

3.1.2　结构表征

利用 X 射线衍射仪(D\max-2200, 日本理学)和扫描电子显微镜(ULTRA55-36-69, 德国 Zeiss)对所制备的样品进行结构表征。图 3-2 为 $Si/Si_{0.75}Ge_{0.25}$ 多层薄膜小角 XRD 衍射图, X 射线衍射仪使用的是 Cu Kα 射线,

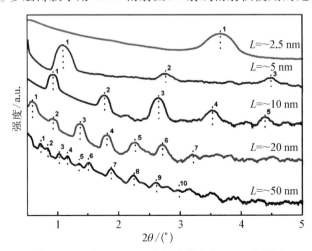

图 3-2　$Si/Si_{0.75}Ge_{0.25}$ 多层薄膜小角 XRD 衍射图

波长 $\lambda = 1.540\,56$ Å,管压为 40 kV,采用连续扫描的方式进行采样,扫描速度为 0.5(°)/min,步宽为 0.002°,2θ 为 0.5°~5°。从图中可以看到随着周期厚度的增加,出现的衍射峰数量也在增加,当样品的周期厚度为 50 nm 时,衍射峰的数量达到了 10,这表明采用磁控溅射法制备得到的 $Si/Si_{0.75}Ge_{0.25}$ 多层薄膜具有平整的界面。

图 3-3 为小角 XRD 衍射峰的角度与对应衍射峰个数的拟合直线,利用布拉格衍射公式可以计算得到 $Si/Si_{0.75}Ge_{0.25}$ 多层薄膜的周期厚度

$$d = \frac{\lambda}{2}\sqrt{\frac{(n+1)^2 - n^2}{\sin^2\theta_{n+1} - \sin^2\theta_n}} \qquad (3-1)$$

式中,λ 为 X 射线的波长;n 为 XRD 衍射峰个数;θ_n 为 XRD 衍射峰对应的角度;d 为周期厚度。值得注意的是周期为 2.5 nm 的 $Si/Si_{0.75}Ge_{0.25}$ 多层薄膜只有 1 个小角 XRD 衍射峰,因此通过该点作直线与原点相连。利用布拉格衍射公式计算后得到样品 1、2、3、4、5 的周期厚度分别为 2.4 nm、5.8 nm、10.0 nm、19.6 nm、48.8 nm,与实验设计值基本相符。

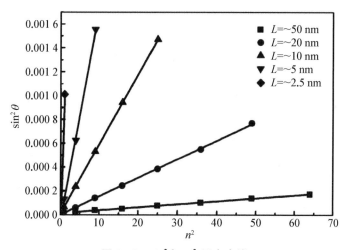

图 3-3　$\sin^2\theta - n^2$ 拟合直线

图 3-4 为不同放大倍数的周期厚度为 50 nm 的 $Si/Si_{0.75}Ge_{0.25}$ 多层薄膜(样品 5)截面 SEM 图。图 3-4(a)清晰地显示出周期厚度为 50 nm 的 $Si/Si_{0.75}Ge_{0.25}$ 多层薄膜存在 10 个周期,并且多层薄膜的界面非常平整。从图 3-4(b)中可以看到周期厚度为 50 nm 的 $Si/Si_{0.75}Ge_{0.25}$ 多层薄膜(样品 5)中 Si 层和 $Si_{0.75}Ge_{0.25}$ 层的厚度分别为 29.2 nm 和 18.6 nm,与设计值相符,图中 Si 层和 $Si_{0.75}Ge_{0.25}$ 层显示的明暗是其原子量不同所造成。

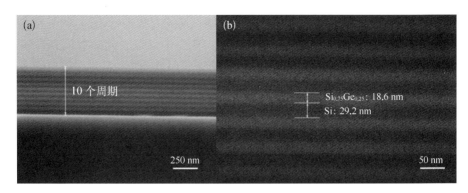

图 3 - 4 Si/Si$_{0.75}$Ge$_{0.25}$ 多层薄膜(样品 5)截面 SEM 图

(a) 低倍;(b) 高倍

3.1.3 薄膜热导率

在利用差分 3ω 法测试非晶 Si/Si$_{0.75}$Ge$_{0.25}$ 纳米多层薄膜的热导率时,除了需要待测薄膜样品外,还需要另外一块相同的但没有生长 Si/Si$_{0.75}$Ge$_{0.25}$ 多层薄膜的 Si 基片作为参考样品。由于 Si/Si$_{0.75}$Ge$_{0.25}$ 多层薄膜是半导体,为了防止产生漏电流,在沉积加热金属线之前先采用磁控溅射法沉积 200 nm 厚的 SiO$_2$ 薄膜,然后利用微加工工艺制备测试结构,其中金属加热线的材质为 Ag,线宽为 20 μm。

以周期厚度为 50 nm 的 Si/Si$_{0.75}$Ge$_{0.25}$ 多层薄膜(样品 5)为例,首先利用 20 μm 线宽的金属加热线测试金属线的电阻温度系数,如图 3 - 5(a)所示,线性拟合后可以得到加热金属线的电阻温度系数为 0.037 1 Ω/℃,由此计算出室温

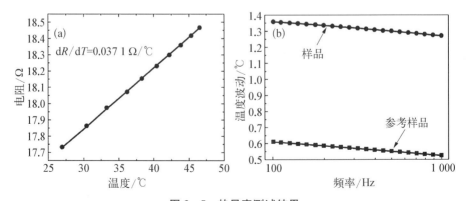

图 3 - 5 热导率测试结果

(a) 线宽 20 μm 加热金属线的电阻温度曲线;(b) Si/Si$_{0.75}$Ge$_{0.25}$ 多层薄膜样品和参考样品的温度波动曲线

下(20℃)金属线的初始电阻值为 17.47 Ω。然后测量加热金属线在不同测试频率下的 3ω 电压,测试过程中电流幅值为 60 mA,测试频率范围为 100~1 000 Hz。图 3 - 5(b)为测量得到的 $Si/Si_{0.75}Ge_{0.25}$ 多层薄膜样品和参考样品的温度波动曲线,可以计算得到 $Si/Si_{0.75}Ge_{0.25}$ 多层薄膜的热导率。表 3 - 2 列出了 $Si/Si_{0.75}Ge_{0.25}$ 多层薄膜热导率测量结果。

表 3 - 2 $Si/Si_{0.75}Ge_{0.25}$ 多层薄膜热导率测量结果

样品编号	Si/SiGe 厚度比 /(nm/ nm)	周期厚度 /nm	周期数	界面数	热导率测量值 /(W·m^{-1}·K^{-1})	热导率理论值 /(W·m^{-1}·K^{-1})
1	~1.5/~1	2.4	200	399	0.98	
2	~3/~2	5.8	100	199	1.09	
3	~6/~4	10	50	99	1.09	1.06
4	~12/~8	19.6	25	49	0.85	
5	~30/~20	48.8	10	19	1.12	

根据经典热传导公式,由两种材料交替构成的多层薄膜热导率表达式 κ_{eff} 可以写成

$$\kappa_{eff} = \frac{d_1 + d_2}{d_1/\kappa_1 + d_2/\kappa_2} \qquad (3-2)$$

式中,下标 1、2 代表两种材料;κ 为构成多层薄膜材料的热导率;d 为构成多层薄膜材料的厚度。值得注意的是,经典的热传导模型忽略了界面热阻。在前期探索实验中测量得到的非晶 Si 薄膜的热导率为 1.44 W·m^{-1}·K^{-1},与 Moon 报道[142]的非晶 Si 热导率测量结果(1.5 W·m^{-1}·K^{-1})基本相同,但远小于晶体 Si 的热导率[143](150 W·m^{-1}·K^{-1})。而非晶 $Si_{0.75}Ge_{0.25}$ 薄膜的热导率测量值为 0.76 W·m^{-1}·K^{-1},小于晶体 $Si_{0.75}Ge_{0.25}$ 薄膜热导率值[144](6.7 W·m^{-1}·K^{-1}),其原因可能是由于在非晶材料中热量在传播过程中晶格振动会受到局限,导致其热导率减小,表 3 - 3 列出了测量得到的非晶 Si 薄膜和非晶 $Si_{0.75}Ge_{0.25}$ 薄膜热导率与对应的晶体 Si 薄膜和晶体 $Si_{0.75}Ge_{0.25}$ 薄膜热导率的对比。因此根据式(3-2)就可以计算得到制备的非晶 $Si/Si_{0.75}Ge_{0.25}$ 多层薄膜热导率理论值应该为 1.06 W·m^{-1}·K^{-1},该数值与实验测量得到的非晶 $Si/Si_{0.75}Ge_{0.25}$ 多层薄膜热导率基本相符。

表 3 - 3 非晶 Si 和非晶 $Si_{0.75}Ge_{0.25}$ 材料的热导率

材　　料	热导率/(W · m^{-1} · K^{-1})
非晶 Si	1.44
晶体 Si	150
非晶 $Si_{0.75}Ge_{0.25}$	0.76
晶体 $Si_{0.75}Ge_{0.25}$	6.7

图 3 - 6 为测量得到的非晶 $Si/Si_{0.75}Ge_{0.25}$ 纳米多层薄膜热导率与 Si/Ge 超晶格以及 SiGe 合金薄膜的热导率比较。实验中每个薄膜样品测量 5 次,其中误差条代表标准偏差。由图 3 - 6 可以发现,非晶 $Si/Si_{0.75}Ge_{0.25}$ 纳米多层薄膜的热导率明显小于文献报道的 Si/Ge 超晶格或 SiGe 合金薄膜的热导率。在 Si/Ge 超晶格结构中,随着界面数的增加,其热导率会逐渐增加,但是小于 SiGe 合金薄膜的热导率,而所制备的 5 个不同周期厚度的非晶 $Si/Si_{0.75}Ge_{0.25}$ 纳米多层薄膜的热导率基本相同,与界面数之间没有直接联系,同时与利用经典热传导公式得到的理论值一致。

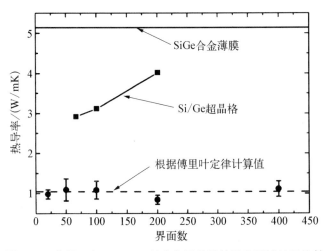

图 3 - 6 非晶 $Si/Si_{0.75}Ge_{0.25}$ 纳米多层薄膜热导率测试结果比较

与 SiGe 合金薄膜相比,Si/Ge 超晶格会由于错位密度和残余应力的增加而使其热导率随着周期厚度的减小而增大[145]。在 BiTe 超晶格中,研究显示会存在某一周期厚度使其纵向热导率最小[146]。而在 Si/SiGe 超晶格和 GaAs/AlAs 超晶格中,纵向热导率会随着周期厚度的减少而减少。在超晶格或合金材料中,声子平均自由程的束缚原因主要是界面散射或合金散射。而在非晶 Si/

$Si_{0.75}Ge_{0.25}$ 纳米多层薄膜中,声子平均自由程的减小主要是因为结构无序而不是散射机制。根据德拜模型[147],声子平均自由程 Λ 可以由热导率 κ、比热容 C、声子群速度 v_p 计算得到

$$\kappa = Cv_p\Lambda/3 \qquad (3-3)$$

利用前期测量得到的非晶 Si 和非晶 $Si_{0.75}Ge_{0.25}$ 的热导率,计算得到室温下这两者的声子平均自由程分别为 0.407 nm 和 0.238 nm,如表 3-4 所示,该值小于设计的非晶 $Si/Si_{0.75}Ge_{0.25}$ 多层薄膜的层厚度。因此推测可能是由于非晶 $Si/Si_{0.75}Ge_{0.25}$ 多层薄膜结构无序导致其声子平均自由程小于多层薄膜的层厚度,从而使得测量得到的纵向热导率与理论值相符,没有出现热导率明显减小的结果。

表 3-4 非晶 Si 和非晶 $Si_{0.75}Ge_{0.25}$ 声子平均自由程

材　料	热导率 κ /(W·m^{-1}·K^{-1})	比热容 C /($\times 10^6$ J·m^{-3}·K^{-1})	声子群速度 v /(m/s)	声子平均自由程 Λ /nm
非晶 Si	1.44	1.66	6 600	0.407
非晶 $Si_{0.75}Ge_{0.25}$	0.76	1.67	5 700	0.238

3.2 $Si/Si_{0.75}Ge_{0.25}$＋Au 多层薄膜

本节采用磁控溅射法制备 $Si/Si_{0.75}Ge_{0.25}$＋Au 周期性多层薄膜。在上一节的基础上插入不同的 Au 层,考察其对多层薄膜热导率的影响。

3.2.1 薄膜制备

本节采用磁控溅射法制备 $Si/Si_{0.75}Ge_{0.25}$＋Au 多层薄膜。选用的基片为 Si<100>,电阻率为 1 000 Ω·cm。在镀膜之前,为了去除表面的氧化层,把基片 Si<100>在 BOE 溶液中(HF∶NH$_4$F=1∶6)浸泡 5 min,然后分别用丙酮和乙醇溶液超声清洗 10 min,最后用超纯水冲洗并用氮气吹干。在室温下,用纯度为 5N 的 Si 和 $Si_{0.75}Ge_{0.25}$ 靶材彼此交替沉积得到多层薄膜样品 $Si/Si_{0.75}Ge_{0.25}$,然后用纯度为 4N 的 Au 靶材替代 $Si/Si_{0.75}Ge_{0.25}$ 多层薄膜样品中的 $Si_{0.75}Ge_{0.25}$ 层,替代的数目分别是 0、2、5、10。通过前期大量实验摸索了 Si、

$Si_{0.75}Ge_{0.25}$、Au 的沉积速率与溅射功率基本呈线性关系,如图 3-7 所示。镀膜的本底真空为 5×10^{-7} Torr,当开始镀膜时保持镀膜压强为 3×10^{-3} Torr,Si 和 $Si_{0.75}Ge_{0.25}$ 的溅射功率都控制在 100 W,Au 的溅射功率控制在 25 W,与此对应的镀膜速率分别约为 0.17 Å/s、0.22 Å/s 和 0.48 Å/s,这也与图 3-7 中线性拟合值一致。为了保持整个溅射过程中薄膜厚度的均匀性,基片按照固定的旋转速率 20 r/min 进行旋转。

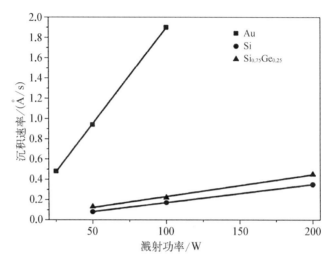

图 3-7　Si,$Si_{0.75}Ge_{0.25}$ 和 Au 靶材的沉积速率与溅射功率关系

所制备的掺 Au 层多层薄膜样品如图 3-8 所示。表 3-5 列出了多层薄膜的制备参数,共制备了 4 个样品,分别是 $Si/Si_{0.75}Ge_{0.25}$ 和采用 Au 层替代 2 层、5 层、10 层 $Si_{0.75}Ge_{0.25}$ 层的 $Si/Si_{0.75}Ge_{0.25}$,其中 Si 层的厚度约为 12 nm,SiGe 层和 Au 层的厚度约为 10 nm,总厚度都控制在 220 nm 左右,多层薄膜周期为 10。

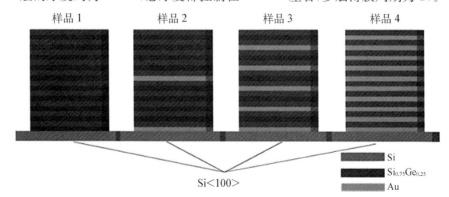

图 3-8　替换不同层数为 Au 层后 $Si_{0.75}Ge_{0.25}$ 薄膜样品示意图

表 3 - 5　Si/Si$_{0.75}$Ge$_{0.25}$ 和 Si/Si$_{0.75}$Ge$_{0.25}$＋Au 多层薄膜制备实验参数

样　品	本底真空 溅射气压	溅射功率	厚度/nm			镀膜时间/min		
			Si	Si$_{0.75}$ Ge$_{0.25}$	Au	Si	Si$_{0.75}$ Ge$_{0.25}$	Au
Si/Si$_{0.75}$Ge$_{0.25}$； Si/Si$_{0.75}$Ge$_{0.25}$＋Au	5×10^{-7} Torr 3 mTorr	Si：100 W Si$_{0.75}$Ge$_{0.25}$： 100 W Au：25 W	12	10	10	12	2	2.75

3.2.2　结构表征

1) 掠入射小角 X 射线散射表征

利用同步辐射光源,对样品进行掠入射小角 X 射线散射(grazing incidence small angle X-ray scattering,GISAXS)来表征其周期性的多层薄膜结构,具体原理如图 3 - 9 所示,入射的 X 射线通过一个很小的入射角 α_1 掠入射到样品表面,反射的光束也出现相应的散射图案,其中 α_2 为相对于薄膜表面的出射角,2θ 为相对于入射面的散射角。

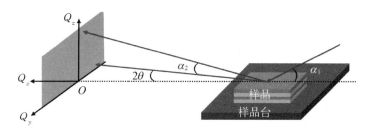

图 3 - 9　GISAXS 原理示意图

通过掠入射小角 X 射线散射,不仅可以表征层状的周期性结构,还可以测量表面薄膜和薄膜内部纳米颗粒的结构信息,例如内部颗粒尺寸、形状、间距和分布等信息。本次实验的实验地点为上海同步辐射光源(SSRF)的 BL14B1 光束线站。实验中,采用高密度的 X 射线源入射样品表面,通过一个可以精确控制的样品台来控制样品的位置,以选择最优的入射角,同时用一个像素为 2 048×2 048 的 CCD 检测器收集散射出来的 X 射线散射强度。因为入射的 X 射线能量比较大,为避免对 CCD 检测器造成损害,用 X 射线光束截捕器以削弱强烈的反射光。实验中,X 射线入射光的波长为 0.124 nm,入射角为 0.5°,样品和 CCD 探测器之间的距离为 2 042 mm。

如图 3-10 所示为实验获得的 $Si/Si_{0.75}Ge_{0.25}$、Si/Au 多层薄膜的 GISAXS
图像。由于入射的 X 射线在多层薄膜中会发生散射,因此在倒易空间中看到了
若干个布拉格散射峰,从图中可以清楚地看出其 z 轴两侧都有布拉格散射峰的
分布,它们沿 z 轴方向平行分布,说明采用磁控溅射法制备的多层薄膜是周期性
的层状结构。对整个 z 轴取矩形积分来研究样品的多层结构和周期厚度,如图
3-11 所示,为 $Si/Si_{0.75}Ge_{0.25}$ 和 Si/Au 样品沿着 z 轴取一维积分后的结果,右
上角的小图为 Q_z-n 的拟合直线,Q_z 为波矢沿 z 方向的分量。

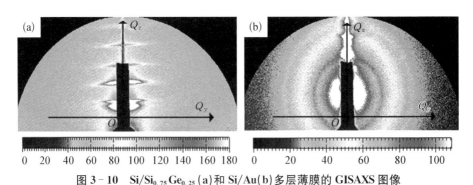

图 3-10 $Si/Si_{0.75}Ge_{0.25}$(a)和 Si/Au(b)多层薄膜的 GISAXS 图像

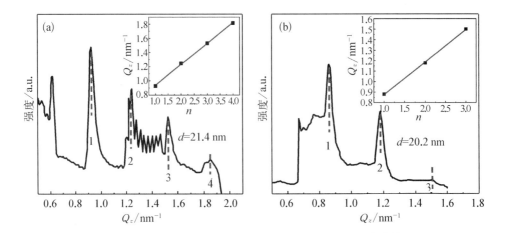

图 3-11 沿 Q_z 轴方向的一维矩形积分和 Q_z-n 拟合直线

(a) $Si/Si_{0.75}Ge_{0.25}$;(b) Si/Au

根据式(3-4),通过散射峰的峰位可以确定样品的周期厚度

$$Q_z = \frac{2\pi n}{d} \qquad (3-4)$$

式中,n 是布拉格散射峰的顺序,d 是样品的周期厚度。

式(3-4)可以转化为

$$d = \frac{2\pi}{k} \qquad\qquad (3-5)$$

式中,k 是 $Q_z - n$ 拟合直线的斜率,从 $Q_z - n$ 拟合直线的斜率便可以根据式
(3-5)计算得到样品的周期厚度。计算得到 $Si/Si_{0.75}Ge_{0.25}$ 和 Au/Si 的周期厚
度分别为 21.4 nm 和 20.2 nm。由于所制备的样品周期数都为 10,因此计算得
到的样品的总厚度为 214 nm 和 202 nm,这与所设计的多层薄膜的周期厚度十
分吻合。

2) X 射线衍射(XRD)表征

采用 X 射线衍射仪(D\max-2200,日本理学公司)对样品进行周期性层状
结构表征。实验中 X 射线是波长为 1.54 Å 的 Cu Kα 射线,扫描角度为 0.5°~
5°,加速电压为 40 kV,工作电流为 40 mA,扫描速率为 0.002(°)/min。图 3-12
为 $Si/Si_{0.75}Ge_{0.25}$ 和 Si/Au 多层薄膜的小角 X 射线衍射图(small angle X-ray
diffraction,SAXRD),其中右上角插入的小图为 $\sin^2\theta$ 与对应衍射峰个数 n^2 的
拟合直线。所制备的 Si/SiGe+Au 多层薄膜的周期厚度可以采用布拉格衍射公
式来计算:

$$d = \frac{\lambda}{2}\sqrt{\frac{(n+1)^2 - n^2}{\sin^2\theta_{n+1} - \sin^2\theta_n}} \qquad\qquad (3-6)$$

式中,d 为周期厚度;λ 为 X 射线的波长;n 为 X 射线衍射峰的个数;θ_n 为衍射峰
对应的角度。

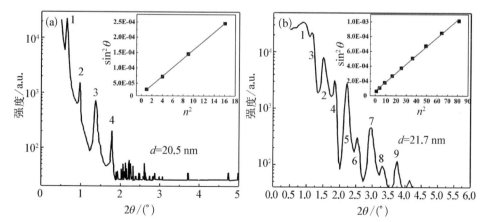

图 3-12　SAXRD 图像和 $\sin^2\theta - n^2$ 拟合直线

(a) $Si/Si_{0.75}Ge_{0.25}$;(b) Si/Au

因为 $\sin^2\theta$ 与对应衍射峰个数的平方(n^2)可以拟合成为一条直线,此直线的斜率为

$$k = \frac{\Delta \sin^2\theta}{\Delta n^2} = \frac{\sin^2\theta_{n+1} - \sin^2\theta_n}{(n+1)^2 - n^2} \tag{3-7}$$

因此式(3-6)可以转化为

$$d = \frac{\lambda}{2}\frac{1}{\sqrt{k}} \tag{3-8}$$

从式(3-8)可求得样品的周期厚度。采用布拉格衍射公式计算得到 Si/Si$_{0.75}$Ge$_{0.25}$ 和 Si/Au 样品的周期厚度为 20.5 nm 和 21.7 nm,与设计值基本相符。

3) 扫描电子显微镜(SEM)表征

通过场发射扫描电子显微镜(ULTRA55 - 36 - 69,德国 Zeiss)来检测样品的纵向结构。图 3 - 13 为 Si/Au 样品的 SEM 图像,样品总共有 20 层,是由 Au 和 Si 交替沉积得到的,从图中可以看出制备的结构和设计的厚度相近,其中 Au 层和 Si 层的厚度分别为 9.8 nm 和 12.1 nm,周期厚度为 21.9 nm。因为原子序数不同,Si 层比 Au 层看起来更暗一些。

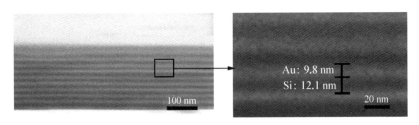

图 3 - 13 Si/Au 多层薄膜样品 SEM 图像

3.2.3 薄膜热导率

在测试薄膜的热导率之前,首先要用微加工技术制备相应的测试结构,如图 3 - 14 所示。然后,在采用差分 3ω 法对样品进行纵向热导率测量前,还需要制备一个相同的但是没有包含沉积待测薄膜的样品作为参考样品,选用的基片都为 N<100>Si,其电阻率为 1 000 $\Omega \cdot$ cm。随后用微加工技术,在两者的上面制备金属加热线,如果样品为导电样品,在沉积加热线之前沉积上一层绝缘层,其中采用的金属加热线是厚度约为 200 nm 的 Ag,绝缘层是厚度约为 250 nm 的 Si$_3$N$_4$。同时在金属线层和绝缘层之间沉积一层厚度约为 5 nm 的 Ti 作为连接

层,目的是提高两层之间的结合性,防止薄膜脱落。通过紫外线曝光光刻技术,可以得到不同线宽和线长的金属线测试单元,其中采用线宽为 20 μm,长度为 2 mm 的金属加热丝作为测试单元,为了保证实验的准确性,整个实验过程中都采用此类型的金属线进行测试。

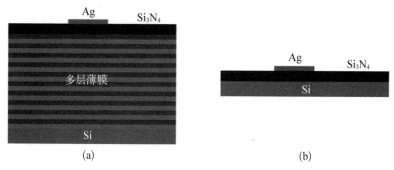

图 3 - 14 待测多层薄膜(a)和参考样品(b)测试结构示意图

测试样品结构制备完成后,进行正式的纵向热导率测试。首先测试宽度为 20 μm、长度为 2 mm 的金属加热线的电阻温度系数。如图 3 - 15(a)所示,通过线性拟合的方法,可以得到其电阻温度系数为 0.039 22 $\Omega/℃$,进而可以计算得到室温状态(20℃)下,金属加热线的电阻阻值为 16.203 98 Ω。

得到金属加热线的电阻温度系数后,测量金属加热线的 $V_{3\omega}$ 电压,测试时输入的电流的有效值为 50.00 mA,测试频率为 100~1 000 Hz。图 3 - 15(b)为测试得到的 $Si/Si_{0.75}Ge_{0.25}$ 样品和参考样品的温度波动幅值-频率曲线。为了验证测试的稳定性,制备了四个多层薄膜样品,每个样品各自进行了 3 次测试,在室

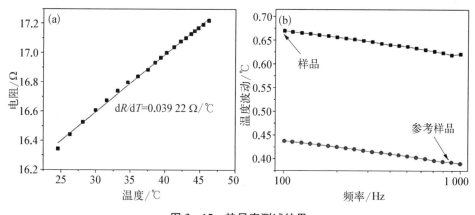

图 3 - 15 热导率测试结果

(a) 宽度为 20 μm,长度为 2 mm 金属加热线的电阻温度系数;(b) 待测样品和参考样品的温度波动幅值与频率的关系曲线

温下 0 层、2 层、5 层和 10 层替代 Au 层的多层薄膜样品热导率分别为 $0.94\,\mathrm{W}\cdot\mathrm{m}^{-1}\cdot\mathrm{K}^{-1}$、$0.97\,\mathrm{W}\cdot\mathrm{m}^{-1}\cdot\mathrm{K}^{-1}$、$1.02\,\mathrm{W}\cdot\mathrm{m}^{-1}\cdot\mathrm{K}^{-1}$ 和 $1.31\,\mathrm{W}\cdot\mathrm{m}^{-1}\cdot\mathrm{K}^{-1}$。

采用两个理论模型分析所制备的多层薄膜的热导率。第一个是经典热传导模型。在利用此模型计算时,把样品看作块体材料,不考虑其界面之间的热阻,那么采用经典热传导模型计算的热导率 κ_l 可以用下式来表示:

$$\kappa_l = \frac{d_1 + d_2}{\dfrac{d_1}{\kappa_1} + \dfrac{d_2}{\kappa_2}} \tag{3-9}$$

式中,d_1 和 d_2 分别是 X 层(周期薄膜中的另一种材料)和 Si 层的厚度;κ_1 和 κ_2 分别是 X 和 Si 的热导率。

第二个是双温度模型。多层薄膜中金属-非金属界面的电学和热学性质对于很多现代电子器件和直接热能转换成电能的能量器件有很重要的意义。金属中主要的能量载流子是电子,而在半导体中则是声子,这意味界面引起的非平衡作用必定会导致电子和声子的相互作用和能量转移。实际上在金属-非金属界面,特别是在多层结构中,电子和声子的耦合作用扮演着一个很重要的角色。而且在金属-非金属接触的界面主要存在两种可能能量传输的方式。

(1) 先在金属层电子和声子发生耦合作用形成热阻 R_{ep},然后金属中的声子再与半导体中的声子进行耦合作用形成热阻 R_{pp}[148-150]。

(2) 在金属和半导体中的界面,通过非简谐的相互作用,金属中的电子直接和半导体中声子发生耦合作用形成热阻 R_1。

这里主要基于第(1)种能量传输方式对整个热传导过程进行分析,所以在金属层中存在电子和声子耦合作用,其电子的温度为 T_{e},声子的温度为 T_{p},如图 3-16 所示的金属-半导体界面,取垂直方向为 x 轴,每一金属层的能量传输方程如下:

$$\kappa_{\mathrm{e}} \frac{\mathrm{d}^2 T_{\mathrm{e}}}{\mathrm{d}x^2} - g(T_{\mathrm{e}} - T_{\mathrm{p}}) = 0 \tag{3-10a}$$

$$\kappa_{\mathrm{p}} \frac{\mathrm{d}^2 T_{\mathrm{p}}}{\mathrm{d}x^2} - g(T_{\mathrm{e}} - T_{\mathrm{p}}) = 0 \tag{3-10b}$$

式中,κ_{e} 是金属层中电子热导率;κ_{p} 是金属层中声子热导率;g 是考虑了电声子相互作用以后的电声子耦合常数。

而在非金属层,主要的能量载流子还是声子,所以根据傅里叶热传导定律可以得到其对应的能量传输方程

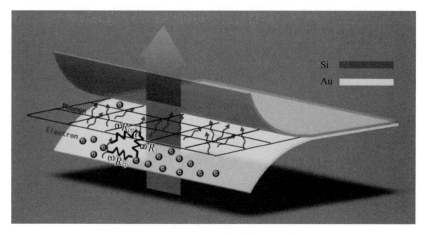

图 3-16　金属-半导体界面

$$\frac{d^2 T}{dx^2} = 0 \tag{3-11}$$

式中,晶格温度为 T。从式(3-10)可以看出当金属层中的电子气和声子气处于平衡的状态时 $(T_e = T_p)$,式(3-11)变成和式(3-10)一样,说明了双温度模型和傅里叶定律的区别,把式(3-10a)式(3-10b)相减可求解 $T_e - T_p$

$$T_e - T_p = a\sinh(x/\delta) + b\cosh(x/\delta) \tag{3-12}$$

式中,δ 为金属层中的固有电子-声子耦合长度,具体可以表示如下:

$$\delta = \sqrt{\kappa_\beta / g} \tag{3-13a}$$

$$\kappa_\beta = \kappa_e \kappa_p / \kappa_e + \kappa_p \tag{3-13b}$$

把式(3-12)分别代入式(3-10a)和式(3-10b),就可以得到金属层中的电子和声子的温度

$$T_e = c + hx + \frac{\kappa_\beta}{\kappa_e} a\sinh(x/\delta) + b\cosh(x/\delta) \tag{3-14a}$$

$$T_p = c + hx + \frac{\kappa_\beta}{\kappa_p} a\sinh(x/\delta) + b\cosh(x/\delta) \tag{3-14b}$$

式中,a,b,c,h 为依赖于边界条件的常数。两层系统相对于多层结构是一个简单模型,所以先计算两层的情况,通过边界条件求解方程

$$T_e(x) = T_0 - \frac{(T_0 - T_1)}{\eta(\kappa_e + \kappa_p)}\left[x - \delta\frac{\sinh(x/\delta)}{\cosh(d_1/\delta)}\right] \tag{3-15a}$$

$$T_p(x) = T_0 - \frac{(T_0 - T_1)}{\eta(\kappa_e + \kappa_p)}\left[x + \frac{\kappa_e}{\kappa_p}\delta\frac{\sinh(x/\delta)}{\cosh(d_1/\delta)}\right] \quad (3-15b)$$

$$T(x) = T_1 + \frac{(T_0 - T_1)}{\eta\kappa_2}[d_2 - x] \quad (3-15c)$$

$$\eta = \frac{d_1}{\kappa_e + \kappa_p} + \rho_1 + \frac{d_2}{\kappa_2} + \frac{\kappa_\beta\delta}{\kappa_p\kappa_p}\tanh(d_1/\delta) \quad (3-15d)$$

式中，T_0 和 T_1 分别是初始和结束的温度；ρ_1 为两层系统的声子界面热阻。在稳态的条件下，可以通过傅里叶定律得到两层薄膜系统的有效热导率

$$\kappa = \frac{d_1 + d_2}{\dfrac{d_1}{\kappa_e + \kappa_p} + \dfrac{d_2}{\kappa_2} + \dfrac{\kappa_\beta\delta}{\kappa_p\kappa_p}\tanh(d_1/\delta)} \quad (3-16a)$$

$$R_1 = \frac{d_1}{\kappa_e + \kappa_p} \quad (3-16b)$$

$$R_2 = \frac{d_2}{\kappa_2} \quad (3-16c)$$

$$R_{ep} = \frac{\kappa_\beta\delta}{\kappa_p\kappa_p}\tanh(d_1/\delta) \quad (3-16d)$$

式中，R_1 和 R_2 分别是金属部分的热阻和半导体部分的热阻；R_{ep} 是在金属层中电子和声子相互作用引起的电声子耦合热阻。

类似于两层薄膜系统的处理，当总层数为 N 且最后一层为金属（N 为偶数）时，总的热导率为

$$\kappa = \frac{d_N}{\left(\dfrac{N+1}{2}\right)\dfrac{d_1}{\kappa_e + \kappa_p} + \left(\dfrac{N-1}{2}\right)\dfrac{d_2}{\kappa_2} + \sum\limits_{n=1}^{N-1}R_{n,\,n+1}} \quad (3-17)$$

式中，d_N 和 $R_{n,\,n+1}$ 分别由下式得到：

$$d_N = \frac{(N+1)d_1 + (N-1)d_2}{2} \quad (3-18a)$$

$$R_{n,\,n+1} = \rho_{n,\,n+1} + \frac{\kappa_\beta}{\kappa_p}\begin{cases}\dfrac{\delta}{\kappa_p}\tanh(d_1/\delta), & n=1,\ N-1 \\[2mm] \dfrac{2\delta}{\kappa_p}\tanh(d_1/\delta), & n\neq1,\ N-1\end{cases} \quad (3-18b)$$

如果最后一层是非金属层,多层薄膜的有效热导率还是如式(3-14)所示。由于随着层数的不断增加,薄膜的有效热导率最终趋向于一条渐近线,所以得到如下的多层薄膜的有效热导率:

$$\kappa_{\mathrm{II}} = \frac{d_1 + d_2}{\dfrac{d_1}{\kappa_e + \kappa_p} + \dfrac{d_2}{\kappa_2} + 2\rho_2 + 4\dfrac{\kappa_e \delta}{\kappa_p(\kappa_p + \kappa_e)}\tanh(d_1/2\delta)} \qquad (3-19)$$

式中,ρ_2 为多层薄膜中声子界面热阻;分母中的最后一项就是由于电声子相互作用产生的电声子耦合热阻。在之前的研究中,知道 $Si/Si_{0.75}Ge_{0.25}$ 多层薄膜的热导率小于它本身的超晶格和合金薄膜的值,而其原因为各层都是非晶状态。而且 Si 膜和 $Si_{0.75}Ge_{0.25}$ 膜的热导率分别为 $1.44\ W \cdot m^{-1} \cdot K^{-1}$ 和 $0.76\ W \cdot m^{-1} \cdot K^{-1}$。

表 3-6 和表 3-7 是利用经典热传导模型和双温度模型进行计算的结果及它们的实验值。这里取电声子耦合常数 $g_{Au} = 2.4 \times 10^{16}\ W \cdot m^{-3} \cdot K^{-1}$,$\kappa_e = 315.83\ W \cdot m^{-1} \cdot K^{-1}$,$\kappa_p = 2.17\ W \cdot m^{-1} \cdot K^{-1}$。将样品 2 100 nm 的和样品 3 34 nm 的 $Si/Si_{0.75}Ge_{0.25}$ 多层薄膜各自看成一个整体,热导率就是实验测得样品 1 的热导率,即 $0.94\ W \cdot m^{-1} \cdot K^{-1}$。

表 3-6　基于经典热传导模型计算参数和实验值

样品	d_1/nm	d_2/nm	$\kappa_1/(\mathrm{W \cdot m^{-1} \cdot K^{-1}})$	$\kappa_2/(\mathrm{W \cdot m^{-1} \cdot K^{-1}})$	$\kappa_{\mathrm{I}}/(\mathrm{W \cdot m^{-1} \cdot K^{-1}})$	$\kappa/(\mathrm{W \cdot m^{-1} \cdot K^{-1}})$
1	10	12.00	0.76	1.44	1.02	0.94
2	10	100.00	318.00	0.94	1.03	0.97
3	10	34.00	318.00	0.94	1.22	1.02
4	10	12.00	318.00	1.44	2.63	1.31

表 3-7　基于双温度模型计算参数

样品	d_1/nm	d_2/nm	$\kappa_p/(\mathrm{W \cdot m^{-1} \cdot K^{-1}})$	$\kappa_e/(\mathrm{W \cdot m^{-1} \cdot K^{-1}})$	$\kappa_2/(\mathrm{W \cdot m^{-1} \cdot K^{-1}})$	$\kappa_{\mathrm{II}}/(\mathrm{W \cdot m^{-1} \cdot K^{-1}})$
2	10	100	2.17	315.83	0.94	0.96
3	10	34	2.17	315.83	0.94	0.99
4	10	12	2.17	315.83	1.44	1.31

图 3-17 更加形象地说明了金属-非金属界面对于整个多层薄膜热导率的影响。看到当金属-非金属界面数增加时,用经典热传导理论计算出的热导率有明显提升,主要是因为引入了高热导率的 Au 层。由此可见简单的经典热传导模型并不适用于有金属-非金属界面的层状结构。与此同时,发现将 Au 层掺入样品 2 和样品 3 的多层薄膜中,高热导率的 Au 层对薄膜的有效热导率影响非常小,维持在 $1.00\ \text{W} \cdot \text{m}^{-1} \cdot \text{K}^{-1}$。这个值相当于 Si-Ge 超晶格热导率的 33%($3.00\ \text{W} \cdot \text{m}^{-1} \cdot \text{K}^{-1}$)、Si/Ge 合金热导率的 20%($5.00\ \text{W} \cdot \text{m}^{-1} \cdot \text{K}^{-1}$)。而且,当样品 4 的 $Si_{0.75}Ge_{0.25}$ 层完全被 Au 层替代以后,用双温度模型计算出的热导率($1.31\ \text{W} \cdot \text{m}^{-1} \cdot \text{K}^{-1}$)只有用经典热传导模型计算值($2.63\ \text{W} \cdot \text{m}^{-1} \cdot \text{K}^{-1}$)的一半。这正是由于当用 Au 层替代原先的 $Si_{0.75}Ge_{0.25}$ 层时,必然会形成金属-非金属界面,界面形成的电声子耦合热阻会使双温度模型计算的热导率小于经典热传导计算的值。实验值也很好地与双温度模型吻合,说明了电声子耦合在多层薄膜热传导过程中起着重要的作用,也是从实验上验证了在金属-非金属界面电声子耦合电阻的存在。

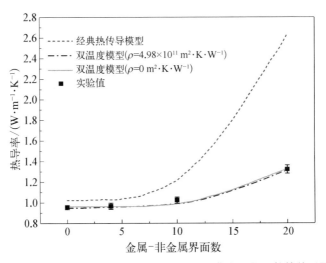

图 3-17 热导理论计算值、实验值和金属-非金属界面数的关系图

3.3　X(X= $Si_{0.75}Ge_{0.25}$,Au,Cr,Ti)/Si 多层薄膜

本节采用磁控溅射法制备 X(X= $Si_{0.75}Ge_{0.25}$,Au,Cr,Ti)/Si 周期性多层薄

膜。在 Si 中插入不同的金属层，考察其对多层薄膜热导率的影响。

3.3.1 薄膜制备

本节采用磁控溅射法制备 X(X=Si$_{0.75}$Ge$_{0.25}$，Au，Cr，Ti)/Si 多层薄膜。采用的基片为 N<100>的硅片，其电阻率为 1 000 Ω·cm。在镀膜前首先将基片分别在丙酮和无水乙醇中超声 10 min 以去除基片表面的附着物，然后把基片放置在 BOE 溶液(HF∶NH$_4$F=1∶6)中浸泡 1 min 以去除表面的氧化层和氮化层，之后再用超纯水冲洗并用氮气吹干。采用纯度分别为 5N、4N、3N5 和 4N5的 Si$_{0.75}$Ge$_{0.25}$、Au、Cr 和 Ti 靶材分别和纯度为 5N 的 Si 靶在室温下交替沉积来制备待测样品。采用的靶材直径都为 50 mm，其中 Au、Cr、Ti 靶为金属靶，厚度为 6 mm；而 Si$_{0.75}$Ge$_{0.25}$ 和 Si 是半导体靶，厚度为 3 mm，并和 3 mm 的 Cu 基座绑定以提高其散热性。镀膜时的本底真空是 5×10^{-7} Torr，采取的溅射气压为 3 mTorr，基片旋转的速率为 20 r/min。图 3-18 为几种材料沉积速率与溅射功率的关系。

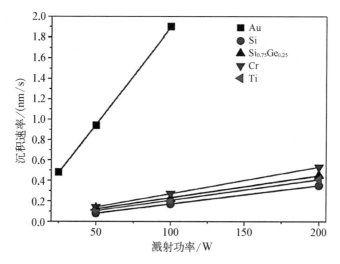

图 3-18　Au、Si、Si$_{0.75}$Ge$_{0.25}$、Cr 和 Ti 五种材料沉积
速率与溅射功率的关系

表 3-8 列出了 X/Si 多层薄膜的制备参数，共制备了 4 个多层薄膜，其中 SiGe/Si 为半导体-半导体界面多层薄膜，而 Au/Si、Cr/Si、Ti/Si 为金属-半导体界面多层薄膜。其中 X/Si 的厚度比控制在 2∶3，周期数都是 10，样品的总厚度控制在 200 nm。

表 3 - 8 X/Si 多层薄膜的制备参数及厚度

样 品	溅射气压和 溅射功率	沉积速率 /(Å/s)	周期厚度 测量值/nm	总厚度 测量值/nm
$Si_{0.75}Ge_{0.25}/Si$	3 mTorr Si：100 W $Si_{0.75}Ge_{0.25}$：100 W Au：25 W Cr：100 W Ti：200 W	0.22/0.17	21.580	211.5
Au/Si		0.48/0.17	20.501	209.9
Cr/Si		0.27/0.17	23.686	237.5
Ti/Si		0.41/0.17	19.886	203.5

3.3.2 结构表征

采用同步辐射微聚焦 X 射线源对样品进行掠入射小角散射(GISAXS)测量膜厚,如图 3 - 19 所示。

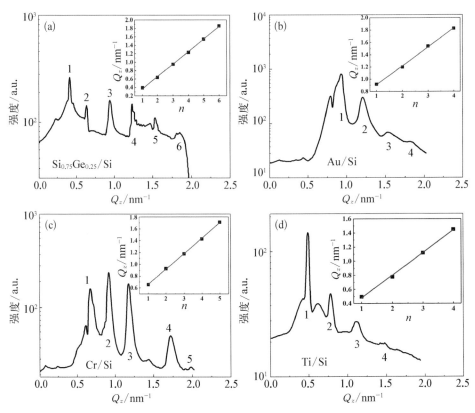

图 3 - 19 沿 z 方向的一维矩形积分和 Q_z - n 拟合直线

(a) $Si_{0.75}Ge_{0.25}/Si$;(b) Au/Si;(c) Cr/Si;(d) Ti/Si

从 Q_z - n 拟合直线的斜率便可以得到样品的周期厚度。计算得到 $Si_{0.75}Ge_{0.25}/Si$、Au/Si、Cr/Si 和 Ti/Si 的周期厚度分别为 21.580 nm、20.501 nm、23.686 nm 和 19.886 nm。由于所制备的样品周期数都为 10,因此计算得到样品的总厚度为 215.80 nm,205.01 nm,236.86 nm 和 198.86 nm。它们与通过台阶仪测试得到的结果(211.5 nm、209.9 nm、237.5 nm 和 203.5 nm)相符。

通过场发射扫描电子显微镜(ULTRA55 - 36 - 69,德国 Zeiss)来检测样品的纵向结构。图 3 - 20(a)为样品的结构示意图,样品总共有 20 层,由 X 和 Si 交替沉积得到;图 3 - 20(b)为 Cr/Si 样品的 SEM 图像,从图中可以看出制备的结构和设计的厚度相近,并且和台阶仪测试得到的厚度相符,其中 Cr 层和 Si 层的厚度分别为 9.4 nm 和 14.2 nm,周期厚度为 23.6 nm。因为原子序数不同,Si 层比 Cr 层看起来更暗一些。

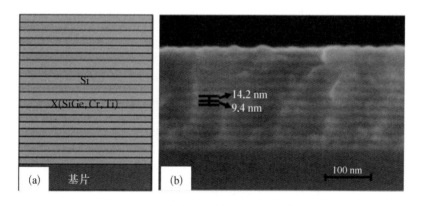

图 3 - 20　周期性 X/Si 薄膜结构

(a) 结构示意图;(b) Cr/Si 多层薄膜的截面 SEM 图

3.3.3　薄膜热导率

本节采用磁控溅射法制备了周期厚度近似、周期数相同的 $X(X = Si_{0.75}Ge_{0.25}, Au, Cr, Ti)/Si$ 多层薄膜,并用差分 3ω 法对这些薄膜的热导率进行测量,同时采用经典热传导模型和双温度模型计算,计算参数和结果如表 3 - 9 和图 3 - 21 所示。

表 3-9 采用经典热传导模型和双温度模型计算得到的热导率和 3ω 测试值

样　品	d_1/nm	d_2/nm	κ_1/(W·m⁻¹·K⁻¹)		κ_2/(W·m⁻¹·K⁻¹)	κ_{I}/(W·m⁻¹·K⁻¹)	κ_{II}/(W·m⁻¹·K⁻¹)	κ_{M}/(W·m⁻¹·K⁻¹)
			κ_e	κ_p				
$Si_{0.75}Ge_{0.25}/Si$	8.5	13.1	0.76		1.44	1.065	—	1.01
Au/Si	8.2	12.3	317			2.393	1.358	1.31
			314.78	2.22				
Cr/Si	9.4	14.2	93.7			2.369	0.819	0.89
			93.044	0.656				
Ti/Si	7.9	12.0	21.9			2.289	0.376	0.44
			21.747	0.153				

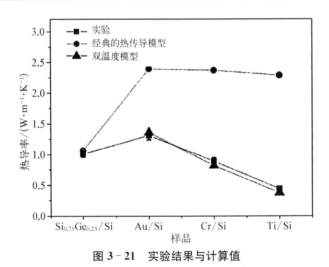

图 3-21 实验结果与计算值

3.4 Si/Au 多层薄膜

本节采用磁控溅射法制备 Au/Si 周期性多层薄膜。在 Si 中插入不同厚度的 Au 层，考察其对多层薄膜热导率的影响。

3.4.1 薄膜制备

本节采用磁控溅射法制备 Si/Au 多层薄膜。采用的基片为 N<100>的硅片,其电阻率为 1 000 Ω·cm。在镀膜前首先将基片分别在丙酮和无水乙醇中超声 10 min 以去除基片表面的附着物,然后把基片放置在 BOE 溶液(HF：NH₄F=1：6)中浸泡 5 min 以去除表面的氧化层和氮化层,之后再用超纯水冲洗并用氮气吹干。利用纯度为 4N 的 Au 靶和纯度为 5N 的 Si 靶在室温下交替沉积来制备待测样品。所使用的靶材直径都为 50 mm,其中 Au 靶为金属靶,厚度为 6 mm;而 Si 是半导体靶,厚度为 3 mm,并和 3 mm 的 Cu 基座绑定以提高其散热性。镀膜时的本底真空是 5×10^{-7} Torr,溅射气压为 3 mTorr,基片旋转的速率为 20 r/min。表 3-10 列出了 Au/Si 多层薄膜的制备参数,共制备了 6 个多层薄膜,周期数都是 10,Au 层的厚度分别为 1 nm、3 nm、5 nm、10 nm、20 nm 和 40 nm。

表 3-10 Si/Au 多层薄膜制备参数

样 品	本底真空 溅射气压	溅射功率	厚度/nm	
			Si	Au
Si/Au	5×10^{-7} Torr 3 mTorr	Si：100 W Au：25 W	12	1,3,5,10,20,40

3.4.2 结构表征

1) Si/Au 多层薄膜 GISAXS 表征

利用同步辐射光源,对样品进行掠入射小角 X 射线散射来表征其周期性的多层薄膜结构(GISAXS)。该测试的测试地点为上海同步辐射光源(SSRF)的 BL14B1 光束线站。实验中,采用高密度的 X 射线源入射样品表面,通过一个可以精确控制的样品台来控制样品的位置,以选择最优的入射角,同时用一个像素为 2 048×2 048 的 CCD 检测器收集散射出来的 X 射线散射强度。由于入射的 X 射线能量比较大,为了避免对 CCD 检测器造成损害,用 X 射线光束截捕器削弱强烈的反射光。X 射线入射光的波长为 0.124 nm,入射角的大小随着薄膜样品的厚度变化而变化,样品和 CCD 探测器之间的距离为 2 042 mm。

图 3-22 为制备 Si/Au(1 nm)、Si/Au(3 nm)、Si/Au(5 nm)、Si/Au(10 nm)、Si/Au(20 nm)和 Si/Au(40 nm)多层薄膜样品的 GISAXS 图像。从图中可以清楚地看出其 z 轴两侧都有布拉格散射峰的分布,它们沿 z 轴方向平行分布。因为散射强度沿 z 轴成对称分布,因此只对其在 z 轴方向上的分量进行分析讨论。通常对整个 z 轴取矩形积分来研究样品的多层结构和周期厚度,如图 3-23 所示。

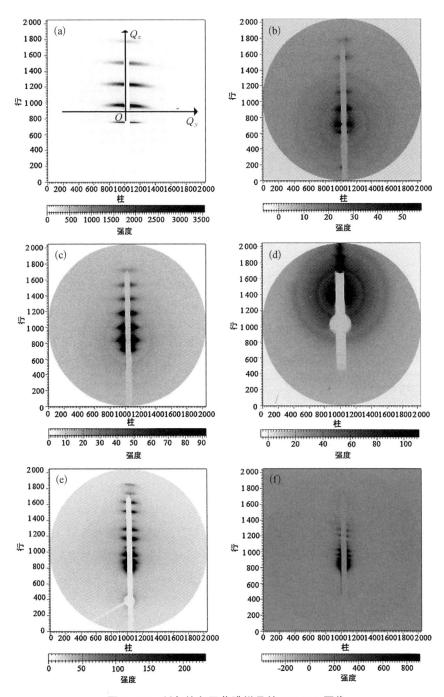

图 3 - 22　制备的多层薄膜样品的 GISAXS 图像

（a）Si/Au（1 nm）；（b）Si/Au（3 nm）；（c）Si/Au（5 nm）；（d）Si/Au（10 nm）；（e）Si/Au（20 nm）；（f）Si/Au（40 nm）

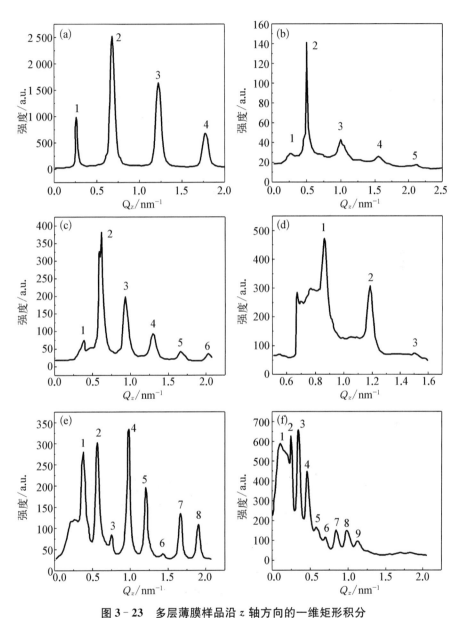

图 3 - 23 多层薄膜样品沿 z 轴方向的一维矩形积分

（a）Si/Au(1 nm)；（b）Si/Au(3 nm)；（c）Si/Au(5 nm)；（d）Si/Au(10 nm)；（e）Si/Au(20 nm)；
（f）Si/Au(40 nm)

用布拉格散射公式计算得到的多层薄膜样品厚度为 12.38 nm、13.46 nm、18.01 nm、20.24 nm、32.09 nm 和 51.61 nm,这与所设计的多层薄膜的周期厚度十分吻合(见图 3 - 24)。

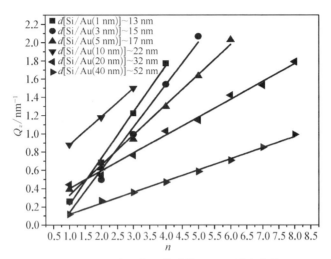

图 3 - 24　Si/Au 多层薄膜的 Q_z - n 拟合直线

2) Si/Au 多层薄膜 SEM 表征

通过场发射扫描电子显微镜来检测样品的纵向结构。图 3 - 25 为样品的结构示意图,样品共有 20 层,是由 Au 和 Si 交替沉积得到的。右上角的插图为 Si/Au(5 nm)样品的 SEM 图像,从图中可以看出制备的结构和设计的厚度相近,其

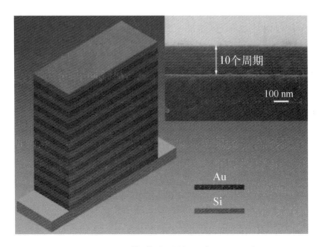

图 3 - 25　Si/Au 多层薄膜的结构示意图和 Si/Au(5 nm)
多层薄膜的截面 SEM 图

中 Au 层和 Si 层的厚度分别约为 5 nm 和 12 nm,周期厚度为 17 nm。由于原子序数不同,Si 层比 Au 层看起来更暗一些。

3.4.3　薄膜热导率

1) Si/Au 多层薄膜热导率测量

采用差分 3ω 法对所制备的样品进行热导率测量。因为所制备的样品是导电的,所以同样需要在样品和金属加热线之间制备一层约 200 nm 厚的 Si_3N_4 作为绝缘层。同时,需要制备另外一个相同的但是没有沉积待测薄膜的硅片作为参考样品。测试样品的制备同样采用微加工的工艺,进行匀胶、光刻、显影、镀膜、打底和剥离等步骤,制备 Ag 电阻丝作为金属加热线。

测试采用的是宽度为 20 μm、长度为 2 mm 的金属加热线。以样品 Si/Au (5 nm)多层薄膜为例,首先测量金属加热线的电阻温度系数,如图 3 - 26(a)所示,通过线性拟合可以得到其电阻温度系数为 0.037 51 $\Omega/$℃,可以计算得到室温状态(20℃)下金属加热线的电阻阻值为 16.672 7 Ω。然后测量金属加热线的 $V_{3\omega}$ 电压,测量时电流的有效值为 50.3 mA,测量频率取 100～1 000 Hz。图 3 - 26(b)为测量得到的 Si/Au(5 nm)样品和参考样品的温度波动幅值-频率曲线,由此可以计算出样品的热导率。为了验证测试的稳定度,制备了 6 个多层薄膜样品,对每个样品各自进行 3 次测量,在室温下测得的热导率随着厚度的变大分别为 0.67 W·m^{-1}·K^{-1}、0.60 W·m^{-1}·K^{-1}、0.62 W·m^{-1}·K^{-1}、1.31 W·m^{-1}·K^{-1}、1.55 W·m^{-1}·K^{-1} 和 2.28 W·m^{-1}·K^{-1},发现当 Au 层的厚度小于等于 10 nm 时,多层薄膜的热导率急剧下降。

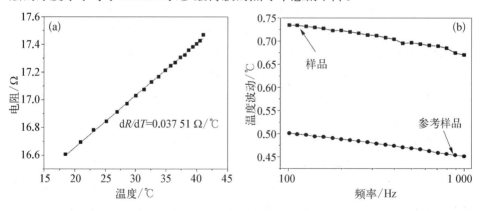

图 3 - 26　热导率测量结果

(a) 宽度为 20 μm,长度为 2 mm 金属加热线的电阻温度系数;(b) 待测样品和参考样品的温度波动幅值和频率的关系曲线

2) Si/Au 多层薄膜热导率分析

分别采用经典热传导模型和双温度模型分析所制备材料的热导率，表 3-11 列出了利用两种模型进行计算的参数以及它们的实验值。这里取电声子耦合常数 $g_{Au}=2.4\times10^{16}$ W·m^{-3}·K^{-1}，当 Au 层厚度大于等于 10 nm 时，金属中电子和声子的热导率分别为 $\kappa_e=315.83$ W·m^{-1}·K^{-1}，$\kappa_p=2.17$ W·m^{-1}·K^{-1}。

表 3-11 基于两个模型计算的参数和实验值

样品	d_1/nm	d_2/nm	κ_p/(W·m^{-1}·K^{-1})	κ_e/(W·m^{-1}·K^{-1})	κ_2/(W·m^{-1}·K^{-1})	κ_{II}/(W·m^{-1}·K^{-1})	κ_1/(W·m^{-1}·K^{-1})	κ/(W·m^{-1}·K^{-1})
Si/Au (1 nm)	1		0.169	317.83		0.65	1.56	0.67
Si/Au (3 nm)	3		0.439	317.56		0.70	1.80	0.60
Si/Au (5 nm)	5	12	0.644	317.356	1.44	0.75	2.04	0.62
Si/Au (10 nm)	10		2.17			1.32	2.63	1.31
Si/Au (20 nm)	20		2.17	315.83		1.47	3.81	1.55
Si/Au (40 nm)	40		2.17			2.11	6.15	2.28

图 3-27 更加形象地说明了在金属-非金属多层薄膜中，超薄的 Au 层对于整个多层薄膜热导率的影响。由于 Au 层的高热导率，随着 Au 层厚度的增加，用经典热传导模型计算出来的热导率增大明显。但是，发现当 Au 层大于等于 10 nm 时，用双温度模型计算的热导率显然没有用经典热传导模型计算出的值增大得快。而且对于 Si/Au(40 nm) 多层薄膜，用双温度模型计算的热导率（2.11 W·m^{-1}·K^{-1}）是用经典热传导模型计算的热导率（6.15 W·m^{-1}·K^{-1}）的 34%。这主要是因为金属-非金属界面形成的热阻会使热导率降低，并且在热传导过程中扮演着重要的作用。但是发现由 J. Ordonez-Miranda 等[174]提出的双温度模型不能简单用块体的 Au 参数值来分析 Au 层膜厚小于 10 nm 的情况。

从实验值可以看到，Au 层块体和薄膜的热学性质的临界厚度为 10 nm，而

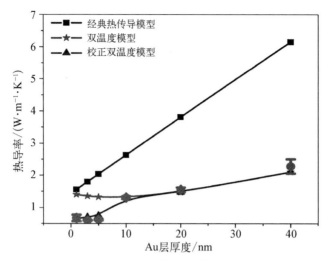

图 3 - 27 热导率理论计算值、实验值和 Au 层厚度的关系

且薄膜热导率相比块体值大幅度下降。为此,在 10 nm 以下引入了金属中声子热导率和厚度的函数关系式,如式(3 - 20)所示,并得到了相应校正后的双温度模型

$$\frac{1}{\kappa_p} = \frac{5.459\ 8}{l_1} + 0.460\ 23 \qquad (3 - 20)$$

通过校正后的双温度模型计算的理论值,和用 3ω 法测量得到的热导率十分吻合,在 Au 层 10 nm 以下得到了更低的热导率(约 $0.6\ \text{W} \cdot \text{m}^{-1} \cdot \text{K}^{-1}$),是非晶 $Si/Si_{0.75}Ge_{0.25}$ 多层薄膜的 60%,非晶 Si 膜的 42%。这意味着在超薄的 Au 层下,Au 层中主要传热的并不是电子,而是少部分声子,正是这少部分声子引起了更大的薄膜热阻,得到了更低的热导率。金属层的热阻可以表示为

$$R_{metal} = \frac{l_1}{\kappa_p + \kappa_e} + 2\left(\frac{\kappa_e}{\kappa_p}\right)\left(\frac{\delta}{\kappa_p + \kappa_e}\right)\left(\frac{e^{l_1/\delta} - 1}{e^{l_1/\delta} + 1}\right) = \begin{cases} 2\delta/\kappa_p, & (l_1 > \delta) \\ l_1/\kappa_p, & (l_1 \ll \delta) \end{cases}$$
$$(3 - 21)$$

式(3 - 21)中非常关键的一个参数就是电声子耦合长度 $\delta = [\kappa_e \kappa_p / G(\kappa_e + \kappa_p)]^{1/2}$。可以看到,当金属层厚度小于电声子耦合长度时,此时金属层近似的总的热阻 $R_{metal} = l_1/\kappa_p$,也说明在超薄 Au 层中,声子热导,在热传导中起主导作用。在实验中,Au 层的厚度几乎可以和电声子耦合长度比拟,热阻值为一个定值,因此可以解释图 3 - 27 中,当 Au 层厚度小于 10 nm 时,多层薄膜的热导率

基本上没有变化。

3.5　本章小结

（1）采用磁控溅射法制备了周期厚度分别为 2.5 nm、5 nm、10 nm、20 nm 及 50 nm 的非晶 $Si/Si_{0.75}Ge_{0.25}$ 纳米多层薄膜，结果表明非晶 $Si/Si_{0.75}Ge_{0.25}$ 多层薄膜的热导率明显小于 Si/Ge 超晶格或 $SiGe$ 合金薄膜的热导率。在非晶 $Si/Si_{0.75}Ge_{0.25}$ 多层薄膜体系中，由于结构无序导致其声子平均自由程小于多层薄膜的层厚度，因此非晶材料层状结构并不能有效减小其纵向热导率。

（2）采用磁控溅射法在 $Si/Si_{0.75}Ge_{0.25}$ 多层薄膜中用 Au 层替代 0 层、2 层、5 层、10 层 $Si_{0.75}Ge_{0.25}$ 层的多层薄膜，同时制备 $(Si_{0.75}Ge_{0.25}/Au/Cr/Ti)/Si$ 多层薄膜。当高热导率的 Au 替代 2 层和 5 层的 $Si_{0.75}Ge_{0.25}$ 时，热导率无明显变化。非晶多层薄膜（$Si_{0.75}Ge_{0.25}/Si$）的热导率符合经典热传导模型，而金属-非金属多层薄膜的热导率符合双温度模型。由于电子-声子耦合的作用，引起金属-半导体多层薄膜系统的总体有效热阻增大，导致多层薄膜热导率降低。

（3）采用磁控溅射法制备不同 Au 层厚度的 Si/Au 多层薄膜，Au 厚度分别为 1 nm、3 nm、5 nm、10 nm、20 nm、40 nm。当 Au 层厚度大于等于 10 nm 时，热导率与双温度模型吻合，说明电声子耦合在金属-非金属界面热传导过程中起着重要作用。当 Au 层的厚度小于 10 nm 时，引入了金属中声子热导率和薄膜厚度的函数关系式，得到了相应校正后的双温度模型，实验热导率与校正的模型值再次吻合。当金属层厚度小于电声子耦合长度时，金属中少部分的声子在整个金属薄膜热传导过程中起着主导作用，导致了相对高的薄膜热阻。这就意味着在金属-非金属多层薄膜中，可以通过简单地引入一层超薄金属层的方式，获得更低热导率的多层薄膜材料。

4

Sb₂Te₃基多层薄膜

Sb_2Te_3 是室温附近最好的热电材料之一。前面介绍了关于 Sb_2Te_3 热电材料的研究,主要为纳米复合和低维化。而关于其周期性多层结构的研究并不多见,主要为 Sb_2Te_3/Bi_2Te_3 超晶格结构。在上一章介绍了 Si 和金属多层薄膜的研究,探讨了半导体和金属之间的界面及热导率。在本章将金属引入 Sb_2Te_3 进行研究,考察其热导率和热电性能。

4.1 Au/Sb₂Te₃ 多层薄膜

本节采用磁控溅射法制备 Au 和 Sb_2Te_3 周期性多层薄膜。通过在 Sb_2Te_3 中插入不同厚度的 Au 层,考察其对多层薄膜热导率的影响。

4.1.1 薄膜制备

本节采用磁控溅射法制备 Au/Sb_2Te_3 多层薄膜。选用 N<100>硅片作为基片,其电阻率为 5 000 Ω·cm。基片在丙酮及无水乙醇中超声 10 min,紧接着放入 BOE 中浸泡 1 min 以去除表面氧化层,之后用超纯水洗净、氮气吹干,最后放入烘箱中烘烤 15 min。分别选用纯度为 4N 的纯 Au 靶和 Sb_2Te_3 的合金靶交替沉积制得多层薄膜样品 Au/Sb_2Te_3。将 Sb_2Te_3 放置在射频靶处,金靶放置在直流靶处。选择本底真空为 4×10^{-7} Torr,控制镀膜气压为 3 mTorr。镀膜时设置 Au 的溅射功率为 25 W,Sb_2Te_3 的溅射功率为 20 W。此时从磁控溅射晶振读数可知,对应的沉积速率分别约为 0.51 Å/s 和 0.36 Å/s,此读数与

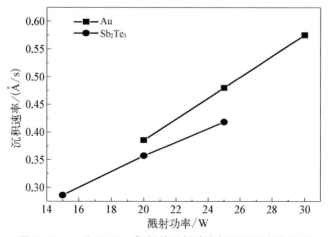

图 4-1 Au 和 Sb₂Te₃ 靶材的溅射功率与沉积速率的关系

图 4-1 中的拟合值基本一致。如表 4-1 所示为薄膜制备的详细参数。共制备了 6 组 Au/Sb_2Te_3 多层样品，周期都为 10，且每个周期的 Sb_2Te_3 厚度均为 13 nm，改变 Au 的厚度分别为 0 nm、1 nm、3 nm、5 nm、10 nm 和 20 nm，其中 0 nm 作为纯 Sb_2Te_3 的热导率参考值。

表 4-1　Au/Sb_2Te_3 多层薄膜制备实验参数

样　品	本底真空 溅射气压/Torr	溅射功率/W	厚度/nm	
			Sb_2Te_3	Au
Au/Sb_2Te_3	$4×10^{-7}$ $3×10^{-3}$	Sb_2Te_3：20 Au：25	13	0,1,3,5,10,20

4.1.2　结构表征

通过热场发射扫描电子显微镜（ULTRA55-36-69，德国 Zeiss，最大放大倍数为 10 万倍）进行结构表征。图 4-2(b)、(c) 和 (d) 是金层厚度分别为 5 nm、10 nm 和 20 nm 的多层薄膜样品在 8 万倍下的扫描电镜图。由图中可以看出金层和碲化锑层亮暗分明，这是由两者导电性不同造成的，通过比例尺可以估算出它的厚度与所设计的厚度基本相符。随着金层厚度增加，金层和碲化锑层边界更加明显，分辨率更加高。

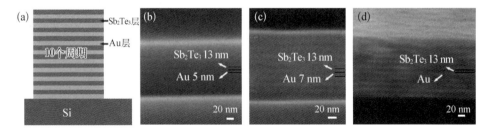

图 4-2　样品截面结构

(a) Au/Sb_2Te_3 薄膜样品示意图（10 个周期）；(b)、(c)、(d) 分别为金层厚度为 5 nm、10 nm 和 20 nm 的 8 万倍下扫描电镜的横截面图

除了用扫面电镜进行结构表征外，用 X 射线衍射仪（D\max-2200，日本理学公司）对样品的周期厚度进行了更加详细的结构表征。实验中所用的 X 射线为 Cu Kα 射线，其波长为 1.54 Å，电子加速电压为 40 kV，工作电流为 40 mA。选用扫描角度为 0.5°~5° 的小角进行多层薄膜周期厚度的测量，角度的扫描速率为 0.002(°)/min。图 4-3 是多层样品的 SAXRD 测试结果，图中显示的分别

是 1 nm、3 nm、5 nm、10 nm 以及 20 nm 的样品衍射峰图。图 4 - 4 是 Au 厚度为
1 nm 的样品详细计算图，主图以 1 nm 衍射峰图作为背景，右上角的小图是
$\sin^2\theta$ 与对应衍射峰个数 n^2 的线性拟合。金层厚度为 1 nm 时，根据布拉格衍射
公式可以算出单层 Au(1 nm)/Sb₂Te₃ 的厚度为 13.44 nm，与所设计的 14 nm
(Au 1 nm + Sb₂Te₃ 13 nm)比较接近。如表 4 - 2 所示为测量得到的不同金层厚
度下的薄膜单周期厚度。

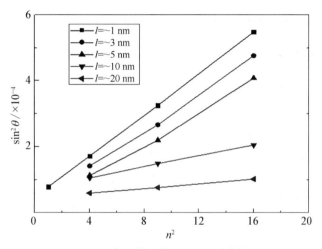

图 4 - 3 多层样品的 SAXRD 测试结果

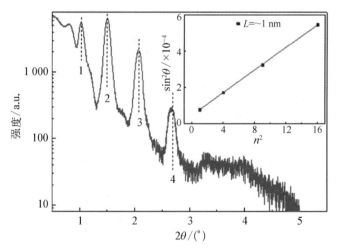

图 4 - 4 **Au(1 nm)/Sb₂Te₃ 多层薄膜样品 SAXRD**
图像和 $\sin^2\theta$ - n^2 拟合直线

表 4-2　SAXRD 所测得多层样品的周期厚度

样品 Au/Sb_2Te_3	实验所得周期值/nm	预期周期值/nm	误差/%
Au(1 nm)	13.44	14	4.00
Au(3 nm)	15.52	16	3.00
Au(5 nm)	17.48	18	2.88
Au(10 nm)	22.44	23	2.43
Au(20 nm)	34.12	33	3.39

4.1.3　薄膜热导率

1) 多层薄膜热导率测量

经过上述处理后,采用 3ω 法对样品进行热导率测量,首先测试样品的电阻热温度系数。选用线宽为 20 μm、长度为 2 mm 的金属丝作为测试标准。图 4-5 以参考样电阻热温度系数测量结果为例,通过热导率测量装置得到的线性拟合值。根据图 4-5 拟合出来室温下(20℃)的电阻值为 22.425 Ω,而电阻热温度系数为 0.056 Ω/℃。

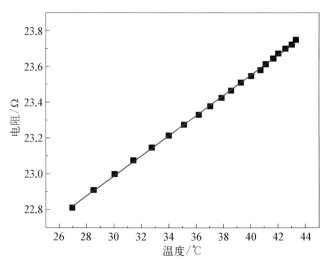

图 4-5　参考样品的金属线的电阻热温度系数

图 4-6 为测量得到的金层厚度为 5 nm 的 Au/Sb_2Te_3 样品和参考样品的温度波动幅值-频率曲线。为了验证测试的稳定度,制备了 6 个多层薄膜样品,对每个样品各自进行 3 次测试,如表 4-3 所示为测试结果。从表 4-3 中可以

发现,随着样品中 Au 层厚度的逐渐增大,其热导率先减小后增大,且在金层厚度为 5 nm 的时候热导率最小。

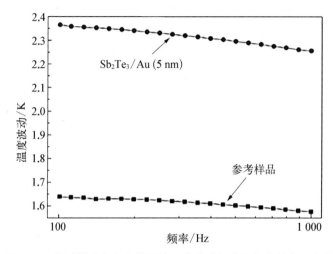

图 4-6 待测样品和参考样品的温度波动幅值和频率的关系曲线

表 4-3 多层样品热导率测量结果

样品的 Au 层厚度/nm	0	1	3	5	10	20
$\kappa/(W \cdot m^{-1} \cdot K^{-1})$	1	0.85	0.5	0.45	0.55	0.72

2) 多层薄膜热导率分析

分别采用经典热传导模型和双温度模型分析所制备材料的热导率。由于这个系列中的金层厚度小于 20 nm,因此应在双温度模型中利用改进型参数进行计算。如表 4-4 所示为双温度模型所使用的详细参数。

表 4-4 各样品双温度模型详细参数

d_1/nm	d_2/nm	κ_e/(W·m⁻¹·K⁻¹)	κ_p/(W·m⁻¹·K⁻¹)	κ_2/(W·m⁻¹·K⁻¹)	ρ_2/(m²·K·W⁻¹)	g/(W·m⁻³·K⁻¹)
1		319.83	0.17			
3		319.57	0.43			
5	13	319.36	0.64	1	1.064×10^{-8}	2×10^{16}
10		319.01	0.99			
20		317.76	2.24			

如表 4-5 所示为各样品的经典热传导模型计算值、双温度模型计算值及实验值。其中 κ_1 为经典热传导模型计算值,κ_{II} 为改进后双温度模型计算值。如图 4-7 所示为各样品经典热传导模型计算值、双温度模型计算值及实验值的比较。从图 4-7 中可以看出经典热传导模型同样不适合 Au/Sb$_2$Te$_3$ 材料体系,其原因主要是界面热阻的存在。双温度模型相对于经典热传导模型,其理论值更接近实验值,尤其是当 Au 层厚度大于 5 nm 的时候。但是从图 4-7 中也可以看出,当 Au 层厚度小于 5 nm 时,随着 Au 层厚度的减小,热导率的实验值急剧增加,这与双温度模型的理论值有很大的偏差。因此简单的双温度模型分析可能并不完全适用于这个实验,而需要引入一个新的模型来解释 Au 层厚度小于 5 nm 时的机理。

表 4-5　各样品经典热传导模型计算值、双温度模型计算值及实验值

样　品	Au(1 nm)/ Sb$_2$Te$_3$	Au(3 nm)/ Sb$_2$Te$_3$	Au(5 nm)/ Sb$_2$Te$_3$	Au(10 nm)/ Sb$_2$Te$_3$	Au(20 nm)/ Sb$_2$Te$_3$
实验值	0.85	0.5	0.45	0.55	0.72
$\kappa_I/(\text{W} \cdot \text{m}^{-1} \cdot \text{K}^{-1})$	1.08	1.23	1.38	1.76	2.52
$\kappa_{II}/(\text{W} \cdot \text{m}^{-1} \cdot \text{K}^{-1})$	0.40	0.43	0.47	0.55	0.73

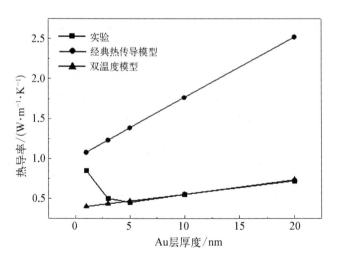

图 4-7　各样品经典热传导模型计算值、双温度模型计算值及实验值比较

首先猜想:Au 在很薄的情况下会发生团聚,从而成为不连续的薄膜,即会产生如图 4-8 所示的情况。如图 4-8 所示,上层和下层为 Sb$_2$Te$_3$ 层,中层为 Au 层,当 Au 层很薄的时候,原本连续的 Au 层会变成岛状的不连续 Au 层。因此在双温度模型的基础上引入了另一个模型——筛子模型。由先前的双温度模型可知,在正常的多层薄膜情况下,热量传递过程中半导体中的声子带着能量从上层传递到金属层,与金属层的电子和声子发生耦合,从而在金属中通过电子及声子传递到下层半导体中。而在筛子模型中,由于金属层的不连续,当声子传热下来的时候,部分声子接触到金属,而部分声子直接接触到下层的半导体,跳过了金属半导体界面接触发生的耦合作用。这就像是一个筛子,直接过滤掉了部分金属半导体接触部分。所以总热导率 κ_{II} 可以通过下式计算:

$$\kappa_{II} = p \times \kappa_{TTM} + (1-p) \times \kappa_{Sb_2Te_3} \tag{4-1}$$

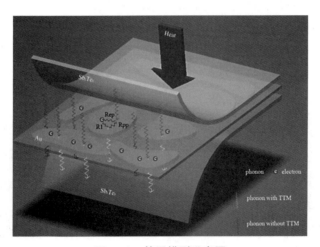

图 4-8 筛子模型示意图

式中,κ_{TTM} 是双温度模型下的热导率,$\kappa_{Sb_2Te_3}$ 是碲化锑材料的热导率,p 是 Au 层所覆盖的百分比($0 \leqslant p \leqslant 1$)。根据猜想,当 Au 层厚度小于 5 nm 的时候,Au 层发生了团聚,产生了不连续性,从而只有部分位置产生了界面热阻,而 Au 层没有覆盖的地方还是以普通的声子传热方式传到了下层,从而导致了热导率的上升。

4.2 M(M=Au,Ag,Cu,Pt,Cr,Mo,W,Ta)/Sb$_2$Te$_3$ 多层薄膜

本节采用磁控溅射法制备 M(M=Au,Ag,Cu,Pt,Cr,Mo,W,Ta) 和

Sb_2Te_3 周期性多层薄膜。通过在 Sb_2Te_3 中插入不同厚度的不同金属层,考察不同金属对多层薄膜热导率的影响。

4.2.1　薄膜制备

本节将采用磁控溅射法制备 M(M = Au,Ag,Cu,Pt,Cr,Mo,W,Ta)/ Sb_2Te_3 多层薄膜。选用 N<100>硅片作为基片,其电阻率为 1 000 Ω•cm。基片清洗与制备过程参考前文,不再赘述。

4.2.2　结构表征

1) SEM 表征

为了初步了解磁控溅射工艺制备的微结构特征,本文首先对不同的半导体及金属热电多层薄膜进行了 SEM 表征,所获取的微结构的截面形貌如图 4-9 所示。从图中可以清楚地看到,多层半导体金属薄膜呈现出明显的周期结构,各层之间的层间界面可以清楚地观测到。

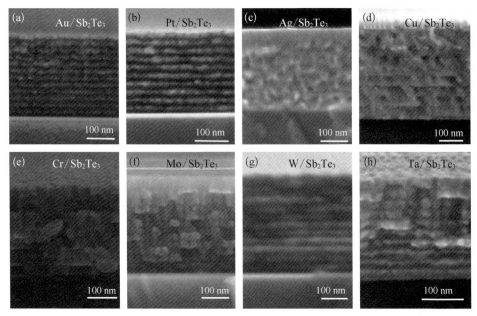

图 4-9　M(M＝Au,Pt,Ag,Cu,Cr,Mo,W,Ta)/Sb_2Te_3(15 nm/15 nm)热电多层薄膜截面的 SEM 扫描图

(a) Au/Sb_2Te_3(15 nm/15 nm);(b) Pt/Sb_2Te_3(15 nm/15 nm);(c) Ag/Sb_2Te_3(15 nm/ 15 nm);(d) Cu/Sb_2Te_3(15 nm/15 nm);(e) Cr/Sb_2Te_3(15 nm/15 nm);(f) Mo/Sb_2Te_3 (15 nm/15 nm);(g) W/Sb_2Te_3(15 nm/15 nm);(h) Ta/Sb_2Te_3(15 nm/15 nm)

2) TEM 表征

为了能清楚地获得样本的截面特征,需要对样本的横截面形貌进行 TEM 表征;而为了获取高清的 TEM 电镜图片,则需要对样本进行截面的切割与抛光。本实验中采用聚焦离子束系统多样本进行了切割制样,所获取的聚焦离子束剪薄图样如图 4 - 10 所示。获得的 Au/Sb$_2$Te$_3$ 和 W/Sb$_2$Te$_3$ 多层薄膜的界面分别如图 4 - 11 和图 4 - 12 所示。

图 4 - 10 TEM 高分辨之前的 FIB 剪薄（W/Sb$_2$Te$_3$ 样本）

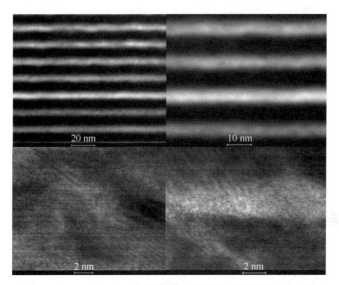

图 4 - 11 Au/Sb$_2$Te$_3$ 多层薄膜在不同分辨率下的 TEM 图

3) 球差校正场发射扫描透射电镜表征

为了能获取原子尺度下的微观结构形貌,本实验还采用球差校正场发射扫描透射电子显微镜对样本进行了微观结构表征。采用冷场发射电子枪和全自动化的球差校正技术,在保证超高分辨率的同时大大简化操作,实现高分辨观察与易用性的完美结合,而且球差校正场发射扫描透射电镜的分辨率达到了埃级,可以实现对样品的超细微观结构的观察和分析,适用于金属、陶瓷、半导体、纳米材料等材料的表征。本实验中采用球差校正场发射扫描透射电子显微镜(Titan G2 80 - 200 Chemi STEM,FEI)对 W/Sb$_2$Te$_3$ 多层薄膜的截面形貌进行了观

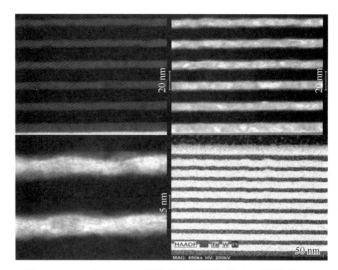

图 4‑12   W/Sb$_2$Te$_3$ 多层薄膜在不同分辨率下的截面形貌

图 4‑13   W/Sb$_2$Te$_3$ 原子尺度下的微观形貌

测,获取的原子尺度下的截面形貌如图 4‑13 所示。

4.2.3   薄膜热导率

本文采用了时域热反射法(TDTR)对不同热电薄膜的截面热导率进行了测量,测量结果如图 4‑14 和图 4‑15 所示,并在此基础上对热电多层薄膜的界面声子电子传输进行了细致的分析。

热电多层薄膜的界面处的电子声子耦合及界面微结构(如界面粗糙度及晶格失配)影响着声子的散射机制。而这种声子各向异性散射机制进一步影响着热输运特性,从而影响着低维热电材料的热电转换效率,通过精确地控制界面的微纳结构可以实现对电子、声子传输的精确调控,进一步提高热电材料的能源转换效率。已有的研究表明,二维热电多层薄膜呈现出清晰的层状结构。在较高

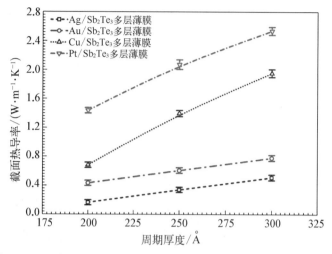

图 4 – 14   M(M＝Au,Ag,Cu,Pt)/Sb₂Te₃ 热电多层薄膜的截面热导率

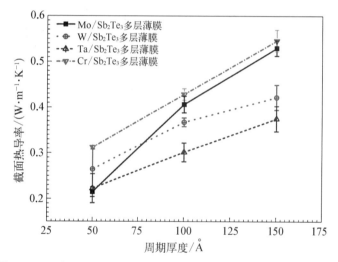

图 4 – 15   M(M＝Cr,Mo,W,Ta)/Sb₂Te₃ 热电多层薄膜的截面热导率

分辨率情况下可以看出,层间界面之间展现出原子尺度的粗糙度,这种原子尺度的粗糙度会造成声子在界面之间散射,从而导致较大的界面热阻,影响薄膜的有效热导率。根据波动理论,声子在界面处的散射行为由声子的波长和界面粗糙度决定,当声子的波长远大于界面粗糙度时,发生镜反射;当声子的波长远小于界面粗糙度时,发生漫反射。国内外学者对 Kapitza 热阻(界面热阻)的研究发现,界面粗糙度是影响 Kapitza 热阻的关键因素,从以上声子与界面作用的模拟结果来看,当界面相对粗糙时,由于漫反射对边界声子能量的重新分配,导致越来越多的声子被散射回去,从而增强了界面热阻,降低了二维热电材料有效热导率。因此,通过合理地优化二维热电材料的微纳结构,可以有效降低其热导率。

此外,本节还对前文研究的 Si 基和 Sb_2Te_3 与金属构建的多层薄膜热导率进行了对比,对比结果如图 4-16 所示。

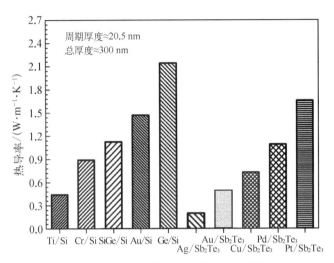

图 4-16 M/Sb_2Te_3 多层薄膜与 M/Si 多层薄膜的对比分析

为了研究温度对多层薄膜有效热导率的影响,在不同温度下,采用时域皮秒飞秒脉冲法对多层薄膜热导率进行了变温测量,测量的温度范围为低温 60 K 到室温 300 K,所获得的热导率随温度变化的曲线如图 4-17 所示。

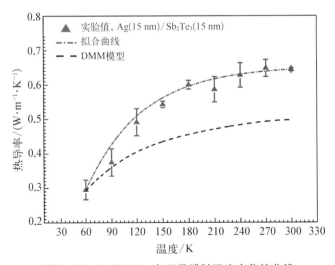

图 4-17 Ag/Sb_2Te_3 多层薄膜随温度变化的曲线

从图 4-17 可以看到,Ag/Sb$_2$Te$_3$ 多层热电薄膜呈现了一个较低的热导率值,为 0.61 W · m^{-1} · K^{-1}。此外,从图中还可以看出,多层热电薄膜的热导率随温度的升高而增大,因此,多层热电薄膜的超低热导率主要归因于界面之间的传输特性,特别是声子的散射机制。为了能进一步地解释说明界面之间声子的传输特性,特别是温度变化对其的影响,本节采用声子漫射失配模型(diffuse mismatch model,DMM)对界面间声子的传输特性进行了模拟,并且与实验结果进行了对比,结果如图 4-17 所示。

根据声子的漫射失配模型,界面之间的热流以及边界热导率可以描述为

$$q_{\text{net, DMM}} = \frac{k_b^4}{8\pi^2 h^3}\left\{T_1^4 \sum_j c_{1,j}\int_0^{\frac{h\omega}{k_b T_1}}\frac{\alpha_{1\to 2} \cdot z^3}{e^z - 1}dz - T_2^4 \sum_j c_{2,j}\int_0^{\frac{h\omega}{k_b T_2}}\frac{\alpha_{2\to 1} \cdot z^3}{e^z - 1}dz\right\}$$

$$(4-2)$$

$$h_{1\to 2} = \frac{\partial q_{\text{net, DMM}}}{\partial T} = \frac{1}{4}\sum_{j=1}^3\int_\omega c_{1,j}(\omega)\alpha_{1\to 2}(\omega)h\omega\text{Dos}_1(\omega)\frac{\partial f_0}{\partial T}d\omega \quad (4-3)$$

式中,$c_{1,j}$ 和 $c_{2,j}$ 为声子在 j 模态下的群速度,h 为普朗克常数,$\text{Dos}(\omega)$ 为声子态密度,f_0 为玻色-爱因斯坦分布函数,$\alpha_{1\to 2}$ 为从界面 1 到界面 2 的声子透射因数,其数学表达式可以表示为:

$$\alpha_{1\to 2}(\omega) = \frac{\sum\limits_j c_{2,j}(\omega)\text{Dos}_2(\omega)\delta_{\omega, \omega'}}{\sum\limits_j c_{1,j}(\omega)\text{Dos}_1(\omega)\delta_{\omega, \omega'} + \sum\limits_j c_{2,j}(\omega)\text{Dos}_2(\omega)\delta_{\omega, \omega'}} \quad (4-4)$$

为了计算上的简化,本节采用了声子色散的迪拜近似模型,在获得界面热阻之后,DMM 中总的有效热导率可以通过式 $k_e = (d_1 + d_2)/2R_{1\to 2}$ 来获得,获得的结果与实验结果的对比如图 4-17 所示。从图 4-17 中可以看出,模拟结果与实验结果一致。需要指出的是,该模型主要基于单晶的近似,而在实际的薄膜制备中,晶体以多晶为主,因此,实验数据和理论预测有一定的偏差。尽管如此,声子漫射失配模型提供了清晰的物理图像,说明了金属、半导体多层薄膜之间的微观结构可以影响声子的传输特性。

4.2.4 热导率理论分析

1) 多层热电薄膜热传输的界面效应

多层薄膜热电转换机理研究中最重要的一个参数为热导率,在纳米尺度下,影响多层薄膜热导率的主要是结构缺陷对声子的散射机制,包括层与层之间界面对声子的散射和层内缺陷对声子的散射。

除了传统的解析方法,直接数值模拟技术也被应用于多层薄膜热导率的研究之中。分子动力学(molecular dynamics,MD)方法通过求解有相互作用的各个粒子的运动方程,得到每个粒子空间位置和运动状态随时间的演进状况,从而统计出材料的宏观行为特性。在纳米尺度范围内,作为实验的有效补充手段,MD方法被广泛应用于热传导的研究工作中。

2)多层热电薄膜界面处的电声子耦合效应

对于半导体-金属多层薄膜系统,其热传输特性除了界面效应,还包括电声子耦合效应。众所周知,金属中主要的能量携带载体是电子,而在半导体中对能量转移起主导作用的是声子。当金属-半导体的界面间发生热传输时,电子和声子必然会进行能量传递。金属-半导体结构产生界面热阻的原因有两个,一是金属中的声子与半导体内的声子相互作用;二是金属中的电子与半导体声子之间的相互作用。

为了系统研究金属-半导体多层薄膜界面处的电子和声子耦合效应,本节针对 Au/Sb_2Te_3 以及 Ag/Sb_2Te_3 多层薄膜的热导率采用双温度模型进行了计算模拟,并与实验测量结果进行了对比,对比结果如图 4-18 所示。从图 4-18 中可以看出,双温度模型的模拟结果与实验结果相符,特别是当金属-半导体多层薄膜的厚度比较大的时候,模拟结果和实验结果较为一致。研究表明,金属-半导体多层薄膜系统的界面之间有着较低的耦合因子值,其数值范围一般为 $10^{16} \sim 10^{17}$ W·m^{-3}·K^{-1},因此,从工程应用的角度来讲,通过合理优化金属层的厚度可以有效降低多层薄膜的有效热导率,而不削弱电子的传输能力,进而增

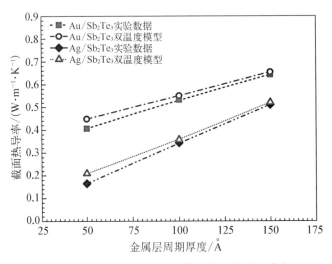

图 4-18　多层薄膜双温度模型与实验结果对比

强低维热电材料的热电转换优值,提高热电转换效率。

4.3 Cu/Sb$_2$Te$_3$ 多层薄膜

本节采用分子束外延法制备 Cu/Sb$_2$Te$_3$ 周期性多层薄膜。通过在 Sb$_2$Te$_3$ 中插入不同厚度的 Cu 层,考察其对多层薄膜热电性能的影响。

4.3.1 薄膜制备与结构分析

本节采用分子束外延设备制备 Cu/Sb$_2$Te$_3$ 多层薄膜,通过共蒸发 Sb 和 Te,以及交替蒸发 Cu 元素的方法制备不同 Cu 厚度的 Cu/Sb$_2$Te$_3$ 多层薄膜。真空度达到 10^{-8} Pa 后,Te 的束源炉温度恒定为 589 K,此时对应的沉积速率为 0.95 Å/s;保持 Cu 的束源炉温度恒定为 1 323 K,对应的沉积速率为 0.2 Å/s;Sb 的束源炉温度为 698 K,对应的沉积速率为 0.45 Å/s。采用共蒸发法制备 Sb$_2$Te$_3$ 层,保证每一层的厚度为 20 nm。然后关闭 Sb、Te 束源炉挡板,同时开启 Cu 束源炉挡板,蒸发 Cu 元素。待 Cu 的蒸发速率稳定后,打开样品挡板。重复 10 次,通过调节蒸发铜的时间来制备不同 Cu 厚度的 Cu/Sb$_2$Te$_3$ 周期性纳米多层薄膜,其中 Cu 每层厚度为 0 nm、0.1 nm 和 0.3 nm,分别将其命名为 Cu(0 nm)/Sb$_2$Te$_3$、Cu(0.1 nm)/Sb$_2$Te$_3$ 和 Cu(0.3 nm)/Sb$_2$Te$_3$。随后对样品进行 423 K 和 473 K 退火,退火时间为 6 h。利用 TEM、EDS 等分析手段进行结构、形貌和成分的表征,并利用自制设备对其塞贝克系数,电导率进行测量。

如图 4-19(a)所示为退火温度为 423 K 的 Cu(0.3 nm)/Sb$_2$Te$_3$ 周期性纳米薄膜的表面 SEM。从图片上可以看出薄膜表面有大量的颗粒状物质存在,经过能谱分析,这些颗粒为 Cu 粒子。如图 4-19(b)所示为 TEM 观测结果,也发现存在大量的颗粒状的 Cu。综合以上两种表征结果分析,可以认为样品中的铜并未形成层状结构,而是以颗粒状的结构存在。

4.3.2 薄膜热电性能

如表 4-6 和表 4-7 所示为不同温度下退火 Cu/Sb$_2$Te$_3$ 电学性能的研究结果。从表 4-6 和表 4-7 中可以发现,加入 Cu 以后薄膜的电学性能有极大的改变,铜的含量越高电导率越大。423 K 退火 Cu(0.3 nm)/Sb$_2$Te$_3$ 的周期性纳米薄膜电导率比没有加 Cu 的样品提高了 5.6 倍。其原因为:根据电导率公式 $\sigma =$

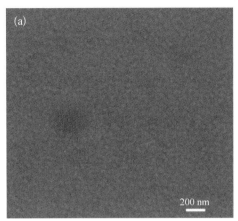 

图 4 - 19 Cu(0.3 nm)/Sb₂Te₃ 薄膜的表面形貌的 SEM 和 TEM

$ne\mu$ 可知电导率 σ 是由载流子浓度 n 和载流子迁移率 μ 决定的,金属 Cu 的加入有效增加了载流子浓度,从而提高了电导率。

表 4 - 6 423 K 退火 Cu/Sb₂Te₃ 的电学性能研究

样 品	$\sigma/(S/cm)$	$\alpha/(\mu V/K)$	$PF/(\mu W \cdot m^{-1} \cdot K^{-2})$
Cu(0 nm)/Sb₂Te₃	200	90	162
Cu(0.1 nm)/Sb₂Te₃	800	65	340
Cu(0.3 nm)/Sb₂Te₃	1 120	66	480

表 4 - 7 473 K 退火 Cu/Sb₂Te₃ 的电学性能研究

样 品	$\sigma/(S/cm)$	$\alpha/(\mu V/K)$	$PF/(\mu W \cdot m^{-1} \cdot K^{-2})$
Cu(0 nm)/Sb₂Te₃	300	92	240
Cu(0.1 nm)/Sb₂Te₃	1 587	43	290
Cu(0.3 nm)/Sb₂Te₃	1 250	58	420

473 K 退火的 Cu(0 nm)/Sb₂Te₃ 周期性纳米薄膜的塞贝克系数 α 是 Cu(0.3 nm)/Sb₂Te₃ 的 1.36 倍。根据 Mott 公式 $\alpha = \dfrac{\pi^2 k_B^2 T}{3e}\left[\dfrac{dn(E)}{ndE} + \dfrac{d\mu(E)}{\mu dE}\right]_{E=E_F}$ [其中 $n(E)$ 和 $\mu(E)$ 分别为载流子浓度和迁移率与能量的关系,E_F 为费米能级][151-152] 可知,增加载流子迁移率能量导数和减小载流子浓度可以增

加塞贝克系数。研究[153]表明材料之间若存在功函数差异，就能够在材料体内形成载流子的能级势垒，从而产生过滤载流子的效应，改变塞贝克系数。如图 4-20 所示为 Cu/Sb₂Te₃ 中金属和半导体接触的能带，通常情况下 Sb₂Te₃ 是简并半导体，费米能级处于价带中[154]。图 4-20 中 Sb₂Te₃ 的禁带宽度、电子亲和能及功函数均取自块体材料[155]。平衡时的 Cu/Sb₂Te₃ 中金属和半导体接触的能带如

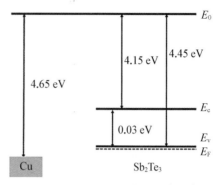

图 4-20 Cu/Sb₂Te₃ 金属和半导体接触的能带图

图 4-20 所示，从图中可以看出 Cu 和 Sb₂Te₃ 的功函数分别为 4.65 eV 和 4.45 eV，势垒高度差约为 0.2 eV，此势垒高度的数值经过理论计算能有效地过滤低能量载流子而几乎不影响高能量载流子的通过。由于能级势垒的存在，在 Cu 和 Sb₂Te₃ 界面处，低能量的载流子（冷载流子）受到强烈的散射，而高能量载流子（热载流子）受到的散射较弱。所以，虽然载流子浓度的提高降低了塞贝克系数，但是因为载流子过滤效应，塞贝克系数没有太大的下降。如图 4-21 所示为 Cu 和 Sb₂Te₃ 界面载流子的过滤机理。

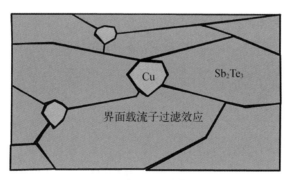

图 4-21 Cu 和 Sb₂Te₃ 界面载流子过滤机理

如表 4-7 所示，当样品经过 473 K 退火以后，结晶性越来越好，载流子浓度上升，电导增加。随着退火温度的升高，Cu 颗粒融入 Sb₂Te₃ 材料中，导致 Cu 颗粒减少，散射、过滤效应减小，塞贝克系数下降。综合得到的功率因子依然保持在一个较大的值（420 μW·m⁻¹·K⁻²）。Cu(0.3 nm)/Sb₂Te₃ 样品经 423 K 退火后，功率因子 PF 高达 480 μW·m⁻¹·K⁻²，相比于 Sb₂Te₃ 薄膜（162 μW·m⁻¹·K⁻²）提高了约 3 倍。

4.4　Ag/Sb$_2$Te$_3$多层薄膜

本节采用分子束外延法制备 Ag/Sb$_2$Te$_3$ 周期性多层薄膜。通过在 Sb$_2$Te$_3$ 中插入不同厚度的 Ag 层,考察其对多层薄膜热电性能的影响。

4.4.1　薄膜制备与结构分析

本节采用分子束外延设备制备 Ag/Sb$_2$Te$_3$ 多层薄膜,通过共蒸发 Sb 和 Te,以及交替蒸发 Ag 元素的方法制备不同的 Ag/Sb$_2$Te$_3$ 周期性纳米薄膜。实验方法和 Sb$_2$Te$_3$/Cu 周期性纳米薄膜类似,Te 的束源炉温度恒定为 589 K,对应的沉积速率为 0.95 Å/s;保持 Ag 的束源炉温度恒定为 1 423 K,对应的沉积速率为 0.2 Å/s;Sb 的束源炉温度为 698 K,对应的沉积速率为 0.45 Å/s。制备 Sb$_2$Te$_3$ 薄膜,保证每一层的厚度为 20 nm。然后关闭 Sb、Te 束源炉挡板,开启 Ag 束源炉挡板蒸发 Ag 元素,等待 Ag 的蒸发速率稳定以后,打开样品挡板,周期重复 10 次。通过调节蒸发 Ag 的时间来制备厚度不同的多层薄膜,其中 Ag 每层厚度为 0 nm、1 nm、2 nm、4 nm。把样品的名称分别定义为 Ag(0 nm)/Sb$_2$Te$_3$,Ag(1 nm)/Sb$_2$Te$_3$,Ag(2 nm)/Sb$_2$Te$_3$ 和 Ag(4 nm)/Sb$_2$Te$_3$,最后利用退火炉进行 423 K 的退火,退火时间为 6 h,然后利用 XRD、TEM、EDS 等分析手段进行结构、形貌和成分的分析,并利用自制设备对其塞贝克系数和电导率进行测量。

首先对样品进行物相分析,利用 X 射线衍射仪(D\max-2200,日本理学)进行了广角 XRD 测试,扫描角度为 0°~65°,扫描速度为 0.5(°)/min,测试结果如图 4-22 所示。测试结果表明未加入银的样品主要成分是 Sb$_2$Te$_3$,因此利用 MBE 制备的薄膜是 Sb$_2$Te$_3$ 单一化合物。随着 Ag 的加入,XRD 图谱中出现新的衍射峰,对比 PDF 卡片可知,这些新的衍射峰对应于 AgSbTe$_2$ 的(200)、(220)和(222)晶面,这表明加入 Ag 以后的薄膜出现 AgSbTe$_2$ 相。随着 Ag 含量的增加,AgSbTe$_2$ 相对应的峰形变得更加尖锐,Sb$_2$Te$_3$ 相对应的峰形逐渐减弱,这表明随着 Ag 含量的增加,AgSbTe$_2$ 相逐渐增多,Sb$_2$Te$_3$ 相逐渐减少。同时在加入 Ag 的样品中,没有检测出来 Ag 单质,这说明经过退火以后,由于 Ag 活性极强,基本溶于 Sb$_2$Te$_3$ 基体形成金属间化合物,整个薄膜的成分就是 AgSbTe$_2$ 和 Sb$_2$Te$_3$。

利用透射电镜进一步分析薄膜的结构,结果如图 4-23 所示。图 4-23(a)

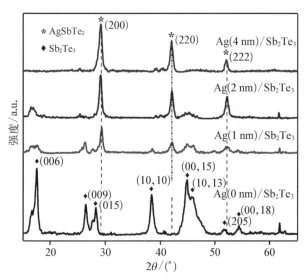

图 4 - 22 不同 Ag 层厚度的 Ag/Sb₂Te₃ 周期性纳米薄膜样品 XRD 图谱

为 Ag/Sb₂Te₃ 周期性纳米薄膜样品的高倍率 TEM 图片,从图中可以看出薄膜中没有层状结构存在,但是存在两种形状不规则的晶格结构,且晶界较为清晰。图 4 - 23(b)中的电子衍射花样结果表明了样品是多晶体且结晶性较好,这也和 XRD 测试的结果一致。进一步地,利用高分辨 TEM 去分析和探究其晶体类型,如图 4 - 23(c)和(d)所示。通过标定晶格常数,可以得出图 4 - 23(c)中的晶格常数为 0.3 nm,对应于 AgSbTe₂ 的(200)晶面;图 4 - 23(d)中的晶格常数为 0.32 nm,与 Sb₂Te₃ 的(015)晶面的晶格间距一致。这与 XRD 测试结果是一致的,即样品中不存在 Ag 单质,而只含 Sb₂Te₃ 和 AgSbTe₂ 两种物质。

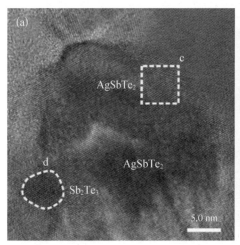
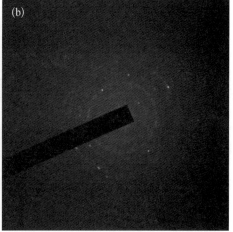

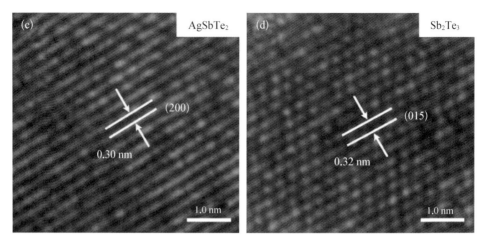

图 4 - 23 Ag/Sb₂Te₃ 周期性纳米薄膜样品 TEM 分析

(a) 高倍 TEM;(b) 电子衍射花样;(c) AgSbTe₂ 的高分辨 TEM;(d) Sb₂Te₃ 的高分辨 TEM

4.4.2 薄膜热电性能

首先测试了样品载流子迁移率和载流子浓度,表 4 - 8 列出了 Ag/Sb₂Te₃ 周期性纳米薄膜的电导率、载流子迁移率和载流子浓度随 Ag 厚度的变化关系。从表中可以看出,随着 Ag 的加入,Ag/Sb₂Te₃ 周期性纳米薄膜的载流子浓度迅速增加,载流子迁移率先降低后上升,由于两者的变化幅度不同,最终导致了样品的电导率随着 Ag 层厚度的增加而先增加再降低最后又增加。

表 4 - 8 Ag/Sb₂Te₃ 周期性纳米薄膜样品电导率、载流子迁移率和载流子浓度

样　　品	$\sigma/(S/cm)$	$\mu/(cm^2 \cdot V^{-1} \cdot s^{-1})$	$n/(\times 10^{20}\ cm^{-3})$
Ag(0 nm)/Sb₂Te₃	138.99	32.13	0.27
Ag(1 nm)/Sb₂Te₃	163.94	5.53	1.85
Ag(2 nm)/Sb₂Te₃	75.66	2.28	2.07
Ag(4 nm)/Sb₂Te₃	454.45	5.86	4.85

利用变温塞贝克系数和电导率测试装置测试了不同 Ag 厚度的 Sb₂Te₃ 薄膜样品,测试结果如图 4 - 24 所示。由图 4 - 24(a)可以看出,Ag(0 nm)/Sb₂Te₃、Ag(1 nm)/Sb₂Te₃ 和 Ag(2 nm)/Sb₂Te₃ 的电导率随温度的上升而上升,表现出半导体特性;而 Ag(4 nm)/Sb₂Te₃ 样品的电导率随温度的上升而下

降,表现出金属性,这可能是过量的 Ag 导致的。随着 Ag 含量的增加,电导率从 Sb₂Te₃ 薄膜的 130 S/cm 增加到 Ag(4 nm)/Sb₂Te₃ 薄膜的 590 S/cm(210 K),提高到约 4.5 倍。有意思的是,Ag(2 nm)/Sb₂Te₃ 样品薄膜电导率有所下降,分析其原因为:此时载流子的浓度增加的速率低于载流子迁移率下降的速率,造成了电导率的下降,这一点可以通过表 4 - 8 来证明。

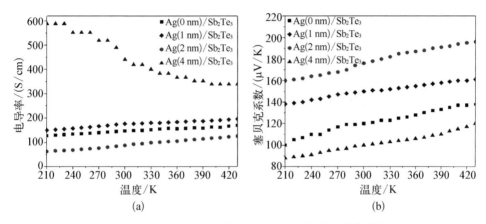

图 4 - 24 不同 Ag 厚度的 Ag/Sb₂Te₃ 周期性纳米薄膜的
(a) 变温电导率和(b) 塞贝克系数

由图 4 - 24(b)可知,所有样品的塞贝克系数均为正值,这证明了分子束外延生长的 Ag/Sb₂Te₃ 薄膜均为 P 型半导体热电薄膜。随着 Ag 含量的增加,塞贝克系数迅速增加。塞贝克系数从纯 Sb₂Te₃ 薄膜的 130 μV/K 一直增加到 Ag(2 nm)/Sb₂Te₃ 薄膜的 193 μV/K(420 K),提高到约 1.5 倍。但是 Ag(4 nm)/Sb₂Te₃ 薄膜的塞贝克系数有所下降,分析原因有可能是:① 根据 Mott 公式可知,载流子浓度增加会导致塞贝克系数减小,过量 Ag 的加入导致载流子浓度增加,从而导致塞贝克系数减小;② Ag 的载流子是电子,而 Sb₂Te₃ 的载流子是空穴,Ag 的增加导致正负塞贝克系数相抵消。

功率因子可由塞贝克系数和电导率计算获得,如图 4 - 25 所示,功率因子随着 Ag 厚度的增加而增加,Ag(4 nm)/Sb₂Te₃ 薄膜的功率因子值最大,其值为 500 μW·m⁻¹·K⁻²,相比于纯 Sb₂Te₃ 薄膜(130 μW·m⁻¹·K⁻²)提高到约 3.85 倍。所以说,Ag 的加入可以有效提高 Sb₂Te₃ 的热电性能。

除了功率因数的增加外,周期性纳米多层薄膜因为声子散射作用也会导致热导率显著降低,这将进一步提高 ZT 值。引入具有一定尺寸和分布的不连续层状结构,可以选择性地散射传输大量热量的中长波长声子[156]。

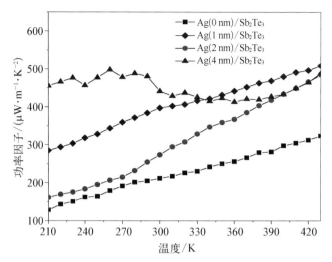

图 4 - 25   不同 Ag 厚度 Ag/Sb$_2$Te$_3$ 周期性纳米薄膜功率因子

4.5   本章小结

（1）采用磁控溅射法制备了金层厚度为 0 nm、1 nm、3 nm、5 nm、10 nm 和 20 nm 的一系列 Au/Sb$_2$Te$_3$ 多层薄膜,热导率先减小后增大,厚度为 5 nm 热导率最小,为 0.44 W·m^{-1}·K^{-1}。在 Au 层厚度大于 5 nm 时热导趋势与双温度模型吻合;而当 Au 层厚度小于 5 nm 时,引入筛子模型,即电声子耦合起着部分作用,且随着 Au 层厚度减小,该作用效果也越来越弱。

（2）采用磁控溅射法制备 M(M＝Au,Ag,Cu,Pt,Cr,Mo,W,Ta)/Sb$_2$Te$_3$ 多层薄膜,对其热导率进行了系统的实验和理论研究。研究表明,对于金属-半导体多层薄膜体系,其界面处的电子声子耦合效应显著影响着其截面热导率,通过合理地调控金属层的厚度或是合理地选取金属-半导体多层热电薄膜材料系统,可以有效降低其截面热导率,同时不削弱热电材料体系中电子的传输特性,进而从总体上提高热电材料的热电转换优值,最终提高低维热电器件的总的能量转化效率。对于金属-半导体多层薄膜结构,采用双温度模型模拟的热导率与实验结果很符合。可以确定的是,在金属-半导体周期性系统的总体界面热阻中,电子-声子耦合所引起的界面热阻占主导地位。

（3）利用 MBE 交替生长 Sb$_2$Te$_3$ 薄膜层和 Cu 层,当 Cu 层很薄时形成不连续纳米颗粒,而获得了不同 Cu 纳米粒子含量的 Sb$_2$Te$_3$ 薄膜。研究发现 Cu 颗粒可以有效提高电学性能,薄膜经过 423 K 退火以后,功率因子达到了 480 μW · m^{-1} · K^{-2}。

利用 MBE 交替生长 Sb$_2$Te$_3$ 薄膜层和 Ag 层,由于 Ag 活性极强,薄膜没有形成多层结构,而是形成了 AgSbTe$_2$ 和 Sb$_2$Te$_3$ 的混合物,Ag 的加入可以大幅度提高电学性能,其中样品 Ag(4 nm)/Sb$_2$Te$_3$ 的功率因子最大,达 500 μW · m^{-1} · K^{-2},是不含 Ag 的 Sb$_2$Te$_3$ 薄膜(130 μW · m^{-1} · K^{-2})的 3.85 倍。

5

磁控溅射法制备Sb$_2$Te$_3$/Bi$_2$Te$_3$系薄膜

Sb_2Te_3 和 Bi_2Te_3 为室温附近热电性能最好的半导体材料之一,目前的研究形态主要为块体。采用的方法包括溶液法、固相合成法、热压法、微波法、离子交换法、熔融法和电等离子体烧结(spark plasma sintering,SPS)等。各种增强热电材料性能的手段主要是在保证电导率的前提下,提高塞贝克系数(包括能量过滤效应),使得功率因子增大。此外,还可引入界面散射声子降低热导率。关于热电薄膜的研究尚不充分,而热电薄膜的研究将有利于微小尺度热量的利用和传感器的制备等。本章采用微纳加工工艺中的磁控溅射工艺调控 Sb_2Te_3 和 Bi_2Te_3 的结构和热电性能。

5.1 调控溅射功率、退火、厚度沉积 Sb_2Te_3 薄膜

Sb_2Te_3 薄膜具有众多优良的物理化学性能,一直受到人们的广泛关注。Sb_2Te_3 薄膜的结构和性能与制备技术和工艺密不可分,通过不同技术制备的薄膜在形貌和性能上差别很大,即使采用同一种方法,采取不同的制备工艺也会得到性能差别很大的薄膜。本节采用磁控溅射法调控溅射的功率、退火条件以及薄膜厚度来沉积 Sb_2Te_3 薄膜。通过改变磁控溅射的条件调节薄膜的结构,探索影响其热电性能的因素,为提高其热电性能提供依据。

5.1.1 调控溅射功率

5.1.1.1 薄膜制备

本节采用射频磁控溅射法分别在硅基片和玻璃基片上沉积 Sb_2Te_3 薄膜,探索靶材溅射功率对薄膜结构和热电性能的影响。实验所用基片在薄膜沉积前分别用浓硫酸和双氧水的混合溶液、丙酮、酒精各浸泡 10 min,然后用去离子水清洗,最后用高纯 N_2 吹干。实验本底真空小于 2×10^{-6} Torr,氩气流量稳定在 13.5 mL/min,基片台转速为 20 r/min,由此可获得均匀性较好的 Sb_2Te_3 薄膜。实验时,调节碲化锑合金靶材的溅射功率分别为 15 W、20 W、25 W,通过石英晶振片实时监测薄膜的厚度,最后用台阶仪测试薄膜厚度约为 240 nm。同时,利用 XRD、SEM、EDS 等分析手段对所制备的 Sb_2Te_3 薄膜进行表征,并利用自制设备对其电学性能进行测试。

5.1.1.2 薄膜结构

图 5-1(a)是 Sb_2Te_3 的溅射功率与沉积速率之间的关系图。从图 5-1(a)中可以看出,随着溅射功率的增加,沉积速率增大,且沉积速率与射频功率之间

具有较好的线性关系。溅射功率不仅决定了溅射现象能否产生,而且功率大小也将影响轰击到靶材的离子的能量,进而影响靶材的溅射率。随着溅射功率的增大,气体的离化率增强,等离子体密度增加,轰击到靶材表面的离子数目增多且能量增强,因而薄膜的生长速率随溅射功率的增加而增加。图 5 - 1(b)是 Sb_2Te_3 薄膜中 Te 原子含量与溅射功率之间的关系。可以看出,随着溅射功率的增加,薄膜中 Te 的原子含量降低。Sb_2Te_3 靶材的溅射功率为 15 W 时,薄膜中 Te 原子含量占 67.6%;而当溅射功率增加到 25 W 时,薄膜中 Te 原子含量占 62.8%。同时,发现室温下沉积的 Sb_2Te_3 薄膜中富 Te,偏离化学成分比,这可能是由于 Te 的溅射产额比 Sb 的溅射产额高。

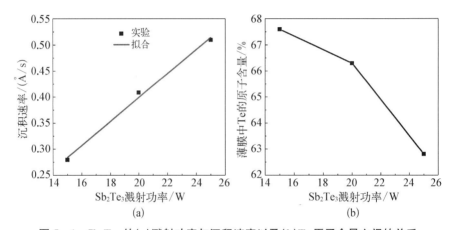

图 5 - 1　Sb_2Te_3 的(a)溅射功率与沉积速率以及(b)Te 原子含量之间的关系

图 5 - 2 是不同溅射功率下 Sb_2Te_3 薄膜的 SEM 图。可以看出,不同溅射功率下沉积的薄膜表面形貌变化不大,薄膜表面较均匀致密。随着溅射功率的增加,薄膜的晶粒尺寸略微增加。这是因为溅射功率增加时,从靶材表面溅射飞向基片的原子能量增加,原子扩散能力增强,晶核之间相互融合长大,薄膜晶粒尺寸有所增加。

5.1.1.3　溅射功率对其热电性能的影响

如图 5 - 3 所示为不同溅射功率下 Sb_2Te_3 薄膜的电学性能。从图 5 - 3(a)中可知,随着溅射功率的增加,薄膜的电阻率逐渐降低。当溅射功率为 15 W 时,薄膜的电阻率为 12.14 mΩ·cm;溅射功率增加到 25 W 时,薄膜的电阻率降低到 7.97 mΩ·cm。由于 Te 材料本身的电阻率比较高,因此薄膜电阻率的降低主要是由于薄膜中 Te 成分的减少。从图中可以看出,所有样品的塞贝克系数均为正值,这表明所制备的 Sb_2Te_3 薄膜样品为 P 型。当溅射功率从 15 W 增

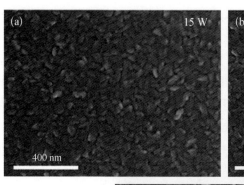

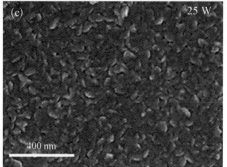

图 5-2 不同功率下 Sb₂Te₃ 薄膜的 SEM 图

(a) 15 W;(b) 20 W;(c) 25 W

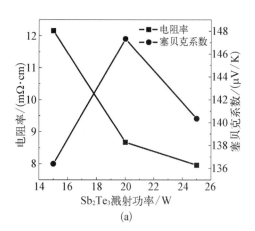
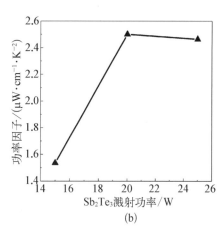

(a)　　　　　　　　　　　　(b)

图 5-3 不同溅射功率下 Sb₂Te₃ 薄膜的热电性能

(a) 电阻率和塞贝克系数;(b) 功率因子

加到 20 W 时,薄膜的塞贝克系数由 136.43 μV/K 增加到 147.24 μV/K;进一步增加溅射功率,薄膜的塞贝克系数反而降低为 140.26 μV/K。可见,薄膜的塞贝克系数随着溅射功率的增加先增加再降低。

根据电阻率和塞贝克系数可以计算出 Sb_2Te_3 薄膜的功率因子,计算结果如图 5-3(b)所示。可以看出,随着溅射功率的增加,薄膜的功率因子先增加再略有降低,这是因为功率因子是由电阻率和塞贝克系数二者综合的结果。尽管薄膜的电阻率随着溅射功率的增加而降低,但塞贝克系数随着功率的增加先增加再降低。当功率为 20 W 时,室温下沉积的 Sb_2Te_3 薄膜的功率因子达最大值 2.5 μW·cm^{-1}·K^{-2}。

5.1.2　调控退火过程

为了进一步优化薄膜的性能,在上一节的基础上选择 Sb_2Te_3 合金靶材的溅射功率为 20 W 的样品放在井式退火炉中进行后退火处理。退火温度分别为 100℃、150℃、200℃、250℃、300℃,退火时间为 6 h,研究退火处理对薄膜形貌结构和性能的影响。

图 5-4 是退火前后 Sb_2Te_3 薄膜的 SEM 图。从图 5-4(a)和(b)可以看出,室温下沉积的薄膜表面较为均匀致密,且随着退火温度的增加,薄膜的晶粒尺寸逐渐长大。当退火温度增加到 250℃时,薄膜表面有块状纳米晶状物析出,同时表面有少量微小纳米孔。纳米微孔的出现可能是由于在退火处理过程中,Te 的再蒸发导致薄膜表面出现空隙。

图 5-5 为 Sb_2Te_3 薄膜中 Te 原子含量及厚度与退火湿度关系图。从图 5-5 中也可以看出,随着退火温度的增加,Te 原子更倾向于再蒸发,薄膜中 Te 的原子含量逐渐降低且逐渐接近化学计量比。通过 EDS 成分分析表明,析出的块状纳米晶状物富 Sb,晶状物中 Sb 与 Te 的原子含量比接近 82∶18,这可能是由于退火处理过程中 Sb 原子在晶界处更倾向于扩散、凝结。随着退火温度和时间的增加,析出的块状物逐渐增多且尺寸逐渐增大。当退火温度增加到 300℃时,薄膜表面有大量的块状富 Sb 物质析出,且薄膜表面有部分薄膜脱落,表面呈花斑状。值得注意的是,当退火温度增加到 300℃时,薄膜中 Te 的原子含量急剧增加到 93% 左右。这主要是由于随着 Sb 块状物的析出,薄膜中 Te 的原子含量相对增加。同时,从图中可以看出,随退火温度的增加薄膜的厚度逐渐减小,这可能是退火过程中 Te 薄膜的再蒸发造成的。

图 5-6 是退火前后 Sb_2Te_3 薄膜的 XRD 图谱。可以看出,室温下沉积的薄膜衍射峰较弱,峰包较大,可能是由于室温下沉积的薄膜没有足够的能量和时间

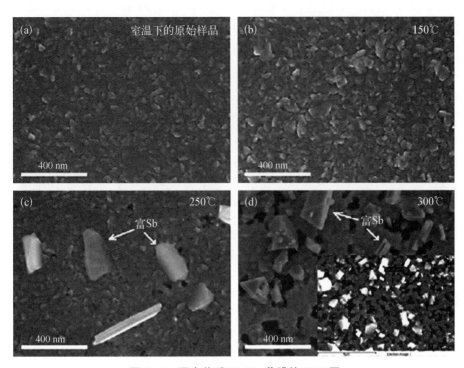

图 5 - 4　退火前后 Sb$_2$Te$_3$ 薄膜的 SEM 图

（a）室温下的原始样品；（b）150℃；（c）250℃；（d）300℃

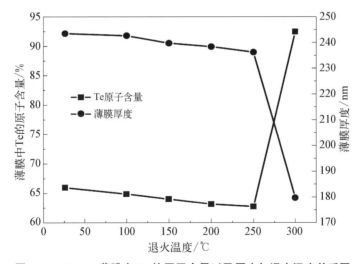

图 5 - 5　Sb$_2$Te$_3$ 薄膜中 Te 的原子含量以及厚度与退火温度关系图

进行迁移、凝结。当退火温度为150℃时,在2θ为28.26°、38.29°、45.86°处的三个最强峰与Sb_2Te_3的标准谱相符,分别对应(015)、(1010)、(1013)晶面,表明已形成六角密集型结构的多晶。随着退火温度的进一步增加,XRD图谱中衍射峰进一步增强,且峰包逐渐减弱,表明薄膜的结晶度随着退火温度的增加逐渐增强。值得注意的是,当退火温度增加到300℃时,在2θ为32.30°、52.00°、67.82°处分别出现一个新的衍射峰。对比Sb的PDF(26-0101)卡片,在2θ为32.30°、67.82°处的衍射峰分别对应Sb的(200)、(103)晶面;而在2θ为52.00°处的衍射峰则对应Te的(103)晶面[Te,PDF(36-1452)]。由图5-4(d)可知,在较高的退火温度下,大量Sb晶状物从薄膜中析出,这表明退火温度为300℃时,薄膜开始出现相分离。薄膜内大量以单质形式存在的过量Te可能进入Sb_2Te_3的晶格中再结晶,加剧结晶程度,但同时也影响了薄膜的结构。因此,在过高的温度下退火可能会增加薄膜的缺陷,热膨胀以及晶格匹配等因素的影响增大,导致Sb_2Te_3薄膜的质量下降。

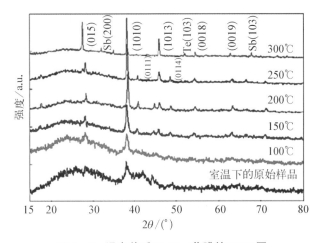

图 5 - 6   退火前后 Sb_2Te_3 薄膜的 XRD 图

晶粒尺寸可根据谢乐公式获得[157]:$D = K\lambda/(B\cos\theta)$。式中,$D$为晶粒尺寸;$K$为常数0.89;$\lambda$为X射线波长,实验中XRD测试时为Cu的$K\alpha$射线波长($\lambda = 1.540\,6\,Å$);$B$为峰的半高宽;$\theta$为衍射角。

如表5-1所示为获得的退火温度与Sb_2Te_3薄膜在(1010)面上晶粒大小之间的关系。从表5-1可以看出,室温下沉积的薄膜结晶度弱,晶粒尺寸约为5.9 nm;当退火温度为300℃时,晶粒尺寸增大到约49.0 nm,薄膜的晶粒尺寸随退火温度的增加逐渐增大。

表 5-1 薄膜(1010)面的晶粒尺寸与退火温度之间的关系

退火温度 /℃	峰的半高宽 $B/(°)$	$B\cos\theta$	平均晶粒尺寸 D/nm	载流子平均自由程 l/nm
—	1.413	0.023 16	5.9	0.57
100	1.307	0.021 42	6.4	1.51
150	0.448	0.007 10	19.3	4.47
200	0.310	0.004 79	28.6	6.26
250	0.271	0.004 10	33.5	8.24
300	0.199	0.002 80	49.0	

如图 5-7 所示为 Sb_2Te_3 薄膜的载流子浓度和迁移率与退火温度的关系。由于在较高温度时薄膜质量出现恶化,退火温度为 300℃时样品的载流子浓度和迁移率没有进行测试。从图 5-7 可知,室温下沉积的薄膜载流子浓度为 13×10^{19} cm^{-3},迁移率为 5.53 $cm^2 \cdot V^{-1} \cdot s^{-1}$;当退火温度为 250℃时,薄膜的载流子浓度降低到 7.71×10^{19} cm^{-3},而迁移率增加到约 95 $cm^2 \cdot V^{-1} \cdot s^{-1}$。由此可见,薄膜的载流子浓度随着退火温度的增加而降低,而薄膜的载流子迁移率随着退火温度的增加而增加。载流子迁移率随退火温度的增加而增加的两个主要因素为缺陷散射和晶界散射。经过退火处理,薄膜中缺陷减少,载流子在运输过程中被缺陷散射的概率减少;另外,晶粒尺寸的增加使得薄膜内晶界密度减小,载流子在运输过程中在晶界处被散射的概率减少,从而有助于载流子迁移率的增加。

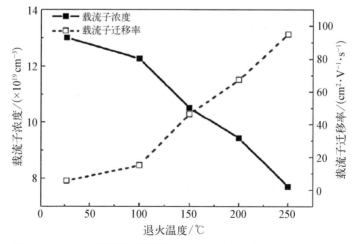

图 5-7 Sb_2Te_3 薄膜的载流子浓度和迁移率与退火温度之间关系

　　Sb_2Te_3 薄膜载流子的平均自由程与退火温度之间的关系如表 5 - 1 所示。从表中可以看出,室温下沉积的薄膜载流子平均自由程仅有 0.57 nm。随着退火温度的增加,载流子的平均自由程增加,这与预期的一致。另一方面,注意到载流子的平均自由程小于薄膜的晶粒尺寸。这可能因为退火后的薄膜内仍存在某些缺陷和电离杂质,它们对载流子的散射使得薄膜载流子的平均自由程小于薄膜的晶粒尺寸。

　　图 5 - 8 是 Sb_2Te_3 薄膜的热电性能与退火温度之间的关系。可以看出,室温下沉积的 Sb_2Te_3 薄膜电阻率约为 8.66 mΩ·cm,经过退火处理后电阻率显著降低。当退火温度从 150℃ 进一步增加至 250℃ 时,电阻率减低的趋势减缓,在 250℃ 时有最小值 0.85 mΩ·cm。电阻率的降低主要是由于薄膜结晶度的提高,晶粒尺寸的增大。当退火温度从 250℃ 进一步增加时,薄膜的电阻率反而显著增加。这可能是由于高温退火后薄膜的成分发生显著变化,使得 Sb_2Te_3 薄膜的质量恶化,进而导致薄膜电阻率急剧增加。由图 5 - 8(b)可知,所有样品的塞贝克系数均为正值,表明所制备的 Sb_2Te_3 薄膜为 P 型。室温下沉积的薄膜塞贝克系数(148.02 μV/K)较高,这是因为室温下沉积的薄膜结晶度不高,几乎是非晶态。非晶 Sb_2Te_3 薄膜具有较高的塞贝克系数,退火后薄膜的塞贝克系数显著降低,主要是因为薄膜由非晶态向多晶态的转变。当退火温度从 150℃ 进一步增加时,薄膜的塞贝克系数略有增加。对于 P 型热电材料,塞贝克系数与载流子浓度的对数成反比关系,因而,塞贝克系数的增加是由于载流子浓度的降低。而当退火温度增加到 300℃ 时,薄膜的塞贝克系数急剧增加到约 330.7 μV/K,与

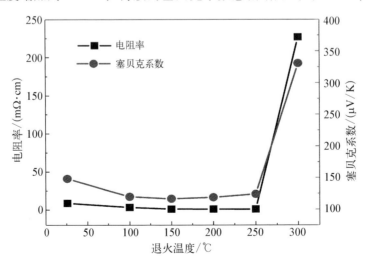

图 5 - 8　Sb_2Te_3 薄膜的热电性能与退火温度之间关系

Te 的塞贝克系数值相当。从图 5-4(d) 可以看出大量富 Sb 晶状物析出，但晶状物随机地分布在薄膜表面，并没有形成连续的结构，这时起主要作用的可能是薄膜中的 Te，因而，该条件下的样品具有较高的电阻率和塞贝克系数。

图 5-9 是退火前后 Sb_2Te_3 薄膜的功率因子与退火温度及退火时间的关系。从图 5-9(a) 可以看出，室温下沉积的 Sb_2Te_3 薄膜的功率因子约为 $2.5\ \mu W \cdot cm^{-1} \cdot K^{-2}$，薄膜的性能较差。退火处理后，薄膜的热电性能显著增强。当退火温度为 250℃ 时，薄膜的功率因子达到最大值 $18.09\ \mu W \cdot cm^{-1} \cdot K^{-2}$。图 5-9(b) 是薄膜在 250℃ 时不同退火时间的功率因子变化，由图可知，退火时间对薄膜的性能没有明显的影响。因此，认为在的实验条件下，退火温度是影响薄膜热电性能的主要因素。

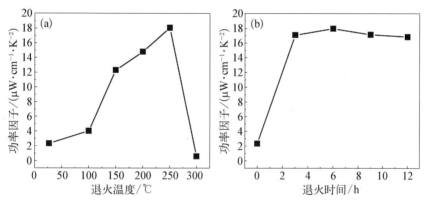

图 5-9 退火前后 Sb_2Te_3 薄膜的功率因子与退火温度及退火时间的关系
(a) 退火温度；(b) 退火时间

5.1.3 调控薄膜厚度

厚度是影响薄膜质量的一个重要参数，对薄膜材料的性能有着一定的影响；另外，利用微加工工艺制造薄膜器件时，功能材料的厚度对器件的性能也有着显著的影响。本节采用射频磁控溅射法分别在硅基片和玻璃基片上沉积 Sb_2Te_3 薄膜，探索厚度对 Sb_2Te_3 薄膜结构和热电性能的影响。实验时，保证其他工艺参数不变，在沉积过程中，薄膜沉积的时间分别调整为 40 min、60 min、85 min、100 min、120 min。为了优化薄膜的性能，对制备的样品进行后退火处理。由于退火温度为 250℃ 时 Sb_2Te_3 薄膜具有较好的热电性能，因此对不同厚度的 Sb_2Te_3 薄膜样品进行后退火处理时，选择退火温度为 250℃，退火时间为 6 h，最后研究厚度对其性能的影响。

5.1.3.1 厚度对其结构和表面形貌的影响

通过调节薄膜沉积的时间来控制薄膜的厚度,所得薄膜的厚度及原子含量与沉积时间之间的关系如表 5-2 所示。从表 5-2 可知,薄膜的厚度与沉积时间近似呈线性关系;另外,薄膜中 Te 的原子含量与沉积时间之间无明显规律。考虑测试误差的情况下,室温下沉积的薄膜的 Te 原子含量约为 66%,薄膜成分富 Te,偏离化学成分比,这可能是由室温下 Te 的溅射产额比 Sb 的溅射产额高造成的。同时还可以看出,随着薄膜厚度的增加,薄膜的晶粒尺寸逐渐增大。

表 5-2 室温下 Sb_2Te_3 薄膜的厚度及原子含量与沉积时间的关系

样 品	溅射时间 /min	厚度 /nm	Te 原子含量 /%	晶粒尺寸 /nm
1	40	90	66.2	3.1
2	60	140	65.9	3.6
3	85	190	66.3	4.4
4	100	230	66.1	5.9
5	120	270	65.8	6.2

图 5-10 是室温下沉积的不同厚度的 Sb_2Te_3 薄膜的 SEM 图。可以看出,随着薄膜厚度的增加,薄膜表面的晶粒增多且尺寸增大。薄膜沉积初始时,由于基片处于较低温度(室温)下,从靶材表面溅射到基片上的原子扩散能力较弱,形成如图 5-10(a)所示的大量微晶粒,薄膜表面平整致密。随着溅射时间的延长,在溅射辉光的照射下,基片的相对温度有所提高,薄膜受热,原子获得足够的能量和时间进行扩散重结晶,薄膜内的小晶粒间相互融合长大,薄膜晶粒尺寸略有增大。

5.1.3.2 厚度对其热电性能的影响

退火前后 Sb_2Te_3 薄膜的电学性能与薄膜厚度之间的关系如图 5-11 所示。由图 5-11(a)可知,当薄膜厚度从 90 nm 增加到 230 nm 时,薄膜的电阻率由 27.25 mΩ·cm 降低到 8.66 mΩ·cm;随着厚度的增加,薄膜的电阻率逐渐降低;厚度进一步增加时,电阻率降低的趋势减缓,当厚度为 270 nm 时电阻率达最小值 8.38 mΩ·cm。另一方面,经过后退火(250℃)处理后,不同厚度的 Sb_2Te_3 薄膜的电阻率均显著降低,且退火后的 Sb_2Te_3 薄膜的电阻率随着厚度的增加仍有所降低。厚度为 270 nm 的 Sb_2Te_3 薄膜经过退火处理后,薄膜的电阻率达最小值 0.77 mΩ·cm。室温下沉积的薄膜的电阻率比退火后的高,这主要有三个方面的因素,即表面散射、内部微晶晶界的散射以及缺陷(点缺陷、线缺陷)。薄

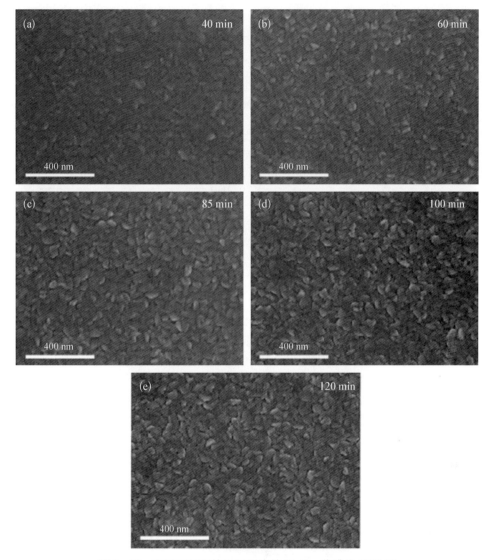

图 5 - 10　室温下沉积的不同厚度的 Sb$_2$Te$_3$ 薄膜的 SEM 图

(a) 90 nm；(b) 140 nm；(c) 190 nm；(d) 230 nm；(e) 270 nm

膜厚度较薄时，除了薄膜内部微晶晶界和缺陷对载流子强烈的散射外，薄膜的表面散射较强，因而薄膜的电阻率较高。随着厚度的增加，沉积较长时间的薄膜在溅射辉光长时间的照射下，原子获得足够的能量和时间进行扩散，薄膜致密程度增加，晶粒长大且晶界密度减小，同时薄膜的表面散射减弱，从而使电阻率降低。而在退火过程中，原子发生扩散再结晶和晶粒长大的过程显著增强，同时薄膜内部的缺陷(空位、位错等)程度也显著降低，引起载流子散射的因素减少，从而使薄膜的电阻率在退火处理后显著降低。

如图 5 - 11(b)所示为退火前后 Sb_2Te_3 薄膜的塞贝克系数与薄膜厚度之间的关系。由图 5 - 11(b)可以看出,不同厚度下薄膜的塞贝克系数基本一致,没有较为明显的变化规律。退火(250℃)处理后,薄膜的塞贝克系数随薄膜厚度的增加略有减少。值得注意的是,退火后薄膜的塞贝克系数较室温下沉积的偏低。退火后薄膜的塞贝克系数显著降低,主要是由于 Sb_2Te_3 薄膜由非晶向多晶态的转变。

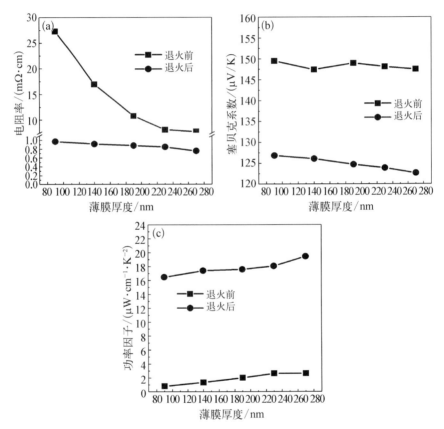

图 5 - 11　退火前后 Sb_2Te_3 薄膜的热电性能与厚度之间的关系

（a）电阻率；（b）塞贝克系数；（c）功率因子

图 5 - 11(c)是退火前后 Sb_2Te_3 薄膜的功率因子与厚度之间的关系。可以看出,室温下沉积的薄膜的功率因子随着厚度的增加逐渐增加。当薄膜厚度从 90 nm 增加到 270 nm 时,薄膜的功率因子由 0.82 $\mu W \cdot cm^{-1} \cdot K^{-2}$ 增加到 2.60 $\mu W \cdot cm^{-1} \cdot K^{-2}$。经过退火(250℃)优化后,不同厚度的 Sb_2Te_3 薄膜的

功率因子均显著提高。厚度为 270 nm 的薄膜经过 250℃ 退火处理后功率因子达到最大值 $19.55\ \mu\mathrm{W} \cdot \mathrm{cm}^{-1} \cdot \mathrm{K}^{-2}$。可见，相对于退火处理，薄膜厚度对材料热电性能的影响较弱。

5.2 调控溅射功率、退火、厚度、基片温度沉积 Bi‐Sb‐Te 基薄膜

通过在 Sb₂Te₃ 薄膜中代位掺杂 Bi 原子，可形成 Bi‐Sb‐Te 系三元薄膜，此类薄膜在室温附件的热电性能也非常优异。本节采用磁控溅射法制备 Bi‐Sb‐Te 系薄膜，调控溅射的功率、退火条件、薄膜厚度和基片温度来沉积 Bi‐Sb‐Te 系三元薄膜。通过改变磁控溅射的条件，调节薄膜的结构，探索影响其热电性能的因素，从而改善工艺提高薄膜热电性能。

5.2.1 调控溅射功率

5.2.1.1 薄膜制备

本节采用射频磁控共溅射法在硅基片和玻璃基片上沉积 Bi‐Sb‐Te 合金薄膜，探索靶材溅射功率对薄膜结构和热电性能的影响。实验时，保证其他工艺参数不变，固定 Sb₂Te₃ 合金靶材的溅射功率为 20 W，调节 Bi 合金靶材的溅射功率分别为 3 W、4 W、5 W。通过石英晶振片实时监测薄膜的厚度，最后用台阶仪测试薄膜厚度约为 240 nm。为了优化薄膜的性能，将制备的样品进行后退火处理，退火温度分别为 100℃、150℃、200℃、250℃、300℃、350℃，退火时间为 6 h，以便与所制备的 Sb₂Te₃ 薄膜进行横向对比。同时，利用 XRD、SEM、EDS 等分析手段对所制备的薄膜进行表征，并利用自制设备对其电学性能进行测试。

5.2.1.2 薄膜结构

图 5‐12 是 Bi 靶溅射功率为 3 W 时的 Bi‐Sb‐Te 合金薄膜中各元素的分布 SEM 图。由图 5‐12(b)和(c)可以看出制备的合金薄膜中 Sb、Te 元素呈现出较均匀的分布。值得注意的是，从图 5‐12(a)中可以看出一些 Bi 纳米晶粒随机分布在薄膜内，而在宏观上又呈现出较均匀的分布，这表明室温下可利用磁控共溅射法制备出掺杂较均匀的合金薄膜。

图 5‐13 是不同 Bi 靶溅射功率下 Bi‐Sb‐Te 合金薄膜的 SEM 图。由图 5‐13 可以看出，不同 Bi 靶溅射功率下沉积的薄膜表面形貌变化不大，薄膜

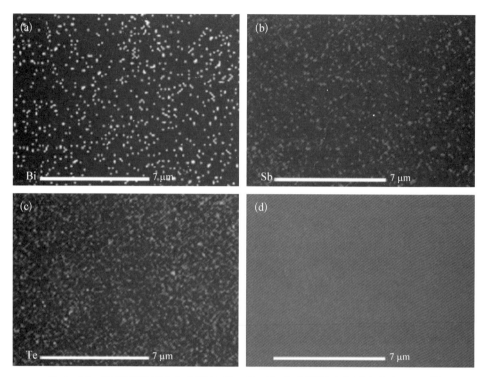

图 5 - 12　Bi 靶溅射功率为 3 W 的 Bi - Sb - Te 合金薄膜中各元素分布 SEM 图

(a) Bi；(b) Sb；(c) Te；(d) Bi - Sb - Te 合金薄膜

表面平整致密且随机分布一些微晶粒。结合图 5 - 12，认为这些微晶粒的主要成分可能是 Bi 元素。随着 Bi 靶溅射功率的增加，从靶材表面溅射飞向基片的 Bi 原子能量增加，原子扩散能力增强，晶核之间相互融合长大，纳米晶粒的尺寸略为增大。

如图 5 - 14 所示为不同 Bi 靶溅射功率对 Bi - Sb - Te 合金薄膜原子含量的影响。由图 5 - 14 可以看出，当 Bi 靶溅射功率为 3 W 时，合金薄膜中 Bi 的原子含量约为 8.9%，Sb 的原子含量约为 30.2%，Te 的原子含量约为 60.9%。随着 Bi 靶溅射功率的增加，合金薄膜中 Bi 的原子含量增加。这是因为 Bi 靶的溅射功率为 3～5 W 时，由于靶溅射功率较低，溅射产额与靶溅射功率呈线性增加关系；随着 Bi 靶溅射功率的增加，Bi 原子的产额增加，因而合金薄膜中 Bi 的原子含量增加。

5.2.1.3　热电性能

如图 5 - 15 所示为不同 Bi 靶溅射功率下 Bi - Sb - Te 合金薄膜的电学性能。由图 5 - 15(a)可知，随着射频功率的增加，薄膜的电阻率逐渐增加。当 Bi

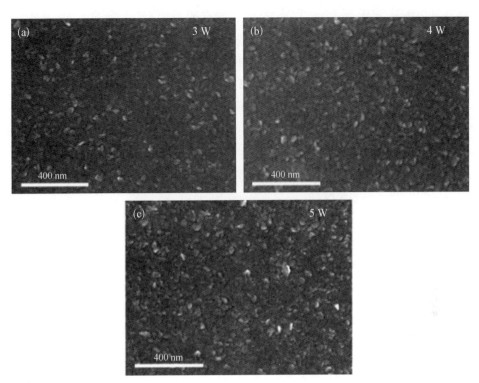

图 5‑13　不同 Bi 靶溅射功率下 Bi‑Sb‑Te 合金薄膜的 SEM 图
(a) 3 W；(b) 4 W；(c) 5 W

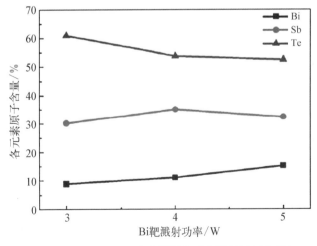

图 5‑14　Bi‑Sb‑Te 合金薄膜中各元素的原子含量与
Bi 靶溅射功率之间的关系

靶溅射功率从 3 W 增加到 5 W 时,薄膜的电阻率由 30.47 mΩ·cm 增加到
42.02 mΩ·cm。尽管随着 Bi 靶的溅射功率的增加,合金薄膜中 Te 的原子含量
降低,这有利于薄膜电阻率的降低;但同时 Bi 的掺杂量也增加,增加了合金薄膜
中晶界界面,增加了对载流子的界面散射,从而使电阻率增加。另一方面,元素
Bi 本身的导电性能较差,掺入导电性能较差的元素也有可能导致薄膜电阻率的
增加。从图 5-15(a)可以看出,所有样品的塞贝克系数均为正值,表明所制备的
Bi-Sb-Te 合金薄膜均为 P 型。当 Bi 靶溅射功率从 3 W 增加到 5 W 时,合金
薄膜的塞贝克系数由 66.1 μV/K 降低到 58.73 μV/K,薄膜的塞贝克系数随 Bi
靶溅射功率的增加逐渐降低。

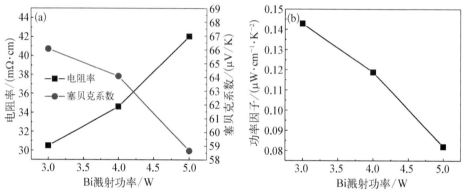

图 5-15　不同 Bi 靶溅射功率下 Bi-Sb-Te 合金薄膜的热电性能
(a) 电阻率和塞贝克系数;(b) 功率因子

　　不同 Bi 靶溅射功率下 Bi-Sb-Te 合金薄膜的功率因子如图 5-15(b)所
示。由图 5-15(b)可以看出,薄膜的功率因子随着 Bi 靶溅射功率的增加而逐渐
降低。Bi 靶溅射功率从 3 W 增加到 5 W 时,合金薄膜的功率因子由 0.14 μW·
$cm^{-1} \cdot K^{-2}$ 降低到 0.08 μW·$cm^{-1} \cdot K^{-2}$。值得注意的是,与 Sb_2Te_3 薄膜相
比,采用磁控共溅射法在室温下制备的 Bi-Sb-Te 合金薄膜热电性能较差。这
主要是因为合金薄膜相对于 Sb_2Te_3 薄膜而言具有较高的电阻率,从而导致合金
薄膜的热电性能较差。

5.2.2　调控退火过程

　　为了进一步优化薄膜的性能,选择 Bi 靶溅射功率为 3 W 的样品放在井式退
火炉中进行后退火处理。退火温度分别为 100℃、150℃、200℃、250℃、300℃、
350℃,退火时间为 6 h,研究退火对薄膜形貌结构和性能的影响。

图 5-16 是退火前后 Bi-Sb-Te 合金薄膜的 XRD 图谱。从图 5-16 可以看出,室温下沉积的合金薄膜在 2θ 为 41.61°处有一较弱的衍射峰,且峰包较大,对比 Bi 的 PDF(65-6203)卡片可知,该衍射峰为 Bi 的(220)晶面。这可能是由于在薄膜的沉积过程中,铋原子的扩散能力较强,原子之间相互扩散凝结,形成铋纳米晶粒。当退火温度为 150℃时,在 2θ 为 38.29°处的主衍射峰与 $Bi_{0.5}Sb_{1.5}Te_{3.0}$ 的(1010)晶面相符,表明开始形成 Bi-Sb-Te 合金薄膜。这是因为退火处理加剧了原子间的相互作用,各原子之间相互扩散凝结形成合金薄膜。当退火温度为 250℃时,XRD 图谱中衍射峰进一步增强,且峰包几乎消失,表明薄膜的结晶度进一步增强。值得注意的是,在 2θ 为 17.47°、44.61°、54.15°处分别出现了新的衍射峰,分别对应 $Bi_{0.5}Sb_{1.5}Te_{3.0}$ 的(006)、(0015)、(0018)晶面,这表明合金薄膜开始形成层状多晶结构。随着退火温度的进一步增加,薄膜沿(00l)方向的衍射峰显著增强,表明薄膜沿(00l)方向择优生长形成层状结构。另外,根据谢乐公式可以计算出薄膜晶粒尺寸的平均大小,结果如表 5-3 所示。从表 5-3 可以看出,薄膜的晶粒尺寸随退火温度的增加逐渐增大。

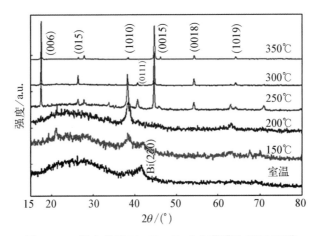

图 5-16 退火前后 Bi-Sb-Te 合金薄膜的 XRD 图谱

表 5-3 薄膜的晶粒尺寸与退火温度之间的关系

退火温度 /℃	峰的半高宽 $B/(°)$		$B\cos\theta$		平均晶粒尺寸/nm	
	(1010)	(006)	(1010)	(006)	(1010)	(006)
室温	—					
150	1.012	—	0.016 68	—	8.2	—

（续表）

退火温度 /℃	峰的半高宽 $B/(°)$		$B\cos\theta$		平均晶粒尺寸/nm	
	（1010）	（006）	（1010）	（006）	（1010）	（006）
200	0.865	—	0.014 26	—	9.6	—
250	0.391	0.144	0.006 44	0.002 48	21.3	54
300	—	0.107	—	0.001 84		75.3

如图 5-17 所示为退火前后 Bi-Sb-Te 薄膜的表面形貌和截面。从图 5-17(a)可看出，室温沉积的薄膜表面较为平整致密，表面随机分布一些纳米晶粒。随着退火温度的增加，合金薄膜的晶粒尺寸增大。当退火温度增加到 300℃时，晶粒尺寸增大到约 80 nm，与 XRD 测试结果一致。值得注意的是，与 Sb_2Te_3 薄膜相比，Bi-Sb-Te 合金薄膜在 300℃的高温退火后，薄膜表面并未发生明显恶化，这表明掺入适量 Bi 有利于薄膜的热稳定性。进一步提高退火温度后，薄膜质量开始恶化，如图 5-17(e)所示，薄膜表面有纳米晶状物析出，且薄膜表面呈花斑状。通过 EDS 成分分析表明，析出的纳米晶状物富 Sb，Sb 与 Te 的原子含量比接近 89∶11，这可能是由于退火处理中随着 Te 原子的再蒸发，Sb 原子在晶界处更倾向于扩散、凝结，以致在晶界处从薄膜表面析出。图 5-18 是退火前后合金薄膜中各元素的原子含量图。从图 5-18 中可以看出，当 Bi 靶的溅射功率为 3 W 时，室温下沉积的样品中 Bi 元素的原子含量为 8.9%，Sb 元素的原子含量为 30.2%，Te 元素的原子含量为 60.9%。随着退火温度的增加，薄膜中各元素的原子含量没有显著变化，表明所制备的合金薄膜具有较好的热稳定性。当退火温度增加到 350℃时，随着富 Sb 晶状物的析出，薄膜中 Sb、Te 两元素的原子含量发生明显变化，Te 的原子含量显著增加。

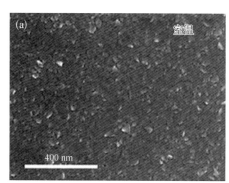

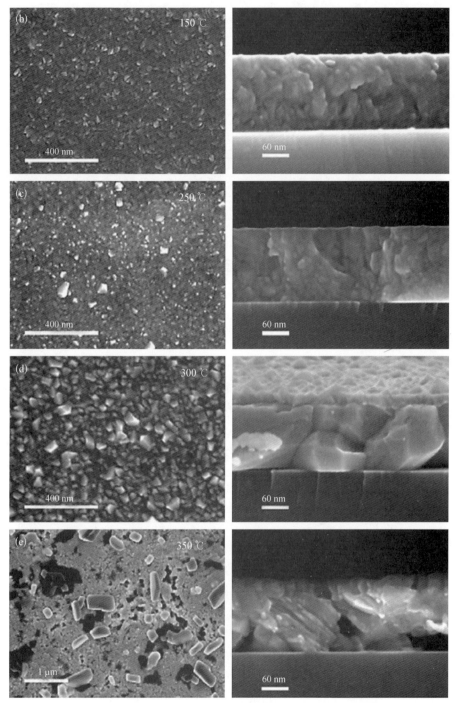

图 5 - 17　退火前后 Bi - Sb - Te 合金薄膜的 SEM 表面和截面图

（a）室温；（b）150℃；（c）250℃；（d）300℃；（e）350℃

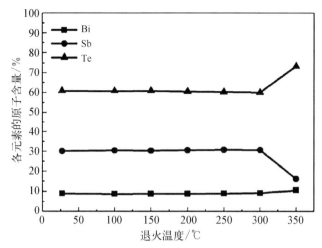

图 5‑18   Bi‑Sb‑Te 合金薄膜中各元素的原子含量与退火温度之间的关系

如图 5‑19 所示是 Bi‑Sb‑Te 合金薄膜的载流子浓度和迁移率与退火温度之间的关系。由于在较高温度时薄膜质量出现恶化,因此没有对退火温度为 350℃时样品的载流子浓度和迁移率进行测试。由图 5‑19 可知,室温下沉积的 Bi‑Sb‑Te 合金薄膜载流子浓度为 18.79×10^{19} cm^{-3},迁移率为 1.14 cm^2 · V^{-1} · s^{-1}。与室温下沉积的 Sb$_2$Te$_3$ 薄膜相比,合金薄膜具有较高的载流子浓度以及较低的迁移率。这主要是由于掺杂的 Bi 纳米晶粒大大增加了薄膜中的晶界界面,载流子在运输过程中在晶界处被散射的概率增加,因而室温沉积的 Bi‑Sb‑Te 合金薄膜的载流子迁移率较低。随着退火温度的增加,合金薄膜的

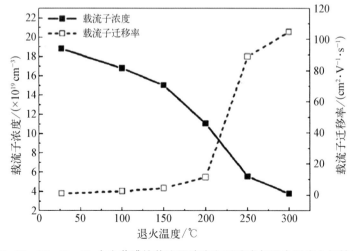

图 5‑19   Bi‑Sb‑Te 合金薄膜的载流子浓度和迁移率与退火温度之间的关系

载流子浓度降低而载流子迁移率增加。当退火温度为 300℃时,薄膜的载流子浓度降低到约 $3.76×10^{19}$ cm^{-3},而迁移率增加到约 104.8 $cm^2 \cdot V^{-1} \cdot s^{-1}$。载流子浓度的降低主要归因于退火处理减少了薄膜中的缺陷。而载流子迁移率的显著提高主要是由于晶粒尺寸的增加,晶界密度的减少;薄膜中缺陷的减少也有助于迁移率的提高。

由薄膜的载流子浓度和迁移率计算出载流子的平均自由程。如表 5 - 4 所示为 Sb_2Te_3 薄膜和 Bi - Sb - Te 合金薄膜载流子的平均自由程与退火温度之间的关系。从表 5 - 4 可以看出,室温下沉积的 Bi - Sb - Te 合金薄膜载流子平均自由程仅有 0.13 nm,远小于 Sb_2Te_3 薄膜的 0.57 nm。这主要是由于掺入的 Bi 纳米晶粒增加了薄膜载流子浓度的同时也增加了薄膜中的界面,使得载流子在运输过程中碰撞及散射的概率增加,从而使 Bi - Sb - Te 合金薄膜的载流子平均自由程较低,这与预期的一致。

表 5 - 4　薄膜的平均自由程与退火温度之间的关系

退火温度 /℃	载流子平均自由程 l/nm	
	Sb_2Te_3 薄膜	Bi - Sb - Te 合金薄膜
室温	0.57	0.13
100	1.51	0.29
150	4.47	0.48
200	6.26	1.12
250	8.24	6.91
300	—	7.15

如图 5 - 20 所示为 Bi - Sb - Te 合金薄膜的电学性能与退火温度之间的关系。从图 5 - 20(a)中可以看出,室温下沉积的 Bi - Sb - Te 合金薄膜电阻率为 30.5 $mΩ \cdot cm$,较 Sb_2Te_3 薄膜的电阻率显著增加,这主要是由于合金薄膜中掺入了 Bi 纳米晶粒,载流子在运输过程中被散射的概率大大增加,使合金薄膜电阻率增加。经过退火处理后合金薄膜电阻率显著降低,这主要是由于薄膜结晶度的提高。当退火温度从 250℃进一步增加时,电阻率则有所增加。当退火温度为 250℃时,Bi - Sb - Te 合金薄膜电阻率有最小值 1.4 $mΩ \cdot cm$,较 Sb_2Te_3 薄膜的(0.85 $mΩ \cdot cm$)有所偏高;当退火温度为 350℃时,薄膜的电阻率显著增加,这一现象可能是高温退火后合金薄膜成分的显著变化造成的。从图 5 - 20 (a)可知,室温下沉积的薄膜塞贝克系数为 66.1 $\mu V/K$,退火后薄膜的塞贝克系

数增加,且随着退火温度的增加逐渐增加,这是因为热电材料的塞贝克系数与载流子浓度之间有着密切的关系。从图 5-19 可知,随着退火温度的增加,薄膜中载流子浓度降低,薄膜的塞贝克系数随退火温度的增加而增加。当退火温度为 300℃时,薄膜的塞贝克系数有最大值 190.6 $\mu V/K$。与 Sb_2Te_3 薄膜相比,退火后的 Bi-Sb-Te 合金薄膜的塞贝克系数明显增加。而当退火温度增加到 350℃时,合金薄膜的塞贝克系数急剧下降到约 19.9 $\mu V/K$,这可能与合金薄膜的成分变化有关。

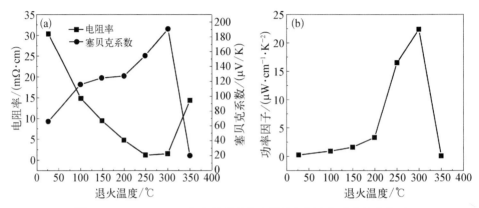

图 5-20   Bi-Sb-Te 合金薄膜的热电性能与退火温度之间的关系
(a) 电阻率和塞贝克系数;(b) 功率因子

根据电阻率和塞贝克系数可以计算出薄膜的功率因子,计算结果如图 5-20(b)所示。室温下沉积的 Bi-Sb-Te 合金薄膜功率因子约为 0.14 $\mu W \cdot cm^{-1} \cdot K^{-2}$,较 Sb_2Te_3 薄膜的功率因子有所降低。退火处理后,Bi-Sb-Te 合金薄膜的热电性能显著增强。当退火温度为 300℃时,薄膜的功率因子达到最大值 22.54 $\mu W \cdot cm^{-1} \cdot K^{-2}$。可以看出,通过优化退火温度,掺杂适量 Bi 纳米晶粒的 Bi-Sb-Te 合金薄膜相对于 Sb_2Te_3 薄膜具有较好的热电性能及热稳定性。

5.2.3   调控厚度

本节主要研究厚度对 Bi-Sb-Te 合金薄膜微结构和热电性能的影响。实验时固定 Sb_2Te_3 合金和 Bi 合金靶的溅射功率分别为 20 W 和 3 W,采用射频磁控共溅射法在硅基片和玻璃基片上沉积 Bi-Sb-Te 合金薄膜。其他工艺参数不变,通过调节薄膜沉积时间分别为 40 min、60 min、80 min、105 min、125 min 以制备不同厚度的合金薄膜。为了优化薄膜的性能,将制备的样品进行后退火处理。根据上节可知,退火温度为300℃时合金薄膜具有较好的热电性能,因此本节在对不同厚度的合金薄膜样品进行后退火处理时,选择退火温度为300℃,退火时间为6 h。同时,利用XRD、SEM等分析手段对所制备的合金薄膜进行表征,并利用自制设备对其电学性能进行测试。

5.2.3.1 薄膜结构

通过调节薄膜沉积的时间来控制薄膜的厚度,制备的 Bi‐Sb‐Te 合金薄膜的厚度及原子含量与沉积时间之间的关系如表 5‐5 所示。从表中可以看出,随着合金薄膜厚度的增加,薄膜中元素 Bi 的原子含量略有增加,而元素 Te 的原子含量则有所降低。当薄膜厚度为 280 nm 时,薄膜中 Bi 的原子含量为 9.1%,Sb 的原子含量为 30.1%,Te 的原子含量为 60.8%,薄膜的成分最接近化学计量比 $Bi_{0.5}Sb_{1.5}Te_{3.0}$。

表 5‐5 Bi‐Sb‐Te 合金薄膜的厚度及原子含量与沉积时间的关系

样 品	溅射时间/min	厚度/nm	元素原子含量/%		
			Bi	Sb	Te
1	40	90	8.4	29.0	62.6
2	60	140	8.8	29.4	61.8
3	80	180	8.8	29.9	61.3
4	105	240	8.9	30.2	60.9
5	125	280	9.1	30.1	60.8

图 5‐21 是不同厚度下 Bi‐Sb‐Te 合金薄膜的 SEM 图。从图 5‐21 中可以看出,室温下沉积的不同厚度的 Bi‐Sb‐Te 合金薄膜的表面形貌变化不大,薄膜表面较为平整致密且随机分布一些 Bi 纳米晶粒。随着厚度的增加,薄膜表面 Bi 纳米晶粒的数目增多且尺寸增大。随着溅射时间的延长,在溅射辉光的照射下,基片的相对温度有所提高,薄膜受热,原子获得足够的能量和时间进行扩散,薄膜内的小晶粒间相互融合长大,从而使薄膜中纳米晶粒数目增多且尺寸增大。

5.2.3.2 热电性能

如图 5‐22 所示是退火前后 Bi‐Sb‐Te 合金薄膜的电学性能与薄膜厚度之间的关系。从图 5‐22(a)中可知,当薄膜厚度为 90 nm 时,薄膜的电阻率为 61.42 mΩ·cm;随着厚度的增加,合金薄膜的结晶度提高,缺陷减少,薄膜的电阻率逐渐降低。值得注意的是,与 Sb₂Te₃ 薄膜相比,Bi‐Sb‐Te 合金薄膜的电

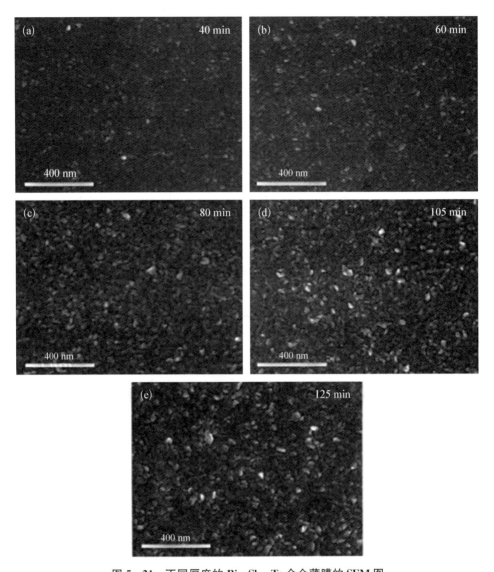

图 5 - 21　不同厚度的 Bi‐Sb‐Te 合金薄膜的 SEM 图

（a）90 nm；（b）140 nm；（c）180 nm；（d）240 nm；（e）280 nm

阻率较高,这与预期的一致。因为 Bi 纳米晶粒的掺入增加了薄膜中的界面,载流子在运输过程中被散射的概率增加,其平均自由程减少,从而导致电阻率增大。另一方面,经过退火(300℃)处理后,薄膜的电阻率显著降低,且退火后的薄膜随着厚度的增加,薄膜的电阻率仍有所降低。主要原因是在退火过程中,原子发生扩散再结晶和晶粒长大的过程显著增强,同时薄膜内部的缺陷程度也显著

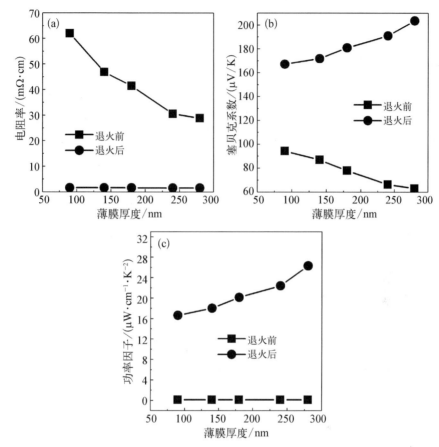

图 5-22 退火前后 Bi-Sb-Te 合金薄膜的热电性能与厚度之间的关系
(a) 电阻率；(b) 塞贝克系数；(c) 功率因子

降低，引起载流子散射的因素减少，从而使薄膜的电阻率在退火处理后显著降低。厚度为 280 nm 的薄膜经过 300℃ 退火处理后，薄膜的电阻率达最小值 1.57 mΩ·cm。从图 5-22(b) 中可以看出，室温下沉积的 Bi-Sb-Te 合金薄膜厚度为 90 nm 时，薄膜的塞贝克系数为 93.9 μV/K。随着厚度的增加，薄膜的塞贝克系数逐渐降低。经过退火（300℃）处理后，薄膜的塞贝克系数显著增加。薄膜厚度为 270 nm 时，塞贝克系数达最大值 203.82 μV/K。塞贝克系数的增加主要归因于退火处理后薄膜载流子浓度的降低。

图 5-22(c) 是退火前后 Bi-Sb-Te 合金薄膜的功率因子与厚度之间的关系。可以看出，室温下沉积的 Bi-Sb-Te 合金薄膜功率因子较低，热电性能较差。经过退火（300℃）优化后，薄膜的功率因子显著提高，热电性能得到显著改

善。厚度为 280 nm 的薄膜在退火后功率因子达到最大值 26.41 $\mu W \cdot cm^{-1} \cdot K^{-2}$。

5.2.4　调控基片温度

热电材料的电学性能受温度的影响很大。通常,起着重要作用的温度主要有后退火和原位加热两种。原位加热是指给基片加热到设定温度值后,保持在这个值沉积薄膜,这个温度也称为基片温度。在薄膜的沉积过程中,从靶材表面溅射出的粒子到达基片表面后将以一个初动能继续在基片表面上运动。而适宜的基片温度将有助于基片表面的粒子迁移到最佳位置,减少薄膜的生长缺陷,提高薄膜的结晶质量。此外,基片温度的高低对热电薄膜的形貌结构、电学性能等影响很大。

本节采用磁控共溅射法在硅基片上和玻璃基片上沉积 Bi - Sb - Te 合金薄膜。在溅射过程中,固定 Sb_2Te_3 合金靶材的溅射功率为 20 W 和 Bi 合金靶的溅射功率为 3 W,基片加热温度范围为 150～250℃,而其他工艺参数不变。为了进一步优化薄膜的性能,将制备的样品放在井式退火炉中进行后退火处理。退火温度分别为 150℃、200℃、250℃、300℃、350℃,退火时间为 6 h,研究退火对薄膜形貌结构和性能的影响。

5.2.4.1　基片温度对其结构和表面形貌的影响

图 5 - 23 是不同基片温度下 Bi - Sb - Te 合金薄膜的 XRD 图谱。从图中可以看出,所有样品在 2θ 为 20°～35°的范围内有一较大的馒头峰。室温下沉积的 Bi - Sb - Te 合金薄膜在 2θ 为 41.61°处衍射峰与 Bi 的(220)晶面相符;而基片加

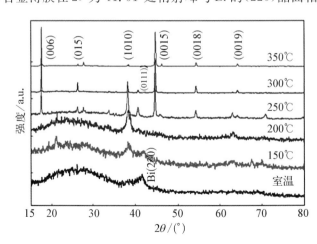

图 5 - 23　不同基片温度下合金薄膜的 XRD 图谱

热条件下沉积的合金薄膜在 2θ 为 $38.29°$ 的主衍射峰与 $Bi_{0.5}Sb_{1.5}Te_{3.0}$ 的(1010)晶面相符,这表明晶粒沿(1010)晶面择优生长并形成 Bi－Sb－Te 合金薄膜。这是因为基片加热具有类似退火的作用,从靶材表面飞向基片的原子在加热的基片的作用下获得了足够的动能进行扩散、迁移,Bi、Te、Sb 的原子晶核相互融合长大,形成合金薄膜。

Bi－Sb－Te 合金薄膜中各元素的原子含量与基片温度之间的关系如图 5-24 所示。可以看出,在基片加热的条件下沉积的合金薄膜中 Bi 和 Te 的原子含量较室温下沉积的有所降低;随着基片温度的增加,薄膜中 Bi 的原子含量增加而 Te 的原子含量逐渐降低。

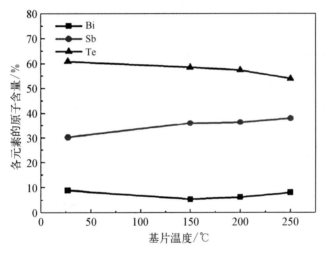

图 5－24 Bi－Sb－Te 合金薄膜中各元素的原子含量与
基片温度之间的关系

图 5-25 和图 5-26 是不同基片温度下 Bi－Sb－Te 合金薄膜的表面和断面形貌图。可以看出,在室温下沉积薄膜时,从靶材表面飞向基片的原子在基片上成核,接着以晶核为基础进行生长增厚,薄膜内含有大量纳米晶粒。而在基片加热的条件下,原子受热获得足够的能量和时间进行扩散,晶粒融合长大并呈片状,产生类似退火的作用。基片加热不仅对薄膜的形貌有影响,对薄膜的粗糙度也有影响,如图 5-27 所示。从图 5-27 可知,室温下沉积的薄膜粗糙度(约 1.3 nm)较小,而在基片加热的条件下,薄膜表面粗糙度较大,且随着基片温度的增加而逐渐增加。基片温度为 250℃时,薄膜的粗糙度约为 6.7 nm。

5.2.4.2 基片温度对其热电性能的影响

不同基片温度下 Bi－Sb－Te 合金薄膜的热电如图 5-28(b)所示。由图

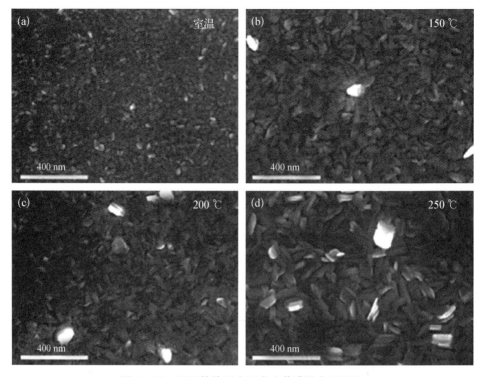

图 5 - 25 不同基片温度下合金薄膜的表面形貌

(a) 室温;(b) 150℃;(c) 200℃;(d) 250℃

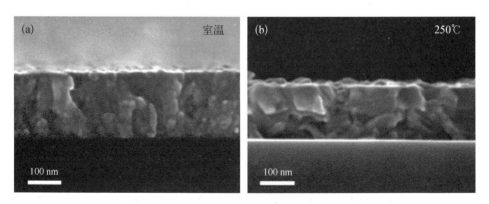

图 5 - 26 Bi - Sb - Te 合金薄膜的断面 SEM 图

(a) 室温(240 nm);(b) 250℃(200 nm)

5 - 28(b)可以看出,相对于室温下沉积的薄膜,基片加热时薄膜的功率因子有所增加,但并不明显。当基片温度为 150℃时,合金薄膜的功率因子由室温下的 0.15 μW·cm^{-1}·K^{-2} 增加到 1.49 μW·cm^{-1}·K^{-2}。另外,随着温度的增加,

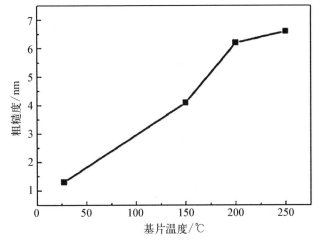

图 5-27 薄膜粗糙度与基片温度之间的关系

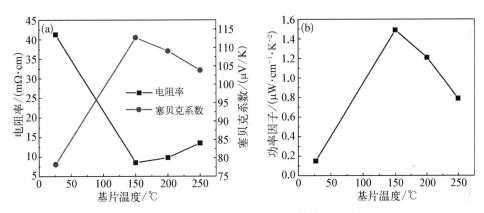

图 5-28 Bi-Sb-Te 合金薄膜的热电性能与基片温度之间的关系

(a) 电阻率和塞贝克系数;(b) 功率因子

Bi-Sb-Te 合金薄膜的功率因子又有降低的趋势。

5.2.4.3 退火对不同基片温度 Bi-Sb-Te 薄膜微结构和热电性能的影响

为了进一步优化薄膜的性能,将制备的薄膜样品放在井式退火炉中进行后退火处理。退火温度分别为 150℃、200℃、250℃、300℃、350℃,退火时间为 6 h,研究退火对薄膜形貌结构和性能的影响。

图 5-29 是退火前后 Bi-Sb-Te 合金薄膜的 XRD 图谱。从图中可以看出,基片温度为 250℃时沉积的合金薄膜沿(1010)晶面择优生长。随着退火温度的增加,薄膜的衍射峰增强,结晶度提高。当退火温度为 250℃时,XRD 谱图中衍射峰进一步增强,且峰包几乎消失,表明薄膜的结晶度进一步提高。另外,

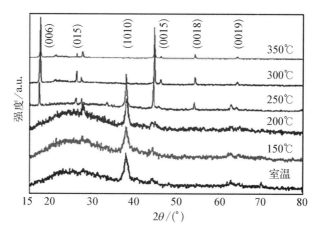

图 5 - 29   退火前后 Bi - Sb - Te 合金薄膜(250℃)的 XRD 图谱

在 2θ 为 $17.47°$、$44.61°$、$54.15°$ 处分别出现了新的衍射峰,分别对应 $Bi_{0.5}Sb_{1.5}Te_{3.0}$ 的(006)、(0015)、(0018)晶面,这表明合金薄膜开始形成层状多晶结构。随着退火温度的进一步增加,薄膜沿(00l)方向的衍射峰显著增强,表明薄膜沿(00l)方向择优生长形成层状结构。图 5 - 30 是退火前后合金薄膜的表面形貌图。退火前沉积的薄膜表面平整、致密,退火后薄膜表面晶粒尺寸增大。基片温度为 250℃ 的样品经退火后薄膜表面晶粒尺寸显著增大,且表面较为粗糙。

如图 5 - 31 所示为退火前后不同基片温度下 Bi - Sb - Te 合金薄膜的电学性能。从图 5 - 31(a)可知,薄膜的电阻率随退火温度的增加显著降低。值得注意的是,当退火温度从 250℃ 进一步增加时,室温下沉积的薄膜电阻率有所增加,而基片加热的薄膜电阻率则进一步降低。基片温度为 150℃ 的薄膜,在退火温度为 300℃ 时电阻率有最小值 1.44 mΩ·cm。从图 5 - 31(b)中可知,Bi - Sb - Te 合金薄膜的塞贝克系数在基片加热的条件下较室温下的有所增加。退火处理后,合金薄膜的塞贝克系数进一步提高。基片温度为 250℃ 的薄膜在 300℃ 退火处理后,塞贝克系数为 195.64 μV/K。

如图 5 - 32 所示为不同基片温度下 Bi - Sb - Te 合金薄膜的功率因子与退火温度之间的关系。可以看出,室温下沉积的合金薄膜热电性能较差,经退火处理后,薄膜的热电性能显著增强。当退火温度为 300℃ 时,基片温度为 150℃ 的薄膜的功率因子达最大值 25.32 $\mu W \cdot cm^{-1} \cdot K^{-2}$。可见,适当的基片温度可改善薄膜的热电性能。

图 5‑30　退火前后 Bi‑Sb‑Te 合金薄膜的 SEM 图

（a）室温沉积薄膜；（b）室温沉积薄膜，退火温度 300℃；（c）基片温度 250℃沉积薄膜；
（d）基片温度 250℃沉积薄膜，退火温度 300℃

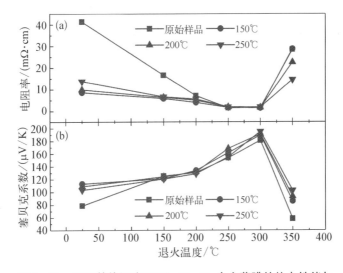

**图 5‑31　不同基片温度下 Bi‑Sb‑Te 合金薄膜的热电性能与
退火温度之间的关系**

（a）电阻率；（b）塞贝克系数

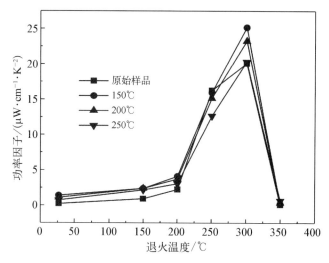

图 5-32 不同基片温度下 Bi-Sb-Te 合金薄膜的功率因子与退火温度之间的关系

5.3 磁控共溅射法制备 Te/Sb₂Te₃ 异质结薄膜

电子拓扑转变(electronic topological transition,ETT)是一种电子拓扑跃迁,这种转变可由压力或应变引起。由于范霍夫奇异性,材料在一定压力下的拓扑形态发生变化,费米能级附近的电子态密度强烈再分布,最终引起电学和热学等参数发生一系列不连续变化[158-159]。Sb_2Te_3 被报道是拓扑绝缘体,具有导电表面态和绝缘体态[160]。拓扑绝缘体常常具有优异的热电性能,拓扑绝缘体的小带隙及其与 ETT 相关的金属态是它们热电性能优越的主要原因[161]。此外,它们的电子结构对应变的敏感性使它们的热电特性具有很高的可调谐性。有大量报道使用拉曼光谱研究了 Sb_2Te_3、Bi_2Te_3、Sb_2Se_3、Bi_2Se_3 晶体的拉曼位移和声子模半高宽随连续外压的变化,探讨了一定压力下 ETT 的存在[162-165]。声子软化意味着声子散射强度的增加,体现为拉曼光谱半高宽的增加。相关研究表明,菱形结构($R\bar{3}m$ 空间群)的 Sb_2Te_3 晶体在外压力约为 3 GPa 时,会发生ETT[162,166]。在 ETT 点的热电压、电导率、载流子浓度、迁移率会发生突变,且热电性能在 ETT 点会得到优化[163,167-168]。

本节将 Te 引入 Sb_2Te_3 中,构造了 Te/Sb_2Te_3 异质结。Te 与 Sb_2Te_3 的界面存在晶格应变,一方面晶格应变有利于降低晶格热导率;另一方面,Te 纳米颗

粒在 Sb_2Te_3 中的结晶和生长会对 Sb_2Te_3 施加内压力。本节对可能存在的 ETT 变换进行了探讨。

5.3.1　薄膜制备与退火处理工艺

本节采用磁控共溅射法制备 Te/Sb_2Te_3 复合薄膜。基片为表面带有 250 nm SiO_2 的 Si 片,共溅射靶材为高纯度的 Sb_2Te_3 合金靶(纯度 99.99%)和 Te 单质靶(纯度 99.99%)。沉积薄膜前,对基片使用氧化硅片清洗流程进行清洗。腔体的本底真空度为 10^{-6} Torr,沉积薄膜过程中通入高纯度的氩气,流量为 40 mL/min,工作真空度约为 7 mTorr。Sb_2Te_3 使用射频(radio frequency, RF)电源溅射,功率为 150 W,Te 使用直流(direct current, DC)电源溅射,功率为 10 W。为了保证膜的均匀性,沉积薄膜时基台以 20 r/min 的速度匀速旋转。沉积薄膜完成后,将样品放入真空退火炉中进行退火,退火处理中真空度维持在 1.5 Pa 左右,退火温度为 423 K,退火时间分别为 0 min、30 min 和 180 min,样品分别命名为 A0、A1 和 A2。然后对未退火和退火后的样品进行结构表征与性能测试,研究 Te/Sb_2Te_3 异质结的热电性能。

5.3.2　薄膜形貌与结构表征

首先对薄膜的表面和成分进行了检测。扫描电镜无法有效分辨出形貌的细节,这与薄膜表面平坦度有关。随机选取样品表面的区域进行 EDS 面扫描,如图 5-33 所示,薄膜成分分布均匀。对每个样品随机取 3 个区域进行能谱分析,元素的原子含量如表 5-6 所示。通过取平均原子比,样品成分中 Te/Sb 原子含

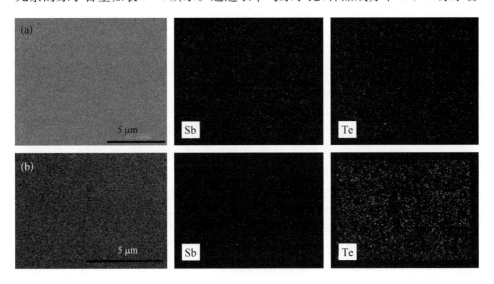

图 5 - 33　样品表面及 EDS 能谱图

(a) A0;(b) A1;(c) A2

量比均约为 1.8,表明在退火过程中,原子比例并未发生明显变化,即本退火处理不影响薄膜的成分。

表 5 - 6　样品的面扫描元素分布图

样　品	元　素	质量分数/%	原子含量/%	平均原子含量比(Te/Sb)
A0	Sb - L	34.81	35.88	~1.8
	Te - L	65.19	64.12	
	Sb - L	34.63	35.70	
	Te - L	65.37	64.30	
	Sb - L	34.11	35.17	
	Te - L	65.89	64.83	
A1	Sb - L	35.41	36.50	~1.8
	Te - L	64.59	63.50	
	Sb - L	34.17	35.23	
	Te - L	65.83	64.77	
	Sb - L	33.85	34.91	
	Te - L	66.15	65.09	
A2	Sb - L	34.45	35.52	~1.8
	Te - L	65.55	64.48	
	Sb - L	34.92	36.00	
	Te - L	65.08	64.00	
	Sb - L	34.50	35.56	
	Te - L	65.50	64.44	

　　随后对薄膜的横截面进行了观察。通过结合台阶仪和扫描电镜,确定样品A0、A1 和 A2 样品的厚度分别为 85 nm、80 nm 和 75 nm,样品的横截面如图 5-34 所示。一方面,因为初始态薄膜存在一定的孔隙度,随着退火时间的增加,薄膜孔隙度减小,薄膜变得致密,其厚度减小;另一方面,此薄膜厚度的减小也和应力的释放、材料的结晶以及原子的重新排列有关。此外,由横截面也可以看出,薄膜结构致密,但是粗糙度有所区别,从一定程度上反映了内部结构存在一定差异。

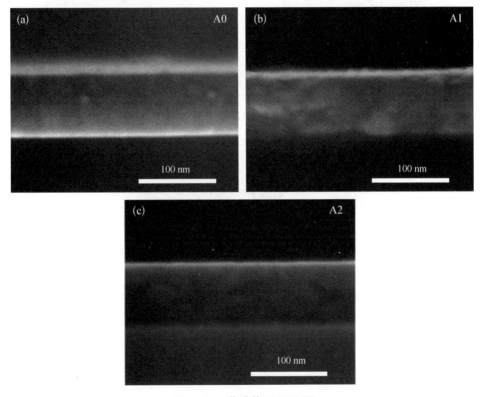

图 5-34　薄膜截面 SEM 图
(a) A0;(b) A1;(c) A2

　　由薄膜的横截面初步观测其粗糙度有所区别,为了进一步证实这一点,使用AFM 对薄膜的表面进行了表征,观察区域为 2.5 μm×2.5 μm,如图 5-35 所示。样品 A0、A1 和 A2 表面均方根粗糙度分别为 0.533 nm、0.640 nm 和0.582 nm。薄膜表面粗糙度的不同,从一定程度上反映了其内部结构的区别。同时,薄膜表面粗糙度不同,在薄膜表面的电子-声子传输也相应会存在差异。

样品表面粗糙度的变化,表明随着退火的进行,薄膜内部结构发生了变化。值得注意的是,样品 A0、A1 到 A2 的粗糙度先增加后减小,这个趋势与后文测试的性能趋势密切相关。

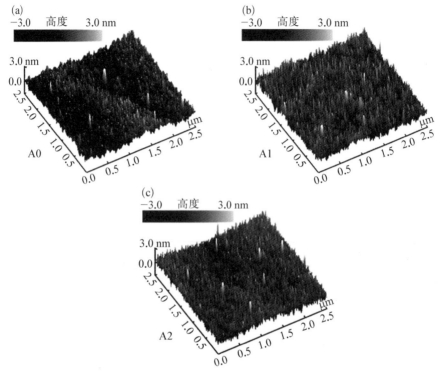

图 5-35　退火前后薄膜表面的形貌图

(a) A0;(b) A1;(c) A2

为了便于后文比较分析,对样品基本参数进行了整理,见表 5-7。

表 5-7　磁控共溅射 Te/Sb₂Te₃ 异质结基本参数

样　品	平均原子含量比 (Te/Sb)	退火时间/min	厚度/nm	粗糙度/nm
A0	～1.8	0	85	0.533
A1	～1.8	30	80	0.640
A2	～1.8	180	75	0.582

通过 XRD 对 Te/Sb₂Te₃ 异质结薄膜在退火处理中结构的变化进行了鉴定,结果如图 5-36 所示。

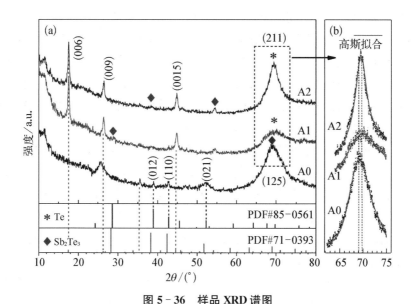

图 5-36　样品 XRD 谱图

(a) A0、A1 和 A2；(b) 高斯拟合曲线

薄膜中 A0 的峰谱可以确认为 Te 相（JCPDS 卡片号 85-0561，空间群 P3121），而 A1 和 A2 可以确认为 Sb$_2$Te$_3$ 相（JCPDS 卡片号 71-0393，空间群 R$\bar{3}$m）。在未退火的样品 A0 中，薄膜主要为非晶的 Sb$_2$Te$_3$ 峰和比较弱的 Te 峰，磁控溅射的特点是导致非晶 Sb$_2$Te$_3$ 峰产生的主要原因。随着退火时间的增加，原子重新排列和结晶，Sb$_2$Te$_3$ 以（00l）取向为主，并伴有（015）取向峰。非晶态在向晶态转变的过程中，最明显的特征便是峰的锐化。而这个 XRD 谱图中出现了一个有趣的现象，在 65°～75°之间的峰先变平坦然后再锐化，且向右移动。通过与 PDF 卡片对比，最终确定在样品 A0 中此范围内的峰为 Sb$_2$Te$_3$ 峰，而在样品 A1 和 A2 中此范围内的峰为 Te（211）峰。另一个值得注意的现象是，此过程的发生伴随着 Sb$_2$Te$_3$ 的优先结晶，而 Te 的再结晶和长大则相对滞后。相对于样品 A2，A1 中的峰 Te（211）比较平坦，意味着原子排列的短程有序，其晶粒更为细小。

晶粒大小可以通过谢乐公式来计算，A1 和 A2 中 Te（211）晶粒大小分别为 2.8 nm 和 3.6 nm。此外，XRD 谱图也能在一定程度上反映材料内部结构应变的大小。随着峰强度减弱，峰宽度增加，应变增加。以变化尤其明显的 Te（211）峰作为比较，A1 和 A2 在此处的应变分别为 2.1% 和 1.7%。

由于 XRD 谱图中 A1 和 A2 中 Sb$_2$Te$_3$ 峰大致相当，为了便于比较，认为两者中 Sb$_2$Te$_3$ 相结晶已趋近完全。由于 A1 样品中 Te 纳米颗粒小于 A2 中 Te

纳米颗粒,在 Te 含量相同的条件下,A1 中 Sb₂Te₃ 和 Te 相之间的界面密度更大,在 Sb₂Te₃ 和 Te 界面处晶格会弯曲,产生晶格应变。由此可以初步判断样品 A1 中的晶格应变大于 A2,与此处 XRD 计算的应变结果相吻合。由于在界面处声子受到强烈散射,能有效降低晶格热导率,而 A1 中纳米相与主相之间界面密度大,相应的晶格应变大,因此可预测其晶格热导率小于 A2 的晶格热导率[169]。后文性能测试结果印证了这一推测。

此外,使用 XPS 对薄膜表面元素的化学态进行了表征,结果如图 5-37 所示。图 5-37(a)中 A0 的峰中心约为 573.1 eV 和 583.4 eV,符合单质 Te 中 0 价态的峰。随着退火的进行,峰中心向低能量处移动,体现了 Te 向 -2 价态的偏移[80]。与之相对应的 XRD 谱图中,A0 中 Sb₂Te₃ 主要为非晶,Te 峰比较明显。随着退火的进行,Sb₂Te₃ 结晶,故 -2 价的 Te 在 XPS 谱图中表现得更为明显。XRD 谱图与 XPS 谱图结果一致。图 5-37(b)中峰中心约为 528.8 eV 和 538.2 eV,对应为 Sb₂Te₃ 中 +3 价的 Sb 元素。XPS 谱图中出现了 Sb 和 Te 元素氧化态的峰,而 XRD 谱图中并没有相关元素氧化态的峰出现。这是因为在实验测试过程中,优先进行了 XRD 谱图和拉曼光谱测试,而为了进一步证明 Te 的存在而进行了 XPS 补充实验,由于样品放置在时间过长,导致表面出现了氧化态。由于 XPS 是最后的补充实验,因此并不影响后文性能测试的相关参数。

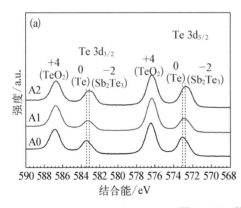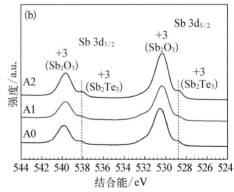

图 5-37　样品 XPS 谱图

(a) Te 3d 轨道;(b) Sb 3d 轨道

5.3.3　异质结晶格应变表征

拉曼光谱通常被用来检测材料中的声子振动模式,其中一种应用为检测材料在遭受外界压力的情况下,材料中发生的电子拓扑转换现象。具体体现为,随着压力的变化,材料的声子模式会随着压力的变化而变化,当达到某一个压力值时,材料中相应声子模式的拉曼位移和半高宽会发生一个突变或转折变化,相应的电学、热学特性会在此点发生变化,此点的热电性能也会得到提高。为了表征Te 的结晶和长大对 Te/Sb₂Te₃ 中声子振动模式的影响,对样品进行了拉曼光谱检测,结果如图 5-38 所示。

Sb₂Te₃ 晶体的拉曼活性声子振动模式为 A_{1g}^1、E_g^2 和 A_{1g}^2,对应的拉曼位移分别为 68.4 cm⁻¹、110.9 cm⁻¹ 和 165 cm⁻¹ [170]。Te 晶体的拉曼活性声子振动模式为 E'、A_1 和 E'',对应的拉曼位移分别为 92.2 cm⁻¹、120.4 cm⁻¹ 和 140.7 cm⁻¹ [171]。两者的原子振动模式如图 5-38(f)所示。通过拉曼光谱检测获得样品的谱图为累积曲线,包含了 Sb₂Te₃ 和 Te 的复合信息,因此使用高斯拟合对拉曼谱图进行了解耦,三个样品谱图解耦后的峰均可确定为Sb₂Te₃ 和 Te。对两相的拉曼位移和峰的半高宽进行了统计,结果如图5-38(d)和(e)所示,随着退火时间的增加,两相的拉曼位移和半高宽都发生了明显的变化。

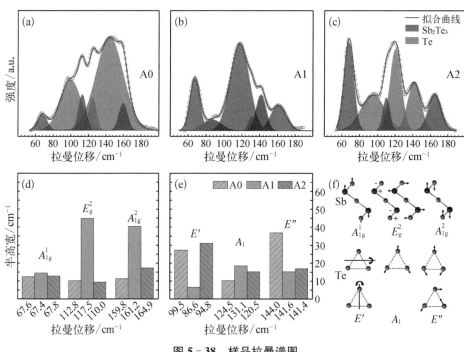

图 5-38 样品拉曼谱图

(a)~(c)分别代表样品 A0、A1 和 A2 的拉曼谱图及其对应的高斯解耦曲线;(d)、(e)分别为Sb₂Te₃ 和 Te 的拉曼位移和半高宽;(f) Sb₂Te₃ 和 Te 的拉曼声子振动模式[115]

本节主要关注 Sb_2Te_3 声子振动的变化。研究[172]表明在单一的 Sb_2Te_3 中,随着退火的进行,Sb_2Te_3 在由非晶态向晶态的转变过程中,拉曼光谱中峰的半高宽减小,而峰的位移基本保持不变。拉曼位移在一定程度上反映了退火过程中应力的变化。研究[162,173]表明,随着外加压力的增加,Sb_2Te_3($R\bar{3}m$ 空间群)中所有声子模式的拉曼位移随着压力的增加而增加,Te 中所有声子模式的拉曼位移随着压力的增加而减小。与报道中施加各向均匀的压力不同,通过内部析出纳米颗粒来诱导应力将会使得 Sb_2Te_3 中声子模式的拉曼位移出现择优取向,而并非所有的拉曼位移同时变化。Sb_2Te_3 中 E_g^2 模式对应于本文中($00l$)取向的 Sb_2Te_3,且图 5-38(d)和(e)中 Sb_2Te_3 的 E_g^2 模式和 Te 的 E' 模式变化最为明显。为了简单比较,选取 Sb_2Te_3 的 E_g^2 模式和 Te 的 E' 模式进行应变对比分析。Sb_2Te_3 中 E_g^2 模式的拉曼位移随压力增大的变化系数为 $2.11\ cm^{-1}/GPa$,Te 中 E' 模式的拉曼位移随压力增大的变化系数为 $-0.7\ cm^{-1}/GPa$[186,197]。A0、A1 和 A2 样品中 Sb_2Te_3 的 E_g^2 模式的拉曼位移分别为 $112.8\ cm^{-1}$、$117.5\ cm^{-1}$ 和 $110.0\ cm^{-1}$,A0、A1 和 A2 样品中 Te 的 E' 模式的拉曼位移分别为 $99.5\ cm^{-1}$、$86.6\ cm^{-1}$ 和 $94.8\ cm^{-1}$。与 Sb_2Te_3 和 Te 晶体中的拉曼位移相比,样品 A1 中 Sb_2Te_3 和 Te 受到的压力分别为 $3.1\ GPa$ 和 $8.0\ GPa$。相对于单质晶体而言,Sb_2Te_3 中较低的拉曼位移和 Te 中较高的拉曼位移受到张力,因此 A0 和 A2 中相应的声子模式受到张力。另外也与拉曼测试的区域为薄膜表面有关,薄膜表面往往受到的是张力。与报道[154]中 Sb_2Te_3 在 $3\ GPa$ 附近发生 ETT 相比,初步认为样品 A1 接近于 ETT。因此可以预测,A1 的热电性能会远优于 A0 和 A2。同时,拉曼峰的半高宽反映了声子软化的程度及晶格热导率的大小[169]。A1 中 Sb_2Te_3 的 E_g^2 模式的半高宽最大,因此可以预测其晶格热导率最小。后面的实验证实了以上两点猜测。

为了分析 Te/Sb_2Te_3 异质结中的晶格应变,选取样品 A1 进行 HRTEM 分析。制备 HRTEM 样品时,使用刀片将薄膜刮入无水乙醇中,超声振荡溶解,随后滴在超薄碳膜上烘干,进行 TEM 观察。如图 5-39 所示,可以观察到 Sb_2Te_3 的($00l$)和(015)面以及 Te 的(110)面,这些峰与 XRD 谱图中观察到的峰相符。如图 5-39(b)和(c)所示,大面积的晶面为(0012)的 Sb_2Te_3 晶体被观察到,晶格条纹间距为 $0.253\ nm$。同时在 Sb_2Te_3 中也观察到位错,反傅里叶变换如图 5-39(a)所示。位错会产生应变、晶格线和质量波动,这是由位错核引起的,而界面则是晶粒间旋转成对引起的应变[169,174-175]。在 Sb_2Te_3 中观察到了晶面为(110)的 Te 纳米颗粒,直径约为 $8.5\ nm$,这与 XRD 中谢乐公式计算的结果不同,一方面 TEM 观察到的晶粒与计算得到的晶粒的取向不同,另一方面谢乐公

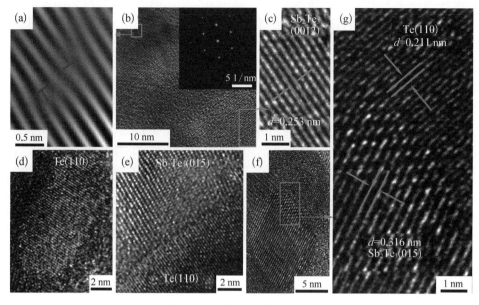

图 5 - 39　样品 A1 的 TEM 图

(a) 图(b)中选区的反傅里叶变换；(b) Sb$_2$Te$_3$ 的 TEM 图片和傅里叶变换图；(c) 图为(b)选区的高分辨图；(d) Sb$_2$Te$_3$ 中的 Te 纳米颗粒；(e) 小尺度下 Sb$_2$Te$_3$ 和 Te 界面的 HRTEM 图；(f) 大尺度下 Sb$_2$Te$_3$ 和 Te 界面的 HRTEM 图；(g) 局部放大图

式计算晶粒时存在误差。此外，也观察到了 Sb$_2$Te$_3$(015)面和 Te(110)面的纳米界面，其中晶格在界面处的弯曲清晰可见，如图 5 - 39(f)和(g)所示。

5.3.4　载流子输运与热电性能

Te/Sb$_2$Te$_3$ 在不同温度下的热电性能如图 5 - 40 所示。薄膜的热电性能在 360～440 K 变化明显，尤其是样品 A0。载流子浓度和电导率随温度的升高变化趋势基本一致，载流子浓度和迁移率随温度变化最明显的区间集中在 400～440 K，而载流子浓度变化最明显的区间为 360～400 K。

随着温度的增加，所有样品的电导率先持续增加，在较高的温度后开始缓慢减小，如图 5 - 40(a)所示。电导率的变化体现了载流子浓度和迁移率变化的综合结果，通过载流子浓度随温度的变化可以推断载流子的散射机制。一般来说，在低温段时，载流子迁移率随温度的增加而增加，此时杂质散射为主要散射机制。随着温度的升高，杂质完全电离后，载流子迁移率随温度的增加而降低，此时晶格振动的声子散射占主导作用[176]。由图 5 - 40(b)可知，可以将随温度变化的主要散射机制分为三部分：① 声学散射为主(A0 的温度区间为 300～

340 K,A1 和 A2 的温度区间为 300~360 K);② 杂质散射为主(A0 的温度区间为 360~460 K,A1 和 A2 的温度区间为 380~460 K),本文中杂质散射的贡献主要反映在缺陷随温度变化;③ 声学散射为主(所有的样品的温度区间均高于 480 K)。通过载流子迁移率随着温度变化的拟合关系(360 K 以下)正比于 $T^{-3/2}$,表明此温度区间以声学散射为主,散射因子为 $-\dfrac{1}{2}$,如图 5-40(c)所示。

载流子浓度随着温度变化的趋势如图 5-40(d)所示。随着测试过程中温度的升高(大于 360 K 时),A0 中非晶相开始结晶。当 Sb'_{Te} 缺陷的浓度超过 Te 空位的浓度时,薄膜体现为 P 型导电。在存在 Sb 空位的条件下,Sb 原子从 Te 位点扩散回其原始的亚晶格位点,产生额外的 Te 空位和电子。高温退火较长的时间可以减轻这种效应,减少 Te 空位,使得 P 型载流子的浓度增加[177]。当退火时间较长时,这种效应趋近不变,使得经过退火处理后的 A1 和 A2 中载流子浓度随着温度的升高变化很小。最后所有的样品载流子浓度趋近为一个水

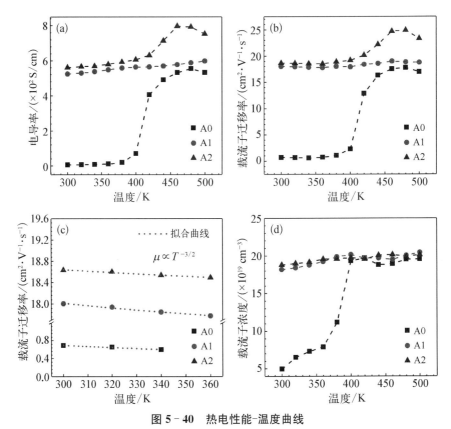

图 5-40 热电性能-温度曲线

(a) 电导率;(b) 载流子迁移率;(c) 载流子迁移率低温段;(d) 载流子浓度

平,均为 P 型载流子,这是因为同一成分的 Te/Sb$_2$Te$_3$ 体系中的杂质电离饱和程度相当。因此,通过调整退火的温度和时间,可以获得合适的电导率。

塞贝克系数随温度的变化如图 5 - 41(a)所示。随着温度的增加,塞贝克系数减小,与载流子浓度和载流子迁移率的变化趋势相反。塞贝克系数变化最明显的温度区间为 360～400 K,与载流子浓度随温度变化的区间一致。塞贝克系数的变化可由 Mott 公式解释,较高的载流子浓度和迁移率会导致塞贝克系数的降低,此处塞贝克系数对载流子浓度的依赖更大。

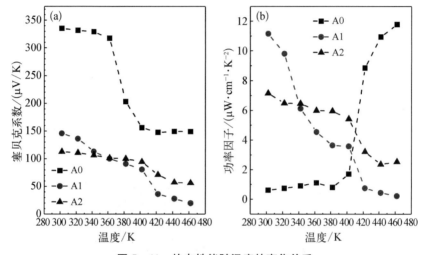

图 5 - 41   热电性能随温度的变化关系

(a) 塞贝克系数;(b) 功率因子

Te/Sb$_2$Te$_3$ 体系中各样品的功率因子随温度的变化如图 5 - 41(b)所示。样品 A0 的功率因子随着温度的升高而增大,而样品 A1 和 A2 的功率因子则随着温度的升高而降低,A1 和 A2 样品在接近室温时的功率因子均高于 A0。值得注意的是,在变温测试过程中,A0 样品中载流子浓度在 360～440 K 区间的变化巨大,为了确认这一测试过程是否可逆,对样品 A0 进行了重复测试,并标注为样品 SA0,测试结果如图 5 - 42 所示。第二次测试的室温电导率、塞贝克系数和功率因子分别为 253.2 S/cm、215.2 μV/K 和 11.7 μW·cm^{-1}·K^{-2}。测试结果表明 A0 在变温测试过程中性能的变化不可逆,这是因为变温测试的过程从一定程度上也可以认为是退火处理。以上结果表明,可以通过控制复合薄膜的退火时间以优化功率因子。

通过塞贝克系数的符号和霍尔测试结果,判定载流子的类型为 P 型,表明 Te/Sb$_2$Te$_3$ 异质结中的缺陷以 Sb 原子在 Te 位置的反位缺陷(Sb$'_{Te}$)为主。综

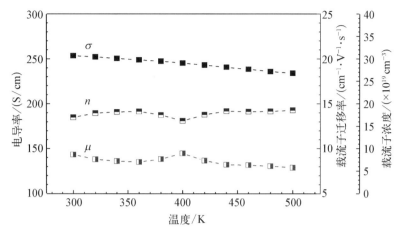

图 5‑42   样品 A0 的电导率第二次热电性能变温测试

合 Te/Sb$_2$Te$_3$ 异质结中的缺陷、界面以及可能存在的 ETT，薄膜内的典型缺陷和结构如图 5‑43(a)和(b)所示，而异质结界面处的电子、声子传输如图 5‑43(c)所示。

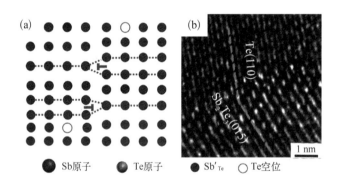

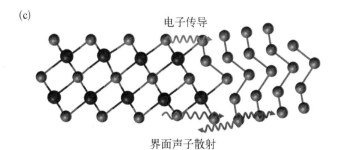

图 5‑43   薄膜内的缺陷与界面

(a) Sb$_2$Te$_3$ 中的点缺陷和位错；(b) Sb$_2$Te$_3$(015)面和 Te(110)面的界面；(c) Sb$_2$Te$_3$(015)面和 Te(110)面界面处的电子、声子传输

为了探索 Te 纳米颗粒、位错、纳米界面以及可能存在的 ETT 对 Te/Sb$_2$Te$_3$ 异质结热电性能的影响，薄膜室温下的相关热电性能参数见表 5 - 8。

表 5 - 8 样品在 300 K 时的热电性能

样品	Te 的尺寸 /nm	n /(10^{19} cm^{-3})	μ/(cm$^2 \cdot$ V$^{-1} \cdot$ s^{-1})	l/nm	L /(V$^{-2} \cdot$ K^2)
A0	—	5.0	0.7	0.05	1.51×10^{-8}
A1	2.8	18.2	18.0	2.0	1.74×10^{-8}
A2	3.6	18.8	18.6	2.4	1.85×10^{-8}

样品	m^*/m_0	η	α/(μV/K)	κ_e/(W $\cdot$ m$^{-1} \cdot$ K^{-1})	PF/(μW $\cdot$ cm$^{-1} \cdot$ K^{-2})
A0	5.5	-1.81	335.4	0.003	0.6
A1	2.6	1.11	145.9	0.273	11.2
A2	1.9	1.98	112.9	0.312	7.1

样品 A0、A1 和 A2 的室温电导率依次从 5.5 S/cm、524.4 S/cm 增加到 560.5 S/cm。退火样品中的载流子浓度和迁移率均比未退火的样品 A0 高。假设散射机制是互相不影响的，相关的参数可以通过下式计算[178-179]：

$$\sigma = ne\mu_T \tag{5-1}$$

$$\mu_{in} = De(1/2\pi m^* k_B T)^{1/2} \exp(-\phi_b/k_B T) \tag{5-2}$$

$$l = h(3n/\pi)^{1/3}\mu_T/2e \tag{5-3}$$

$$1/\mu_T = 1/\mu_m + 1/\mu_{in} \tag{5-4}$$

式中，n 是载流子浓度；e 是电子电荷量；μ_T、μ_m 和 μ_{in} 分别为样品的总载流子迁移率、材料本体的迁移率和与界面电位散射有关的迁移率；D、m^*、k_B、T、l 和 ϕ_b 分别是晶粒尺寸、有效质量、Boltzmann 常数、绝对温度、载流子的平均自由程和势垒高度；h 为普朗克常数。

退火处理有利于减少缺陷以及释放应力，进而增大 μ_m。根据 XRD 谱图中的 Te(211)峰可知，晶粒尺寸随着退火时间的增加而变大。根据式(5-2)可知，晶粒尺寸大有利于 μ_{in} 的增加。通过式(5-3)可以获得 A0、A1 和 A2 中的载流子平均自由程分别为 0.05 nm、2.0 nm 和 2.4 nm。根据式(5-3)和式(5-4)可知，A0、A1 和 A2 中的总迁移率依次增加，与霍尔测试结果相一致。

为了比较 Te 对薄膜的塞贝克系数的影响,室温下薄膜的塞贝克系数与载流子浓度的关系(Pisarenko)如图 5 - 44 所示。图 5 - 44 中也列出了相关掺有二相($Te,Pt,Cu,Ag_x Te_y,\gamma - Sb_2 Te_3,I^-$)的 $Sb_2 Te_3$ 体系及块体的 $Sb_x Te_y$ 作为比较。由图 5 - 44 可知,在同一体系中,塞贝克系数大体上随着载流子浓度的增加而减小。图 5 - 44 中相关文献数据表明,$Sb_2 Te_3$ 的塞贝克系数可以通过调节主相和次相之间的势垒而增大,这就是能量过滤效应。此外,通过控制主相和次相之间的界面密度也可以调节塞贝克系数。在本节中,A0、A1 和 A2 中的塞贝克系数依次从 335.4 $\mu V/K$、145.9 $\mu V/K$ 到 112.9 $\mu V/K$ 依次减小;同时相应的 m^* 分别为 $5.5 m_0$、$2.6 m_0$ 和 $1.9 m_0$,其中 m_0 为自由电子质量。费米能级由负号变为正号,表明薄膜的费米能级由禁带进入了价带。随着退火时间的增加,$Sb_2 Te_3$ 优先结晶,随后 Te 晶粒结晶并长大,伴随着晶界密度的减小及塞贝克系数的减小。样品 A1 中的 Te 晶粒比样品 A2 的小,意味着在 A1 中有较高的界面密度和晶格应变。样品 A1 中的 m^* 比 A2 的大,这是由于 A1 可能发生 ETT,导致费米面附近的能带变得尖锐。综上可知,A1 中合适的塞贝克系数(145.9 $\mu V/K$)和电导率(524.4 S/cm)使得其功率因子(11.2 $\mu W \cdot cm^{-1} \cdot K^{-2}$)较高。

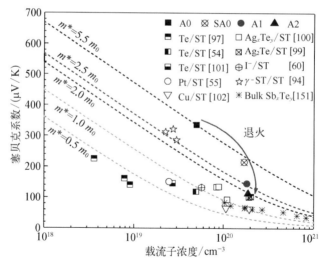

**图 5 - 44   塞贝克系数与载流子浓度的关系(300 K,
ST 代表 Sb₂Te₃)**[54-55,60,94,97,99-102,151]

样品 A0、A1 和 A2 的功率因子依次从 0.6 $\mu W \cdot cm^{-1} \cdot K^{-2}$ 增加到 11.2 $\mu W \cdot cm^{-1} \cdot K^{-2}$,然后减小到 6.9 $\mu W \cdot cm^{-1} \cdot K^{-2}$。这个趋势与之前观

测到的薄膜表面的粗糙度变化趋势相同。表面粗糙度的变化在一定程度上反映了薄膜内部结构的变化：随着 Te 的结晶和长大，粗糙度先增大后减小。合适的 Te 纳米颗粒可以诱导合适的应力并可能导致 Sb_2Te_3 发生 ETT，最终优化了功率因子。

一方面，Te 可能诱导 Sb_2Te_3 的 ETT，有利于优化功率因子；另一方面，Te 晶粒诱导的晶格应变将有利于热导率的减小。使用 TDTR 方法测得的热导率数据如图 5-45 所示。样品 A0、A1 和 A2 中的热导率依次为 $0.41\ \mathrm{W\cdot m^{-1}\cdot K^{-1}}$、$0.55\ \mathrm{W\cdot m^{-1}\cdot K^{-1}}$ 和 $0.69\ \mathrm{W\cdot m^{-1}\cdot K^{-1}}$。通过 Widermann-Franz 定律以及计算获得的洛伦兹常数，可以计算电子热导率。样品 A0、A1 和 A2 中的电子热导率依次为 $0.003\ \mathrm{W\cdot m^{-1}\cdot K^{-1}}$、$0.27\ \mathrm{W\cdot m^{-1}\cdot K^{-1}}$ 和 $0.31\ \mathrm{W\cdot m^{-1}\cdot K^{-1}}$。样品 A0、A1 和 A2 中的晶格热导率依次为 $0.41\ \mathrm{W\cdot m^{-1}\cdot K^{-1}}$、$0.28\ \mathrm{W\cdot m^{-1}\cdot K^{-1}}$ 和 $0.38\ \mathrm{W\cdot m^{-1}\cdot K^{-1}}$。

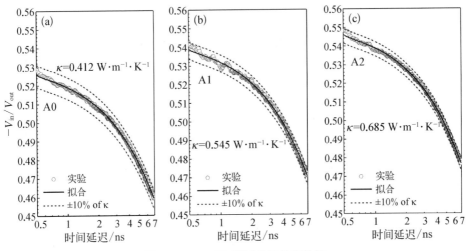

图 5-45　TDTR 测试的热导率数据

应变的大小在一定程度上可以体现声子散射的强度。大量细小的 Te 粒子诱导了晶格应变，增大了界面密度并强烈散射声子。样品晶格热导率由 A0、A2 向 A1 依次减小，与之前 XRD 和拉曼预测的结果相符。考虑到薄膜为射频磁控共溅射法制备的混合薄膜，且成分均一，因此可以粗略地由薄膜面内的功率因子和纵向的热导率进行 ZT 计算。样品 A0、A1 和 A2 中的 ZT 值由 0.05 增加到 0.61，随后降低至 0.31。Te 颗粒的变化与相关参数的对应关系如图 5-46 所示。表 5-9 比较了本文的结果与相关文献中报道的 Sb_2Te_3 基异质结的热电性能，展现了较强的竞争力。

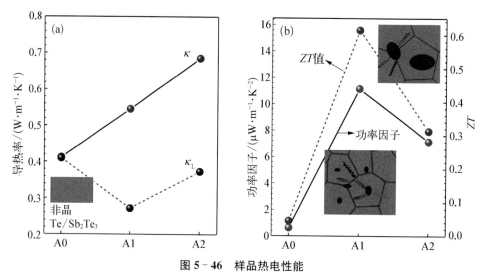

图 5-46 样品热电性能

(a)样品总热导率和晶格热导率;(b)样品 ZT 值和功率因子

表 5-9 Sb₂Te₃ 基异质结热电性能与相关文献的对比

	方法	温度 /K	σ /(S/cm)	α /(μV/K)	PF/(μW·cm^{-1}·K^{-2})	κ /(W·m^{-1}·K^{-1})	ZT	文献
Te/Sb₂Te₃	MS	300	524.4	145.9	11.2	0.545	0.61	本文
S-doping Sb₂Te₃	PVD	室温	1 575	186	54.4	3.03	0.54	[104]
(I⁻)/Sb₂Te₃	微波合成	300	869	135	15.84	0.89	0.53	[60]
Sb₂Te₃	MS	室温	282.1	135.5	5.2	0.37	0.42	[180]
Cu₂Te/Sb₂Te₃	固态合成	370	3 841.7	71.9	19.9	1.98	0.37	[61]
Te/Sb₂Te₃	共蒸发	300	666.7	160	17.1	1.8	0.3	[92]
Te/Sb₂Te₃	烧结	340	852.1	117.4	11.7	1.48	0.27	[181]
Te/Sb₂Te₃	熔融法	300	3 534.7	80.9	23.1	2.8	0.25	[58]
Te/Sb₂Te₃	SS	323	811	118.8	11.3	1.54	0.24	[54]
Te/Sb₂Te₃	SS	323	358.2	170.3	10.4	1.52	0.22	[59]
Sb₂Te₃	PVD	室温	4 000	80	25.6	3.5	0.22	[104]

（续表）

	方法	温度/K	σ/(S/cm)	α/(μV/K)	PF/(μW·cm^{-1}·K^{-2})	κ/(W·m^{-1}·K^{-1})	ZT	文献
Te/Sb$_2$Te$_3$	SS	325	233.1	189.3	8.4	1.67	0.16	[57]
Te/Sb$_2$Te$_3$	溶液浇铸	300	146	249	5.3	1.04	0.15	[101]
Te/Sb$_2$Te$_3$	MBE	300	1 289.3	110	15.63	—	—	[182]
Te/Sb$_2$Te$_3$	共蒸发	室温	277.5	190.8	10.1	—	—	[89]
Te/Sb$_2$Te$_3$	电沉积	室温	302	168	8.5	—	—	[183]
Te/Sb$_2$Te$_3$	电沉积	300	335.4	145.7	7.1	—	—	[97]
γ-Sb$_2$Te$_3$/Sb$_2$Te$_3$	电沉积	室温	56.7	322	5.9	—	—	[94]
Te/Sb$_2$Te$_3$	SS	300	150.2	148.1	3.3	—	—	[184]
Cu/Sb$_2$Te$_3$	MS	313	307.4	80.5	2.0	—	—	[102]
Pt/Sb$_2$Te$_3$	SS	300	73	152	1.02	—	—	[55]
Ag$_x$Te$_y$/Sb$_2$Te$_3$	配体交换	室温	56	135	1.02	—	—	[100]

注：表中 MS 表示磁控溅射法，SS 表示溶液合成法。

5.4 磁控共溅射法制备 Sb$_2$Te$_3$ 和 Bi$_2$Te$_3$ 薄膜

本节采用磁控共溅射法沉积 Sb$_2$Te$_3$ 和 Bi$_2$Te$_3$ 热电薄膜。靶材采用直径为 76.2 mm 的溅射靶，单个靶材厚度为 5 mm，其中溅射材料厚度为 3 mm，为了防止靶材在溅射过程中受热破裂，在每个靶背面绑定 2 mm 厚的铜背靶。单质 Sb 靶、Bi 靶和 Te 靶的纯度为 99.99%，采用热压方法制备。这三种材料中，Te 靶的导电性最差，采用 RF 方式溅射，其他两种靶材采用 DC 方式溅射，即 Sb$_2$Te$_3$ 热电薄膜采用 Te(RF)+Sb(DC)共溅射的方式进行薄膜沉积，Bi$_2$Te$_3$ 热电薄膜采用 Te(RF)+Bi(DC)共溅射的方式进行薄膜沉积。Te(RF)溅射功率设置为 10 W，Sb(DC)溅射功率设置为 15 W，Bi(DC)溅射功率设置为 13 W。Sb$_2$Te$_3$ 薄膜和 Bi$_2$Te$_3$ 薄膜分别在 0.2 Pa、0.5 Pa、0.8 Pa 和 1.1 Pa 的溅射气压下共溅射沉积四种薄膜,每个样品溅射沉积时间为 30 min。溅射采用的高纯氩气纯度为 99.999%。溅射工作气压通过调节氩气流量进行控制,控制精度为 1 mL/min。

5.4.1　薄膜制备与工艺

本实验采用的基片为覆盖有 1 μm 厚 SiO_2 氧化层的单面抛光单晶硅片,硅片总厚度为 550 μm,硅片直径为 100 mm,每个完整的基片切割成四片使用。为了消除基片表面的杂质、污渍等对热电薄膜的不利影响,需对基片进行清洗。首先,将硅片放入丙酮中超声清洗 5 min,用镊子迅速夹出并用去离子水冲洗,然后放入乙醇超声清洗 5 min,用镊子迅速夹出并用去离子水冲洗,再放入异丙醇中超声清洗 5 min,用镊子迅速夹出并用去离子水冲洗。接着放入体积比为 3∶1 的浓硫酸和双氧水混合溶液中浸泡 10 min,用镊子取出后用去离子水冲洗,最后用干燥的压缩 N_2 吹干。在放入磁控溅射镀膜仪镀膜之前,使用 Ar 离子源对镀膜基片进行反溅清洗,使基片表面达到原子级别的清洁,从而提高沉积薄膜与基片之间的结合质量。为了保证基片免受二次污染,在操作过程中一直使用洁净的镊子夹持样品。在不同的溅射工作压强下,制备 Sb_2Te_3 和 Bi_2Te_3 热电薄膜。

实验中对 Sb_2Te_3 和 Bi_2Te_3 薄膜进行退火处理。退火处理不仅能够改善热电薄膜的结晶状态,使薄膜组织结构稳定,而且还能调节薄膜的热电性能。将 Sb_2Te_3 和 Bi_2Te_3 薄膜样品放入退火炉中进行退火处理。退火炉采用底部电阻丝加热,样品放置在电阻加热丝上的一个不锈钢圆盘上,不锈钢托盘通过耐热陶瓷垫与加热电阻丝进行绝缘。首先对炉腔进行抽真空,待真空度抽至 0.5 Pa 以下,通入高纯氮气至大气压,然后重新抽真空,再充入高纯氮气。重复以上步骤三次,保证腔体内氮气纯度。分别对样品进行 200℃、250℃、300℃、350℃、400℃下保温 2 h 的氮气保护退火,自然冷却至室温后待用。

5.4.2　薄膜的形貌结构

如图 5-47 所示为不同溅射工作气压下 Sb_2Te_3 薄膜的表面形貌变化。从图 5-47 中可以看出,当溅射工作气压为 0.2 Pa 时,Sb_2Te_3 薄膜表面光洁致密,仅在个别位置出现团聚颗粒;当溅射气压增加到 0.5 Pa 时,薄膜表面开始出现大小不均的颗粒;溅射工作气压增加到 0.8 Pa 时,薄膜表面呈现均匀分布的颗粒状,在颗粒之间还分布着一些孔洞;工作气压达到 1.1 Pa 时,薄膜表面的颗粒尺寸变大,而且均匀性变差。在溅射工作气压较低,即 0.2 Pa 时,溅射出的靶原子与工作气体之间的碰撞概率低,能量损失最少,在达到基片表面时的速率大,能量高,形成的薄膜最致密,无明显颗粒团聚,如图 5－47(a)所示。当气压升高时,溅射出的靶原子与工作气体之间的碰撞概率增加,原子到达基片时的速率降低,Sb 和 Te 原子在基片上有一定的时间进行移动扩散和团聚,此时基片的薄膜表面开始出现团聚颗粒,如图 5－47(b)所示。工作气压继续增大,不仅使得 Sb 原子和 Te 原子达到基片时的速率继续降低,而且工作气体原子可能吸附在基片表面,在薄膜内形成气孔夹杂。Sb 原子和 Te 原子到达基片表面的速率降低,到达的原子迁移团聚的时间更长,更有利于原子在薄膜形成时迁移团聚,在薄膜表面形成团聚颗粒,并有孔洞产生,如图 5－47(c)所示。如果 Sb 原子和 Te 原子有足够的迁移时间,形成的团聚颗粒会继续增大,如图 5－47(d)所示。

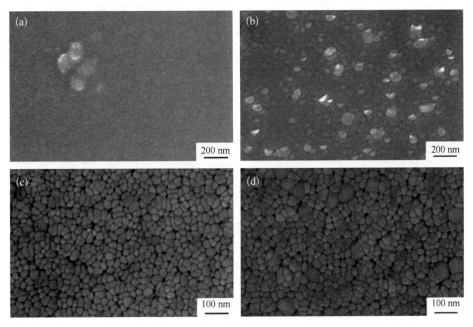

图 5－47　在不同溅射工作气压下 Sb_2Te_3 薄膜表面形貌

(a) 0.2 Pa;(b) 0.5 Pa;(c) 0.8 Pa;(d) 1.1 Pa

如图 5－48 所示为不同溅射工作气压下 Bi_2Te_3 薄膜的表面形貌变化。从图中可以看出,当溅射工作气压为 0.2 Pa 时,Bi_2Te_3 薄膜表面有层片状轮廓,但是轮廓不太清晰,如图 5－48(a)所示;当溅射工作气压增加到 0.5 Pa 时,薄膜表面呈现清晰的片状结构,并且在层片结构间含有多面体结构,如图 5－48(b)所示;随着工作气压的增大,层状结构消失,完全转变为多面体结构,如图 5－48(c)所示;工作气压继续增大,薄膜表面的多面体结构的尺寸有所减小,如图 5－48(d)所示。Bi_2Te_3 薄膜表面结构变化的主要原因是工作气压增加,影响 Bi 原子和 Te 原子达到基片的速率,从而影响 Bi 原子和 Te 原子在基片表面的迁移扩散团聚和生长[210],引起表面结构形貌的变化。

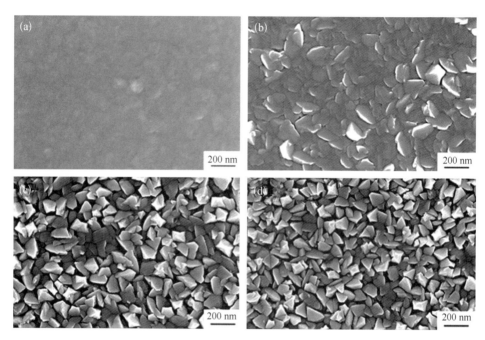

图 5 - 48   在不同溅射工作气压下 Bi_2Te_3 薄膜表面形貌

(a) 0.2 Pa;(b) 0.5 Pa;(c) 0.8 Pa;(d) 1.1 Pa

不同工作气压下 Sb_2Te_3 薄膜和 Bi_2Te_3 薄膜的 XRD 谱图如图 5 - 49 所示。根据 XRD 衍射谱图分析结果,Sb_2Te_3 薄膜和 Bi_2Te_3 薄膜在不同溅射工作气压下得到的薄膜内部含有大量的非晶相及其他的非平衡相,薄膜的内部结构处于非平衡状态,薄膜中没有结晶良好的 Sb_2Te_3 相和 Bi_2Te_3 相。

对 Sb_2Te_3 薄膜和 Bi_2Te_3 薄膜的 XRD 谱图进行拟合,计算其结晶度,Sb_2Te_3 薄膜和 Bi_2Te_3 薄膜的结晶度如图 5 - 50 所示。从图中可以看到,通过不同溅射工作气压得到的 Sb_2Te_3 薄膜和 Bi_2Te_3 薄膜内存在大量的非晶相,薄膜结构处于不稳定状态。同时,可以看出 Bi_2Te_3 薄膜的结晶度高于 Sb_2Te_3 薄膜的结晶度,这与 SEM 观察到的结果一致。

因此,为了得到结构性能稳定的 Sb_2Te_3 薄膜和 Bi_2Te_3 薄膜,需要对薄膜进行再结晶退火,从而改善热电薄膜的结晶状态,使薄膜结构性能达到稳定状态。

图 5 - 51 为在不同退火条件下,Sb_2Te_3 薄膜表面和截面形貌的 SEM 图,每个图片右上角的小图为对应条件的薄膜截面形貌。由图 5 - 51 可知,随着退火温度的升高,Sb_2Te_3 薄膜表面形貌和截面形貌发生明显变化。退火之前,

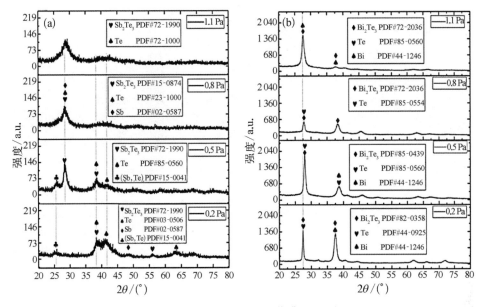

图 5-49 不同工作气压下薄膜 XRD 谱图
(a) Sb$_2$Te$_3$ 薄膜；(b) Bi$_2$Te$_3$ 薄膜

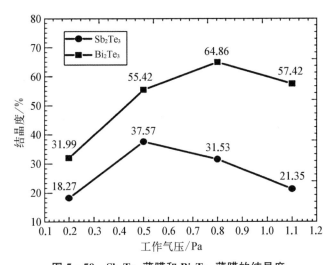

图 5-50 Sb$_2$Te$_3$ 薄膜和 Bi$_2$Te$_3$ 薄膜的结晶度

Sb$_2$Te$_3$ 薄膜表面光洁，从截面可以看出内部结构致密。当对 Sb$_2$Te$_3$ 薄膜进行 200℃退火 2 h 后，薄膜表面有颗粒析出，从截面形貌可以看出，薄膜内部发生结晶现象，这与 Sb$_2$Te$_3$ 薄膜的 XRD 衍射谱图分析测试结果一致。随着退火温度继续升高，Sb$_2$Te$_3$ 薄膜表面的析出颗粒尺寸增大。薄膜内部由于 Te 元素的挥

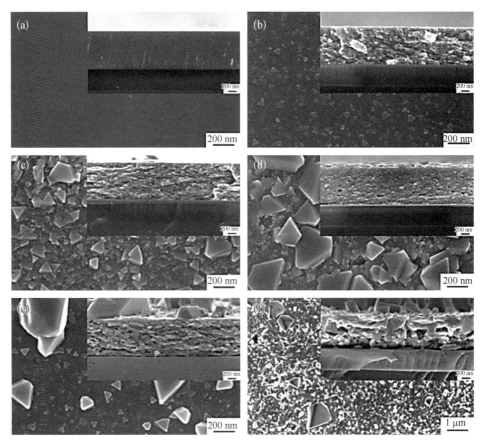

图 5 - 51　Sb₂Te₃ 薄膜在不同退火温度下的表面及截面形貌结构，
图中右上角小图为对应截面

（a）未退火；（b）200℃退火 2 h；（c）250℃退火 2 h；（d）300℃退火 2 h；（e）350℃退火 2 h；
（f）400℃退火 2 h

发而产生孔洞，而且孔洞的尺寸也是随着退火温度的升高而增大，甚至这些孔洞连在一起形成大的孔洞，大的孔洞贯穿薄膜表面，在薄膜表面显露出来。因此，过高的退火温度会影响 Sb₂Te₃ 薄膜中 Te 和 Sb 元素化学计量比，而薄膜内 Te 和 Sb 元素化学计量比的变化则会影响 Sb₂Te₃ 薄膜的性能，尤其是热电性能。高的退火温度使得 Sb₂Te₃ 薄膜内形成大的连续的甚至是贯穿薄膜表面的孔洞，这不仅会严重影响薄膜的热电性能，还会严重影响薄膜的机械稳定性，降低其机械强度，不利于其在器件加工中的应用。

图 5 - 52 为 Bi₂Te₃ 薄膜在不同退火条件下表面和截面形貌 SEM 图，每个图片右上角的小图为截面形貌图片。从图 5 - 58 可以看出，退火温度对 Bi₂Te₃

薄膜表面的形貌影响不大。薄膜在未退火时就表现出良好的结晶性,晶粒沿着垂直于基片的方向生长,每个晶粒呈层片状生长。从不同退火温度的 Bi_2Te_3 薄膜的截面形貌图可以看到,随着退火温度的升高,沿着垂直于基片方向生长的晶粒呈粗大趋势,而且晶粒生长的方向一致性遭到破坏。退火温度越高,一致性变得越差。当退火温度升高到 400℃ 时,Bi_2Te_3 薄膜的晶粒生长的有序一致性基本消失,晶粒之间呈现熔合现象,即发生熔融相变再结晶。上述 Bi_2Te_3 薄膜形貌随退火温度的变化与 XRD 测试结果一致,如图 5-52(b)所示。

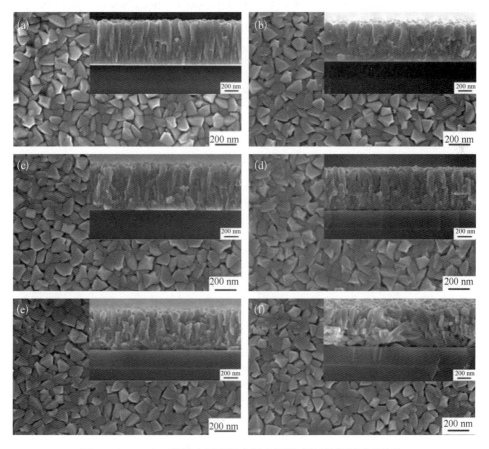

图 5-52 Bi_2Te_3 薄膜在不同退火温度下的表面即截面形貌结构,图中右上角小图为对应截面

(a) 未退火;(b) 200℃退火 2 h;(c) 250℃退火 2 h;(d) 300℃退火 2 h;(e) 350℃退火 2 h;(f) 400℃退火 2 h

综上,当 Bi_2Te_3 薄膜和 Sb_2Te_3 薄膜的退火温度升高到 400℃ 时,Bi_2Te_3 薄膜的结构呈现较高的稳定性,这可能与 Bi 元素的金属性更强有关。另外,

Bi$_2$Te$_3$薄膜的沉积气压要高于Sb$_2$Te$_3$薄膜的沉积气压,溅射的工作气压对薄膜的形貌结构有一定的影响[185]。Sb$_2$Te$_3$薄膜的沉积气压为1.1 Pa,在退火之前已经具有良好的结晶状态。由于Bi的熔点只略高于270℃,当退火温度高于其熔点时,Bi处于熔化状态。当薄膜内Te大量挥发损失时,熔融状态的Bi会及时扩散填补Te挥发损失造成的空隙。因此Bi$_2$Te$_3$薄膜在随退火温度升高时,并不会像Sb$_2$Te$_3$薄膜那样因退火温度过高而形成孔洞。

图5-53为Sb$_2$Te$_3$薄膜和Bi$_2$Te$_3$薄膜在不同退火温度下的XRD谱图。从图5-53(a)所示的Sb$_2$Te$_3$薄膜的XRD谱图可知,根据Sb$_2$Te$_3$(JCPDS 15-0874)数据,Sb$_2$Te$_3$具有R$\bar{3}$m空间群的层状菱形结构。在未退火状态下,XRD衍射谱图没有明显的衍射峰,为非晶态;退火之后,薄膜从非晶状态转变为结晶状态。当退火温度从200℃升高到300℃,主要的衍射峰为(006)、(009)、(1,0,10),晶体主要沿这三个方向生长;当退火温度升高到350℃之后,晶体生长的主要方向发生改变,这表明Sb$_2$Te$_3$薄膜发生了再结晶和相变。同时,有新的Te(101)相出现,这与XRD观察的结果一致。退火温度在200℃到300℃之间时,Sb$_2$Te$_3$薄膜主要沿(006)方向,衍射峰的半高宽从200℃时的0.578°减少

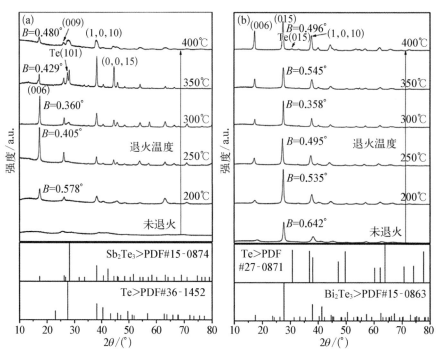

图5-53　Sb$_2$Te$_3$薄膜和Bi$_2$Te$_3$薄膜在不同退火温度下的XRD谱图

(a) Sb$_2$Te$_3$薄膜;(b) Bi$_2$Te$_3$薄膜

到 300℃的 0.360°。

根据谢乐公式可知,当退火温度从 200℃升高到 300℃时,Sb$_2$Te$_3$ 薄膜的晶粒逐渐增大。晶粒增大,晶界减少,晶界对载流子的散射作用降低,薄膜的电导率增加。当退火温度增加到 350℃时,虽然在(006)方向上的衍射峰的半高宽变大,即晶粒尺寸变小。但是由于相变再结晶的原因,晶粒的主要生长方向转变为(1,0,10)和(0,0,15),而在这两个方向上的衍射峰半高宽仍然在 350℃时降低,即 Sb$_2$Te$_3$ 薄膜晶粒尺寸变大,引起电导率增加。当退火温度增加到 400℃时,所有的衍射峰的宽度增加,薄膜晶粒尺寸减小。这可能是由于退火温度过高,Te 元素由于高的蒸气压挥发而析出,从而形成晶粒形核中心,大量的形核中心形成更多晶粒,造成晶粒尺寸减小。晶粒尺寸减小,晶界增加,晶界对载流子的散射作用增强,引起薄膜电导率降低。

从图 5-53(b)所示的 Bi$_2$Te$_3$ 薄膜的 XRD 谱图可知,根据 Bi$_2$Te$_3$(JCPDS 15-0863)数据,Bi$_2$Te$_3$ 具有 R$\bar{3}$m 空间群的层状菱形结构。Bi$_2$Te$_3$ 薄膜的衍射谱图在未退火状态也有明显的衍射峰,说明 Bi$_2$Te$_3$ 具有良好的结晶性。Bi$_2$Te$_3$ 薄膜的衍射谱图主要的衍射峰为(006)、(015)、(1,0,10)方向,晶粒主要沿这三个方向生长,其中(015)方向的衍射峰强度最强。在退火温度为 400℃时,一个(015)方向的衍射峰出现,为 Te 相。随着退火温度的升高,(006)、(1,0,10)方向衍射峰的强度逐渐增加,并且它们的半高宽逐渐降低,这些可以说明在这两个方向上的晶粒尺寸在不断增加。而对于(015)方向,当退火温度从 200℃升高到 300℃,衍射峰的半高宽逐渐减小,在退火温度为 350℃时衍射峰的半高宽增加,在退火温度为 400℃时衍射峰的半高宽又减小。即当退火温度从 200℃升高到 300℃,(015)方向的晶粒尺寸逐渐增大,在退火温度为 350℃时,晶粒尺寸减小,而在退火温度为 400℃时,晶粒尺寸又增大。退火温度从 200℃升高到 300℃时,晶粒尺寸增大,晶界减少,对载流子的散射降低,载流子迁移率增加,电导率增加。在 350℃时,由于高温使得 Te 高温挥发析出形成形核中心,Bi 处于融化状态,冷却时以析出的 Te 为晶核形成大量新的细小晶粒。退火温度升高到 400℃时,再结晶形成的晶粒尺寸增大。由于(006)、(1,0,10)方向上的相的增加,相变造成薄膜内部晶粒的择优取向遭到破坏,晶粒排布的混乱状态增加,如图 5-53(f)所示,造成载流子的散射增强,载流子迁移率降低,从而使薄膜电导率降低。

5.4.3　工作气压与沉积速率的关系

在薄膜溅射沉积过程中,不同工作气压下 Sb$_2$Te$_3$ 和 Bi$_2$Te$_3$ 薄膜的沉积速率变化如图 5-54 所示。从图中可以看出，随着工作气压的增加，薄膜的沉积速率先增加后降低。当 Sb$_2$Te$_3$ 薄膜的溅射工作气压为 0.2 Pa 时，速率为 5.2 Å/s；工作气压增加到 0.5 Pa 时，沉积速率增加到实验最大值 5.4 Å/s。然后再增大溅射工作气压，Sb$_2$Te$_3$ 薄膜的沉积速率迅速降低，当溅射工作气压增加到 1.1 Pa 时，沉积速率降低到实验最小值 3.0 Å/s。当 Bi$_2$Te$_3$ 薄膜的溅射工作气压为 0.2 Pa 时，沉积速率为 5.0 Å/s；工作气压增加到 0.5 Pa 时，沉积速率增加到实验最大值 6.0 Å/s。然后再增大溅射工作气压，Bi$_2$Te$_3$ 薄膜的沉积速率迅速降低，当溅射工作气压增加到 1.1 Pa 时，沉积速率降低到实验最小值 4.6 Å/s。造成薄膜沉积速率随工作气压增加而先增加后下降的原因主要是在薄膜沉积过程中，溅射出的靶原子与工作气体 Ar 原子之间的相互作用过程随工作气体浓度（即溅射工作气压）的增加而变化。在溅射工作气压较低时（如 0.2～0.5 Pa），Ar 原子浓度低，轰击靶表面的 Ar$^+$ 数量少，轰击出的靶原子数量低，到达基片表面能够沉积成膜的原子数量少，在一定时间内形成膜的厚度低，因此沉积速率很低。但是随着工作气压的增大，工作气体 Ar 原子浓度增加，轰击靶表面的 Ar$^+$ 数量增加，轰击出的靶原子数量增加，达到基片表面沉积成膜的靶原子数量增多，在一定时间内形成膜的厚度增加，因此沉积速率增加。

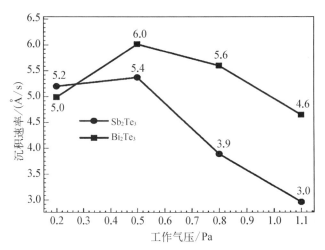

图 5-54　Sb$_2$Te$_3$ 和 Bi$_2$Te$_3$ 薄膜的沉积速率和工作气压之间的关系

　　然而，工作气体粒子浓度的增加在使轰击出的靶原子数量增多的同时，也造成了轰击出的靶原子与工作气体原子之间碰撞的概率增加，造成靶材原子运动的平均自由程减小，在一定程度上降低了靶原子到达基片表面的数量[186]。但是在工作气压较低的情况下，这种削弱作用小于工作气压增加对沉积原子数量的增加作用。当气压逐渐增加时,工作气体原子的削弱作用增强,增加工作气压对沉积速率的增强作用和削弱作用影响持平时,薄膜沉积速率达到最大,即当工作气压增加到 0.5 Pa 时,上述两种作用的影响相互持平,薄膜沉积速率达到最大值。当工作气压继续增大时,工作气体粒子对沉积原子的碰撞作用继续增强,工作气体粒子对薄膜沉积速率的削弱作用超过其增强作用,造成薄膜沉积速率下降。工作气压越高,削弱作用越强,沉积速率越低,即工作气压从 0.5 Pa 增加到 1.1 Pa 时,薄膜沉积速率降低。

5.4.4 工作气压、退火温度与薄膜的原子数比的关系

Sb_2Te_3 和 Bi_2Te_3 是目前室温热电材料中性能最好的材料之二。严格的化学计量比是热电材料的热电性能的关键影响因素。Sb_2Te_3 和 Bi_2Te_3 热电薄膜中的原子数比与溅射工作气压及退火温度之间的关系如图 5-55 所示,其中图 5-55(a)为溅射工作气压对 Sb_2Te_3 和 Bi_2Te_3 薄膜的原子数比的影响,图 5-55(b)为退火温度对 Sb_2Te_3 和 Bi_2Te_3 薄膜的原子数比的影响。从图 5-55(a)中可以看出,Sb_2Te_3 和 Bi_2Te_3 薄膜中的 Te 原子与 Sb 或 Bi 原子的比值随着溅射工作气压的增加而增大。Sb_2Te_3 薄膜中 Te 原子与 Sb 原子的比值从工作气压为 0.2 Pa 时的 1.36 增加到工作气压为 1.1 Pa 时的 1.99,增加了46.3%;而 Bi_2Te_3 膜中 Te 原子与 Bi 原子的比值从工作气压为 0.2 Pa 时的1.15 增加到工作气压为 1.1 Pa 时的 1.51,增加了 31.3%。Sb_2Te_3 薄膜中 Te 原子与 Sb 原子的比值增加的幅度高于 Bi_2Te_3 薄膜中 Te 原子与 Bi 原子的比值增加的幅度。

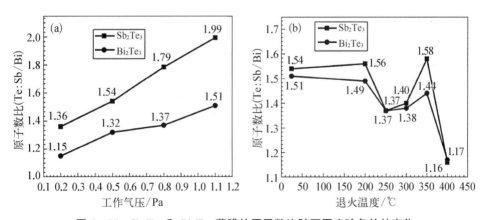

图 5-55 Sb_2Te_3 和 Bi_2Te_3 薄膜的原子数比随不同实验条件的变化

(a) 原子数比与工作气压的关系;(b) 原子数比与退火温度的关系

随着溅射工作气压的增大,Sb_2Te_3 和 Bi_2Te_3 薄膜内,Te 原子与 Sb 原子的个数比以及 Te 原子与 Bi 原子的个数比也逐渐增加。Sb_2Te_3 和 Bi_2Te_3 薄膜内两种原子数的比值随溅射工作气压增加而增大的原因主要有两个:一个是这两种原子在不同溅射工作气压下从靶材上被轰击出来的数量不同;二是这两种原子在不同溅射工作气压下抵达基片成膜的数量不同。

对于第一个原因,Te 靶位于射频靶位,射频靶位不受靶材导电性影响,因此随着溅射工作气压的增加,Te 靶产生的 Te 原子数量增加。然而 Sb 靶位于直流靶,直流靶位的溅射受靶材导电性的影响。Sb 虽有一定的导电性,但是导电性较差。在 Sb 靶位,随着溅射工作气压的升高,工作气体 Ar 原子电离出的电子数量增多,电子在 Sb 靶表面的聚集对靶电场有一定的削弱作用。因此,在 Sb 靶位产生的 Sb 原子数量随气压升高而增大的同时,也受到靶表面增加的聚集电子的电场削弱作用,造成 Te 原子的产生数量随溅射工作气压升高而增加的速率高于 Sb 原子的增加速率,从而使 Te 原子与 Sb 原子的数量比随溅射工作气压升高而增大。Bi_2Te_3 薄膜在不同溅射工作气压的条件下,呈现的 Te 原子和 Bi 原子数量比随溅射工作气压的增加的趋势与 Sb_2Te_3 薄膜相似,也是由于第一个原因。但是,由于 Bi 靶的金属性即导电性要高于 Sb 靶,使 Bi 靶位上的电子聚集效果弱于 Sb 靶,因此 Bi_2Te_3 薄膜中 Te 原子与 Sb 或 Bi 原子的比值增加幅度低于 Sb_2Te_3 薄膜。

对于第二个原因,Te 原子的半径小于 Sb 原子和 Bi 原子的半径,溅射出的原子在向基片运动过程中,半径大的原子在工作气氛中受到碰撞的概率大,碰撞后大原子的平均自由程减小,造成大原子到达基片的原子数量减少。因此,随着溅射工作气压的增加,半径小的 Te 原子受到的碰撞概率要低于半径大的 Sb 原子和 Bi 原子,使 Te 原子与 Sb 或 Bi 原子的数量比随溅射工作气压升高而增大。

从图 5-55(b)可以看出,当退火温度未达 200℃时,薄膜中 Te 原子和 Sb 或 Bi 原子的数量比基本保持稳定;当退火温度达到 250℃时,Te 原子的比例降低;当退火温度升高到 350℃时,测量的 Te 原子在薄膜中的原子数比增大,甚至在 Sb_2Te_3 中 Te 原子在薄膜中的原子数比超过未退火时的 Te 原子数比;当退火温度升高到 400℃时,Te 原子在薄膜中的数量所占比例急剧下降。造成上述变化的主要原因可能是 Te 元素的蒸气压较高[187],尤其在 Sb_2Te_3 薄膜中表现明显。因此,其在真空条件下,尤其是在温度较高时容易挥发。然而,本实验在氮气氛围常压下进行退火,Te 元素在较低退火温度下(200℃)保持相对稳定,Te 原子在薄膜中的比例基本稳定。但是随着退火温度的升高,薄膜表面的 Te 元素开始挥发,并有部分 Te 元素在薄膜表面析出结晶,造成薄膜内部 Te 元素减少。

随着退火温度的继续升高,薄膜内部的 Te 元素析出表面,并在薄膜内形成孔洞,同时 Te 在薄膜表面迅速生长沉积,Te 析出物长大,Te 析出物的能谱如图 5-56 所示。Te 颗粒在薄膜表面长大,粒径与膜厚相当,这些颗粒分布在薄膜表面造成 Te 元素在薄膜近表面位置富集。因此,通过面扫描的方式可知 Te 原子比例升高。当退火温度升高到 400℃时,薄膜内的 Te 元素大量挥发,由于温度过高,Te 元素挥发严重,薄膜内形成大的孔洞。有很大一部分挥发的 Te 元素沉积在退火炉腔体内壁,部分 Te 元素在薄膜表面析出长大。由于薄膜损失较大,造成薄膜中 Te 原子比例极大降低。

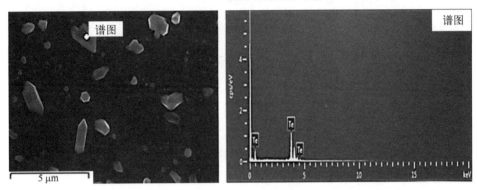

图 5-56 经过 350℃保温 2 h 退火的 Sb_2Te_3 薄膜上析出颗粒的能谱元素分析

由图 5-55(b)可知,Sb_2Te_3 和 Bi_2Te_3 薄膜的原子数比随退火温度的变化虽然趋势一致,但是 Bi_2Te_3 薄膜的原子数比的变化较 Sb_2Te_3 薄膜的原子数比变化较小。原因可能是 Bi 原子比 Sb 原子的电负性小,与 Te 原子成键的强度要高于 Sb 原子,因此 Te 原子与 Bi 原子结合力高,能够在一定程度上抑制 Te 元素的挥发。

5.4.5 Sb_2Te_3 和 Bi_2Te_3 薄膜厚度与退火温度的关系

图 5-57 展示了 Sb_2Te_3 和 Bi_2Te_3 薄膜厚度与退火温度之间的关系。由图 5-57 可知,随着退火温度的升高,退火后 Sb_2Te_3 薄膜厚度增加。其原因主要是薄膜内的 Te 元素在薄膜表面析出结晶长大。随着退火温度升高,更多的 Te 元素从 Sb_2Te_3 薄膜内部析出,并在膜内形成孔洞,析出的 Te 元素在薄膜表面析出结晶,长成大的晶体颗粒 Te 析出相,使薄膜厚度增加,薄膜形貌变化如前文所示。然而随着退火温度的升高,退火后 Bi_2Te_3 薄膜厚度减小。当退火温度升高时,Te 元素因其蒸气压较高而挥发,然而由于 Bi 的熔点很低,在较高的退火温度下 Bi 原子的扩散迁移率很高,当 Bi_2Te_3 薄膜的退火温度较高,尤其是高

于 Bi 的熔点时,Bi 处于熔化状态。因此,当 Te 元素挥发损失时,Bi 与 Te 能很快进行再结晶而对薄膜结构进行重组。Te 损失越多,薄膜重组后就会造成 Bi_2Te_3 薄膜的厚度越低。

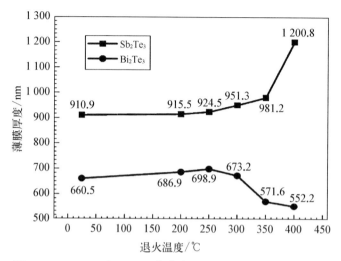

图 5-57　Sb_2Te_3 和 Bi_2Te_3 薄膜的厚度和退火温度之间的关系

5.4.6　Sb_2Te_3 和 Bi_2Te_3 薄膜的热电性能

　　如图 5-58 所示为 Sb_2Te_3 和 Bi_2Te_3 薄膜的载流子浓度、电导率与退火温度之间的关系。由图 5-58(a)中通过霍尔测试得到的载流子浓度结果可知,Sb_2Te_3 薄膜内的载流子浓度值为正,说明 Sb_2Te_3 薄膜内的载流子类型为空穴,材料为 P 型热电材料。而 Bi_2Te_3 薄膜内的载流子浓度值为负值,说明 Bi_2Te_3 薄膜内的载流子类型为电子,材料为 N 型热电材料。当退火温度从 200℃升高到 350℃时,Sb_2Te_3 和 Bi_2Te_3 薄膜的载流子浓度绝对值随着退火温度的升高而降低,Sb_2Te_3 薄膜的载流子浓度从 $3.98×10^{20}$ cm^{-3} 降低至 $0.77×10^{20}$ cm^{-3},Bi_2Te_3 薄膜的载流子浓度绝对值从 $4.71×10^{20}$ cm^{-3} 降低至 $1.10×10^{20}$ cm^{-3}。继续升高退火温度至 400℃,Sb_2Te_3 和 Bi_2Te_3 薄膜的载流子浓度略有升高,Sb_2Te_3 薄膜内的载流子浓度升高至 $0.91×10^{20}$ cm^{-3},Bi_2Te_3 薄膜内的载流子浓度绝对值升高至 $0.91×10^{20}$ cm^{-3}。

　　由图 5-58(b)可知,Sb_2Te_3 和 Bi_2Te_3 薄膜的电导率随着退火时间的增加而升高,并在退火温度为 350℃时达到最大值,Sb_2Te_3 薄膜的电导率从 200℃时的 $0.75×10^4$ S/m 增加到 $1.26×10^4$ S/m,Bi_2Te_3 薄膜的电导率从 200℃时的

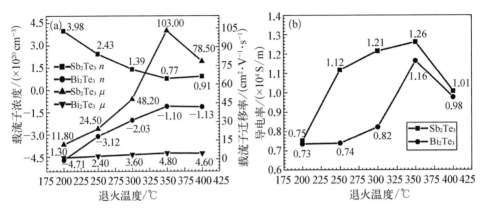

**图 5 - 58 Sb₂Te₃ 和 Bi₂Te₃ 薄膜的载流子浓度、载流子迁移率、
电导率与退火温度之间的关系**

(a) 载流子浓度、迁移率与退火温度的关系;(b) 电导率与退火温度的关系

$0.73×10^4$ S/m 增加到 $1.16×10^4$ S/m。然而电导率在退火温度升高到 400℃ 时有一个明显的降低,Sb₂Te₃ 薄膜的电导率降低到 $1.01×10^4$ S/m,Bi₂Te₃ 薄膜的电导率降低到 $0.98×10^4$ S/m。

电导率的增加可能是由于退火温度升高,晶体生长具有择优取向,晶粒长大造成晶界减少,从而降低晶界对载流子散射效应,使得载流子的迁移率降低。当退火温度过高时,可能是由于 Te 原子的损失引起更多的晶体缺陷,造成载流子散射增强,载流子迁移率降低,从而引起电导率的下降,如图 5 - 58(a)所示。

如图 5 - 59 所示为 Sb₂Te₃ 和 Bi₂Te₃ 薄膜材料的塞贝克系数和功率因子随退火时间的变化曲线。由图 5 - 59(a)可见,塞贝克系数的绝对值随退火温度的升高而增大,在 350℃ 时达到最大值,Sb₂Te₃ 薄膜的塞贝克系数从 $104.2\ \mu V/K$

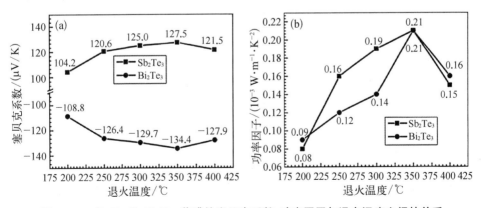

图 5 - 59 Sb₂Te₃ 和 Bi₂Te₃ 薄膜的塞贝克系数、功率因子与退火温度之间的关系

增加到 127.5 μV/K,Bi$_2$Te$_3$ 薄膜材料的塞贝克系数绝对值从 108.8 μV/K 增加到 134.4 μV/K。而当退火温度增加到 400℃时,塞贝克系数的绝对值下降,Sb$_2$Te$_3$ 薄膜材料的塞贝克系数下降到 121.5 μV/K,Bi$_2$Te$_3$ 薄膜材料的塞贝克系数绝对值下降到 127.9 μV/K。

5.5 本章小结

使用磁控溅射法制备 Sb$_2$Te$_3$、Bi$_2$Te$_3$ 及 Bi - Sb - Te 基薄膜,通过调控磁控溅射功率、气压、基片温度、薄膜厚度、退火温度,研究了薄膜的结构与热电性能,为调节薄膜的结构与性能方式提供参考。

(1) 采用磁控溅射法制备了 Sb$_2$Te$_3$ 薄膜,探索了磁控溅射的工艺参数,如靶材溅射功率、沉积时间,并研究了退火对 Sb$_2$Te$_3$ 薄膜的结晶度、形貌结构和热电性能的影响。室温下沉积的 Sb$_2$Te$_3$ 薄膜经过退火后,功率因子从室温下的 2.5 μW $\cdot$ cm^{-1} $\cdot$ K^{-2} 增加到 18.09 μW $\cdot$ cm^{-1} $\cdot$ K^{-2},热电性能得到显著提高。调控不同厚度,厚度为 270 nm 的 Sb$_2$Te$_3$ 薄膜经过 250℃退火处理后功率因子达到最大值 19.55 μW $\cdot$ cm^{-1} $\cdot$ K^{-2}。相对于退火处理,薄膜厚度对材料热电性能的影响较弱。

(2) 采用磁控共溅射法制备了 Bi - Sb - Te 薄膜,探索了磁控溅射工艺参数,如靶材溅射功率、沉积时间以及基片温度,对 Bi - Sb - Te 合金薄膜形貌结构和热电性能的影响,同时,分析了退火温度对 Bi - Sb - Te 合金薄膜的结晶度、形貌结构和热电性能的影响。与 Sb$_2$Te$_3$ 薄膜相比,采用磁控共溅射法室温下制备的 Bi - Sb - Te 合金薄膜热电性能较差,但具有较好的热稳定性。调控退火温度为 300℃时,Bi - Sb - Te 合金薄膜的功率因子为 22.54 μW $\cdot$ cm^{-1} $\cdot$ K^{-2}。可见,掺杂适量 Bi 纳米晶粒的合金薄膜经过退火优化后相对于 Sb$_2$Te$_3$ 薄膜具有较好的热电性能及热稳定性。调控薄膜厚度为 280 nm 时,薄膜在退火(300℃)处理后功率因子达到最大值 26.41 μW $\cdot$ cm^{-1} $\cdot$ K^{-2}。当退火温度为 300℃,调控基片温度为 150℃时,薄膜的功率因子有最大值 25.32 μW $\cdot$ cm^{-1} $\cdot$ K^{-2}。可见,适当的基片温度可改善薄膜的热电性能。

(3) 采用磁控共溅射法制备了 Te/Sb$_2$Te$_3$ 异质结薄膜,通过退火控制了异质结薄膜中 Te 的结晶和长大。一方面,Te 的结晶对主相 Sb$_2$Te$_3$ 造成压应力,可能诱导 Sb$_2$Te$_3$ 的 ETT,优化功率因子;另一方面,合适的 Te 纳米颗粒引入了大量的纳米界面,能强烈散射声子,降低了热导率。获得的最大面内功率因子为

11.2 $\mu W \cdot cm^{-1} \cdot K^{-2}$,相应的面内热导率为 0.55 W $\cdot$ m^{-1} $\cdot$ K^{-1}。综上所述,合适尺寸的 Te 纳米颗粒及诱导的晶格应变能强烈散射声子以及过滤低能载流子,优化材料的热电性能。

(4)采用磁控共溅射法制备 Sb$_2$Te$_3$ 和 Bi$_2$Te$_3$ 薄膜,调控了共溅射功率和气压,以调控薄膜中的不同原子数比。退火温度能引起沉积薄膜厚度变化、原子数比的变化及热电薄膜的电学性能。当退火温度为 350℃时,Sb$_2$Te$_3$ 和 Bi$_2$Te$_3$ 薄膜的功率因子达到最大值,都为 2.1 $\mu W \cdot cm^{-1} \cdot K^{-2}$。

6

分子束外延法生长
Sb$_2$Te$_3$薄膜

Sb₂Te₃ 的原子层状结构如图 6-1 所示,每五个单原子层形成一个"五倍层(quintuple layers, QL)",沿着 c 轴方向原子排列为-[Te(1)- Sb - Te(2)- Sb -

Te(1)]-,这里(1)和(2)代表 Te 原子两个不同的晶格位。相邻的两个"五倍层"靠 Te(1)- Te(1)之间的范德瓦耳斯力链接。这种斜方六面体的结构决定了 Sb₂Te₃ 各向异性的传输特性。Sb₂Te₃ 薄膜的结构和性能与其制备工艺和技术密不可分,不同制备方法和条件制备的 Sb₂Te₃ 薄膜在形貌和性能上差别很大,这些差别主要来源于不同方法制备的薄膜的微观结构、杂质或缺陷种类与数量的差别。分子束外延法是一种近乎理想的制备高质量薄膜和热电异质结构材料的方法,且与 MEMS 加工工艺相兼容。本节使用分子束外延法生长 Sb₂Te₃ 薄膜。

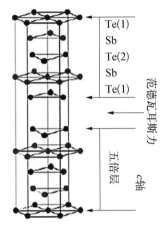

图 6-1 Sb₂Te₃ 晶格结构

6.1 富 Sb 的 Sb₂Te₃ 薄膜

本节采用分子束外延法沉积 Sb₂Te₃ 薄膜,首先探索制备工艺以获得设定化学计量比的薄膜,随后制备了富 Sb 的 Sb₂Te₃ 薄膜,探讨了 Sb 对 Sb₂Te₃ 薄膜热电性能的影响。

6.1.1 Te、Sb 的蒸发温度对 Sb₂Te₃ 基薄膜化学计量比的影响

为了得到富 Sb 元素的 Sb₂Te₃ 薄膜,首先要知道 Sb、Te 的各自的沉积速率随温度变化的关系,以此来设定实验参数,例如用来设定制备不同含量 Sb 元素的 Sb₂Te₃ 薄膜所需的 Sb、Te 的蒸发温度,还可以用来修正膜厚仪参数,便于直接实时监测 Sb、Te 的沉积速率。

研究 Sb、Te 沉积速率的实验方法如下:实验中使用高阻 Si(111)和石英玻璃片作为基片,尺寸均约为 2 cm×2 cm,基片经过严格的清洗过程。Sb、Te 原料选用高纯度(99.999%)单质颗粒原料,按照一定量放入不同的束源炉中。在高真空下,分别研究 Sb、Te 的沉积速率,首先研究了 Sb 的沉积速率,在不同实验批次中通过 PID 控制器给予束源炉不同加热功率,使得束源炉保持着不同的温度,各个批次实验沉积时间均为 30 min,沉积过程中保持基片温度为室温。将沉积的 Sb 膜用台阶仪测试膜厚度,用此厚度除以沉积时间,便得到了 Sb 元素不

同温度下的沉积速率。用同样方法可以得出 Te 元素不同温度下的沉积速率。Sb、Te 薄膜的沉积速率随束源炉温度的变化曲线如图 6-2 所示。

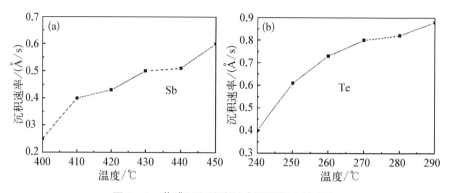

图 6-2 薄膜沉积速率随束源炉温度的变化

(a) Sb;(b) Te

Sb、Te 薄膜的沉积速率与制备的 Sb_2Te_3 薄膜化学计量比之间存在一定的关系,由此便可以得出制备 Sb_2Te_3 薄膜化学计量比与束源炉温度的变化关系。在实验过程中,通过调节 Sb、Te 束源炉温度便可以得到不同化学计量比的 Sb_2Te_3 薄膜,为制备富 Sb 的 Sb_2Te_3 薄膜提供理论指导。薄膜的质量可以由 2 种不同的表达式来表示,二者相等,即

$$\rho Sd = nM \qquad (6-1)$$

式中,ρ 为材料的密度;S 为材料的面积;d 为材料的厚度;n 为材料中分子或原子数目;M 为材料中单个分子或原子质量。若取 Sb、Te 元素的块体密度,其数值分别是 $\rho_{Sb}=6.69 \text{ g/cm}^3$,$\rho_{Te}=6.25 \text{ g/cm}^3$,代入 (6-1) 式中有

$$\frac{n_{Sb}}{n_{Te}} = \frac{M_{Te}\rho_{Sb}d_{Sb}}{M_{Sb}\rho_{Te}d_{Te}} \qquad (6-2)$$

若要制备符合化学计量比的 Sb_2Te_3 薄膜,即需要 $n_{Sb}:n_{Te}=2:3$,由此计算出 $d_{Sb}=0.59d_{Te}$,Sb、Te 元素的沉积速率关系为 $v_{Sb}=0.59v_{Te}$。然而,这些结论是在理想情况下得到的,事实上薄膜的密度不一定与块体相同,受到基片温度的影响,不同材料的吸附率也不一样,高温下 Te 原子很难吸附在基片上。考虑到这些影响因素,在理论推导的基础上,结合实际测试结果,最终得到在 Sb、Te 束源炉温度分别为 430℃ 和 270℃,基片温度为 150℃ 时,沉积的 Sb_2Te_3 薄膜符合化学计量比。调整 Sb 或 Te 束源炉温度,可以得到不同化学计量比的 Sb_2Te_3 薄膜。由此,为制备富 Sb 的 Sb_2Te_3 薄膜研究打下了基础。

6.1.2 富 Sb 对 Sb_2Te_3 薄膜微结构和热电性能的影响

实验结果发现,富 Sb 的 Sb_2Te_3 薄膜具有较高的塞贝克系数和较优的热电性能,类似的研究结果在富 Pb 的 PbTe 薄膜中同样获得了较高的塞贝克系数和较优的热电性能。实验的具体流程如下:实验仪器是分子束外延设备,采用共蒸发 Sb 和 Te 元素的方法制备不同化学计量比的 Sb_2Te_3 薄膜。实验选用的基片是高阻的本征 Si(111) 和石英玻璃片,二者都经过精细的清洗过程,基片处理后立即转移到真空腔体中的基片台上抽真空准备沉积,基片台保持室温。当真空度到达 10^{-9} Torr 后,开启 PID 控制器,分别给予 Sb、Te 束源炉独立的加热,PID 控制器可以精确地控制束源炉温度并使束源炉温度维持一个相当长的时间。在束源炉被加热后,高纯的 Sb、Te 便以恒定的速率从束源炉中喷射出来,整个过程中束源炉温度保持恒定,Sb、Te 的沉积速率也保持恒定不变,这样便可以制备出一定化学计量比的 Sb_2Te_3 薄膜。实验中不同批次的样品,保持 Te 的束源炉温度恒定为 270℃,对应的沉积速率为 0.8 Å/s,而 Sb 束源炉温度分别为 410℃、430℃、450℃,对应的沉积速率分别为 0.4 Å/s、0.5 Å/s、0.6 Å/s,对应的实验分别获得了 S1、S2、S3 样品。样品沉积完成后,对制备的样品利用 XRD、TEM、EDS 等分析手段进行结构、形貌和成分的表征,并利用自制设备对其塞贝克系数、电导率、热导率等进行测试,同时通过 Hall 系数测试获得了薄膜材料载流子迁移率和浓度等性能。

对制备的 Sb_2Te_3 薄膜进行 EDS 分析,薄膜中 Sb 原子含量与 Sb 沉积速率之间的关系如图 6-3 所示。由图 6-3 可知,随着 Sb 沉积速率的增加,Sb_2Te_3 薄膜成分由 Sb 贫瘠到符合化学计量比最后又到 Sb 富余,在 Sb 的沉积速率为 0.5 Å/s 的 S2 样品中,Sb、Te 的原子数比为 2∶3,即实验制得了符合 Sb_2Te_3 化学计量的样品。但当 Sb 的沉积速率增加为 0.6 Å/s 时,在 S3 样品中 Sb 的原子含量增加到约 63%,此样品偏离化学计量比,为含有富余 Sb 的样品。

使用日本理学公司的 D\max-2200X 型 X 射线衍射仪对所制备的 Sb_2Te_3 薄膜样品进行了晶体结构分析,测试使用的参数主要是:使用 Cu 靶 Kα 射线作为 X 射线的衍射源,此射线的波长为 $\lambda = 1.540\,56$ Å,测量时使用的工作电压为 40 kV,工作电流为 40 mA,扫描范围为 10°~90°,以步长 0.02°步进扫描。不同 Sb 原子含量的 Sb_2Te_3 薄膜样品 XRD 谱图如图 6-4 所示,由图 6-4 可见样品 S2 中仅仅存在单一相而样品 S3 则存在多种相。在样品 S2 中衍射角为 18.42°、26.34°、38.25°、44.59° 和 64.17° 的地方出现了衍射峰,这些衍射峰对应于 Sb_2Te_3 晶体的 (006)、(009)、(1, 0, 10)、(0, 0, 15) 和 (0, 0, 21) 平面,所有的这

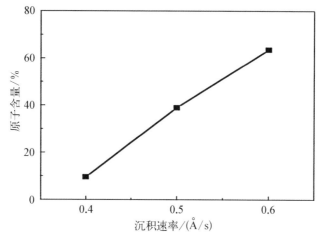

图 6 - 3 制备的 Sb_2Te_3 薄膜中 Sb 原子含量与 Sb 沉积速率之间的关系

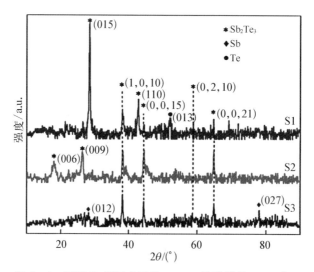

图 6 - 4 不同 Sb 原子含量的 Sb_2Te_3 薄膜样品 XRD 谱图

些衍射峰都对应于斜方六面体相(JCPDS 15 - 0874, $R\bar{3}m$),从而获得了属于 $R\bar{3}m$ 空间群的多晶 Sb_2Te_3 样品。与样品 S2 相比,样品 S3 在衍射角为 $18.42°$ 和 $26.34°$ 处没有出现 Sb_2Te_3 相衍射峰,而在 $28.66°$ 和 $78.40°$ 处比 S2 样品多出了 2 个强度较弱的衍射峰,分别对应于金属 Sb 的(012)和(027)晶面。由此表明,与样品 S2 相比,样品 S3 中多出了金属 Sb 相,即在 Sb 沉积速率较高时获得了富余 Sb 的样品。

为了进一步分析 S3 样品中的内部微观结构以及富余 Sb 的状态,使用透射电子显微镜对样品 S3 进行了深入分析。本文使用日本 JEM - 2010F 型号的高分辨透射电镜来观察材料形貌结构。透射电镜与扫描电镜类似,但是与 SEM 相比,TEM 的分辨率更高,尤其是高分辨的 HRTEM 能够观察到材料的晶格条纹等,可更深入分析材料的形貌结构。S3 样品的 TEM 谱图如图 6 - 5(a)所示。为了更清晰地观察 S3 样品的晶格排列又对样品局部进行了高倍 HRTEM 分析,如图 6 - 5(b)所示。由图 6 - 5(b)可见,S3 样品以多晶状态存在,内部的晶界十分明显,图中白色虚线即为晶界的分界线,这些晶界可能是 Sb_2Te_3 - Sb_2Te_3 或者 Sb_2Te_3 - Sb 分界。为了进一步分析这些微晶界的具体细节,又使用 HRTEM 对这些晶界深入地分析,从图 6 - 5(b)可以明显看出存在两种不同晶格常数的晶界。通过标定晶格常数,发现左边的晶格常数为 0.213 3 nm,对应于 Sb_2Te_3 的(110)晶面;而右边的晶格常数为 0.186 8 nm,对应于 Sb 的(012)晶面。这些晶面在 XRD 谱图中也得到验证,与 XRD 的测试结果一致。此透射电子电镜测试表明,样品中存在 Sb_2Te_3 - Sb 晶界,此晶界的存在对样品中载流子和声子的传输具有重大影响,从而对 Sb_2Te_3 薄膜的热电性能具有一定的正面作用,这将在接下来的分析表征中说明。

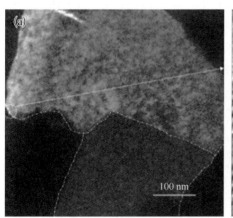 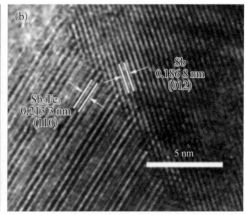

图 6 - 5 S3 样品的(a)TEM 谱图以及(b)局部的 HRTEM 图

除以上微观结构和成分分析,还对样品的电学性能和热学性能进行了测试。首先对制备的不同 Sb 含量的 Sb_2Te_3 薄膜样品进行了塞贝克系数和电导率测试。图 6 - 6 为室温下塞贝克电压和温差之间关系图,直线的斜率便是各个样品的塞贝克系数。样品 S1 的塞贝克系数为 121 $\mu V/K$,样品 S2 的塞贝克系数为 90 $\mu V/K$,样品 S3 的塞贝克系数为 536 $\mu V/K$,相比于符合化学计量比的样品 S2,S3 样品具有极高的塞贝克系数值,几乎为 S2 样品值的 6 倍。由此塞贝克系数测试得出,与符合化学计量比的 Sb_2Te_3 薄膜样品相比,富 Sb 的 Sb_2Te_3 薄膜样品的塞贝克系数得到巨大的提升。

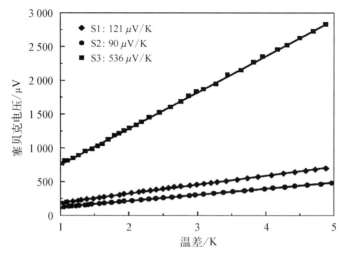

图 6 - 6　不同 Sb 含量的 Sb_2Te_3 薄膜样品塞贝克电压和温差关系图

本节测试了所有的不同 Sb 含量的 Sb_2Te_3 薄膜样品室温下的 Hall 系数(HL5500,英国 ACCEAT OPTICAL 公司),通过 Hall 系数测试可以获得载流子浓度和迁移率等信息,为了测试 Hall 系数要事先准备具有欧姆接触的电极。半导体理论指出,金属和半导体接触时可能形成两种接触:一是欧姆接触,二是肖特基接触,形成哪种接触主要取决于金属和半导体的功函数。Sb_2Te_3 块体材料一般的功函数为 4.45 eV,而选用的 Ni 金属的功函数为 5.15 eV,二者易形成欧姆接触。本文中采用电子束蒸发的沉积方式制备电极。Hall 系数测试要求样品为 1 cm×1 cm 的方块,四个电极分别处于四个角上,要获得四角上的电极需要选用特定的掩模版,带电极的样品和掩模版结构如图 6 - 7(a)所示,所镀的Ni 电极厚度为 500 nm。为了验证所镀电极是否满足欧姆接触,对带电极的样品进行了 I - V 测试,结果如图 6 - 7(b)所示,在不同电极上施加正向和反向电压,其 I - V 曲线是一条直线,表明正向和反向电阻一致,由此可知实验获得了比较理想的欧姆接触电极。

霍尔系数测试结果如表 6 - 1 所示,由霍尔系数测试得到的不同 Sb 含量的Sb_2Te_3 薄膜样品的电导率和由实验室搭建的四探针法测量的结果数值上偏差很小,说明电导率测试结果的准确性较好,也验证了实验室搭建的仪器测量的准确性。霍尔系数测试得到的不同 Sb 含量的 Sb_2Te_3 薄膜样品霍尔系数均为正值,表明所有样品的载流子多数为空穴,是 P 型半导体。从霍尔系数测试结果可以看

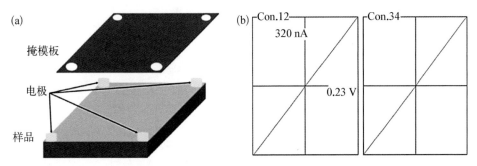

图 6-7　带电极的 Sb₂Te₃ 薄膜

(a) 样品和掩模版;(b) 欧姆接触测试结果

出,不同 Sb 含量的 Sb₂Te₃ 薄膜样品的载流子浓度差异不大,都在 10^{19} cm^{-3} 数量级上,但是随着 Sb 含量不同样品的迁移率的显著变化,在富 Sb 样品中,载流子迁移率相对于符合化学计量比的 Sb₂Te₃ 薄膜样品减小到不足 $\frac{1}{20}$。

表 6-1　不同样品的霍尔系数测试数值表

样品	载流子迁移率 μ_H /(cm² · V^{-1} · s^{-1})	载流子浓度 n/ ($\times10^{19}$ cm^{-3})	电导率 σ_H /(S/cm)	电导率(四探针法)σ_F /(S/cm)	功率因子 PF/(μW · cm^{-1} · K^{-2})	热导率 (3ω 法)κ/ (W · m^{-1} · K^{-1})	热电优值 ZT
S1	8.7	7.01	97.58	90.76	1.43	0.13	0.33
S2	11.7	7.73	144.71	126.79	1.17	0.17	0.21
S3	0.57	8.03	7.32	7.06	2.10	0.10	0.63

　　富 Sb 的 Sb₂Te₃ 薄膜样品载流子迁移率的减小是由于 Sb 和 Sb₂Te₃ 之间形成了界面晶界,晶界的存在已经通过 HRTEM 和 XRD 谱图得到了验证。研究表明纳米复合物材料之间若存在功函数差异,材料体内会形成载流子的能级势垒,起到过滤载流子的效应,可用来提高了材料的热电性能。如图 6-8 所示为 Sb-Sb₂Te₃ 金属和半导体接触的能带,通常情况下 Sb₂Te₃ 是简并半导体,费米能及处于价带中。图 6-8 中 Sb₂Te₃ 的禁带宽度 E_g、电子亲和能 E_A 及功函数 Φ 均取自块体材料。平衡时的 Sb/Sb₂Te₃ 金属和半导体接触的能带如图 6-8(b)所示,此图表明在 Sb/Sb₂Te₃ 界面处存在能级势垒。由图 6-8(a)可看出 Sb 和 Sb₂Te₃ 的功函数分别为 4.55 eV 和 4.45 eV,因而在接触后会出现如图 6-8(b)所示的能带上弯的平衡能带,势垒高度差约为 0.1 eV,此数值的势垒高度经理论计算能有效地过滤低能量载流子而几乎不影响高能量载流子。由于

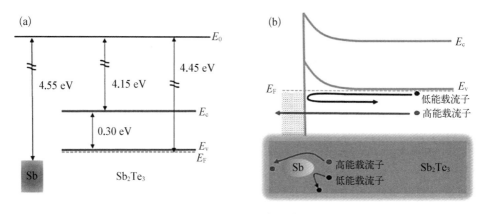

图 6-8 Sb-Sb₂Te₃ 金属和半导体接触的能带图

(a) Sb 和 Sb₂Te₃ 接触前；(b) 二者接触后平衡(忽略了界面态的影响)

能级势垒的存在,在 Sb 和 Sb₂Te₃ 界面处,低能量的载流子(冷载流子)受到强烈的散射,而高能量载流子(热载流子)受到的散射较弱,高能量的载流子能够越过能级势垒而低能量载流子则不能,从而导致了热、冷载流子的分离。强烈的散射导致了载流子的迁移率降低,这就是富 Sb 样品中迁移率的显著降低的原因。冷载流子对塞贝克系数不利,热、冷载流子的分离有利于提高塞贝克系数。另一方面,由 Mott 关系式可以看出,在费米能级附近,塞贝克系数依赖于能量的电导率对能量的导数,与载流子浓度和载流子迁移率呈近反比关系。从表 6-1 霍尔系数测试结果可以看出,不同 Sb 含量的 Sb₂Te₃ 薄膜样品的载流子浓度差异不大,都在 10^{19} cm^{-3} 数量级上,但是随着 Sb 含量不同,样品的迁移率变化显著,富 Sb 的 Sb₂Te₃ 薄膜样品中迁移率较小,这也是富 Sb 的 Sb₂Te₃ 薄膜样品塞贝克系数增大的原因。

根据热传输理论,纳米晶界面的存在会散射中长波声子,而这些声子会传输大量的热,纳米夹杂物有降低母体材料热导率的作用。实验中使用 3ω 方法对不同 Sb 含量的 Sb₂Te₃ 薄膜样品进行了热导率测试,测试前要对样品做特殊处理。首先要在样品和与样品基片相同的空白基片上使用电子束蒸发镀上一层约 200 nm 厚的 SiO₂ 绝缘层,之后使用半导体制备工艺在 SiO₂ 绝缘层上镀上一层银金属导线。热导率测试结果如表 6-1 所示,在不同 Sb 含量的 Sb₂Te₃ 薄膜样品中,富 Sb 的 Sb₂Te₃ 薄膜样品拥有最低的热导率,与符合化学计量比的 Sb₂Te₃ 薄膜样品相比,热导率降低了约 41%。通过计算可以得出不同 Sb 含量的 Sb₂Te₃ 薄膜样品的功率因子 PF 和热电优值 ZT,计算结果如表 6-1 所示,结果表明与符合化学计量比的 Sb₂Te₃ 薄膜样品相比,富 Sb 的 Sb₂Te₃ 薄膜样品功率因子提高了 79%,热电优值 ZT 提高了 3 倍。

6.2 定向生长 Sb₂Te₃ 薄膜

在单晶的 Sb₂Te₃ 化合物中,垂直于 c 轴平面内的电导率和热导率分别为沿 c 轴方向的 4 倍和 2 倍[188]。因此,Sb₂Te₃ 薄膜在垂直于 c 轴的平面内具有相对较高的热电性能。本节探索利用分子束外延技术成功制备符合化学计量比的 $(00l)$ 定向 Sb₂Te₃ 薄膜的方法,并研究薄膜厚度对其热电传输特性的影响,这对了解薄膜结构在其形貌和性能方面的作用相当重要。

6.2.1 薄膜制备

为了实现外延生长,首先需要选取适合的基片,分子束外延要求基片的晶格常数与外延层的晶格常数之间偏差不能太大,一般维持在 10% 以内,用来外延生长 Sb₂Te₃ 薄膜的基片一般有 BaF(111)、Si(111)等。由于 Si(111)面 1×1 重构表面的晶格常数为 0.384 nm,与 Sb₂Te₃ 材料的晶格常数 0.426 nm 的晶格失配度为 9.86%,结合试验选用本征 Si(111)1×1 作为镀膜基片,其电阻率为 1 000 Ω·cm。在镀膜前,选定的基片首先需要经过 RCA 标准程序清洗。本节采用共蒸法生长外延薄膜,将高纯度(99.999%)的 Sb、Te 分别放置在不同的束源炉中。

经过一系列的摸索试验,选择 Sb、Te 和 Si 基片分别在 $T_{Sb}=430℃$、$T_{Te}=270℃$、$T_{Si}=280℃$ 的条件下沉积薄膜。图 6-9 为基片加热条件下沉积的 Sb₂Te₃ 薄的 RHEED 衍射模式和薄膜生长过程中衍射条纹的强度振荡图。

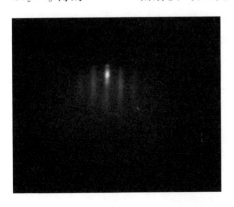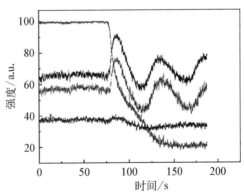

图 6-9 在本征 Si(111)基片温度 280℃下生长的 Sb₂Te₃ 薄膜(a)RHEED 衍射模式和(b)生长过程中 RHEED 衍射强度振荡图

　　清晰的 RHEED 衍射条纹每 $60°$ 重复一次,显示出制备的 Sb_2Te_3 薄膜具有平面六重对称性,结合 Sb_2Te_3 的晶格结构图,明显地揭示出制备薄膜具有高度的(00l)定向性,其 c 轴垂直于基片表面。RHEED 衍射强度振荡图也可以反映出薄膜在生长过程中实现了原子级别的层状生长。在上述的生长条件下,制备出了一系列不同厚度的 Sb_2Te_3 薄膜。

6.2.2　结构表征

　　图 6-10(a)为不同厚度的(00l)定向 Sb_2Te_3 薄膜的广角 XRD 衍射图,由于 Si(111)基片的本征峰太强,在 XRD 衍射模式中纵坐标取衍射强度的对数值,避免薄膜的衍射信号峰被掩盖掉。如图 6-10(b)所示为根据 XRD 衍射模式计算出来的薄膜颗粒尺寸随厚度的变化关系。

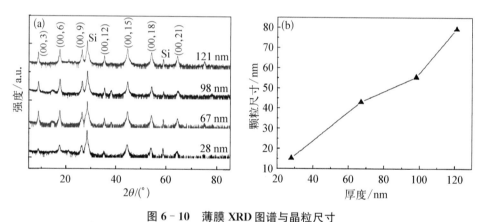

图 6-10　薄膜 XRD 图谱与晶粒尺寸

(a) 不同厚度 Sb_2Te_3 薄膜的 XRD 衍射图;(b) 颗粒尺寸随厚度的变化关系

　　对所有厚度的 Sb_2Te_3 薄膜,所有的峰都对应于斜方六面体相(JCPDS 15-0874,R$\bar{3}$m)。只有(00l)方向被观察到,晶粒尺寸如表 6-2 所示。

表 6-2　不同厚度的 Sb_2Te_3 薄膜的峰参数

薄膜厚度 /nm	衍射峰半高宽					颗粒尺寸 /nm
	(003)	(006)	(009)	(0015)	(0018)	
28	0.379	0.386	0.410	0.506	0.503	15.3
67	0.195	0.276	0.300	0.418	0.450	43.1
98	0.184	0.190	0.180	0.265	0.286	55.5
121	0.148	0.153	0.142	0.194	0.239	79.3

图 6-11 为 121 nm 厚的 Sb₂Te₃ 薄膜表面的 SEM 图,EDS 分析显示所有的样品都具有名义上的化学计量比,其中 Te 原子含量约等于 60%。同时对制备的样品进行 AFM 测试,如图 6-12 所示为 67 nm、98 nm 和 121 nm 厚的 Sb₂Te₃ 薄膜的 AFM 三维图,所有图像的测试范围都为 5 $\mu m \times 5$ μm。从图 6-11 中可以看出随着厚度的增加薄膜表面的粗糙度不断地减小,越厚的薄膜其表面不连续层的厚度越小。对应的表面粗糙度分别为 9.69 nm、8.58 nm 和 2.85 nm。随着薄膜厚度增加,微晶不断增长使得它们之间的界面不断缩小,所以表面粗糙度减小。

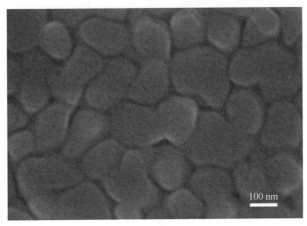

图 6-11　Sb₂Te₃ 薄膜(121 nm)表面 SEM 图(放大倍数为 100 000)

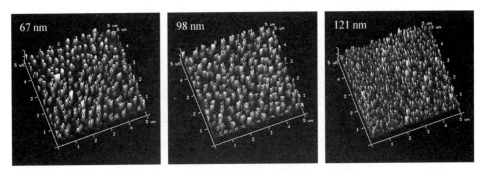

图 6-12　不同厚度 Sb₂Te₃ 薄膜 AFM 三维图

6.2.3　薄膜电传输特性

为了对薄膜的电传输特性有更深入的了解,通过对样品进行 Hall 系数测试(HL5500,英国 ACCEAT OPTICAL 公司)来获得载流子浓度和迁移率的信息。

在进行载流子浓度测试之前,需要在测试的薄膜上镀电极,本文采用电子束蒸发的方式沉积 Al/Cu 作为测试用电极。首先按照要求将薄膜裁切成 1 cm×1 cm 的方块,选用适当的掩模版在方块的四个角沉积电极,具体结构如图 6-13 所示。

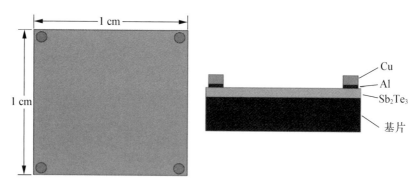

图 6-13　Sb₂Te₃ 薄膜 Hall 系数测试结构示意图

　　薄膜的载流子特性及平均自由程如表 6-3 和表 6-4 所示,所有薄膜的载流子电荷都为正,说明薄膜主要由空穴导电,载流子浓度为 $2×10^{19}$ cm^{-3}。普遍认为对热电材料来说最佳的载流子浓度约为 10^{19} cm^{-3},制备的薄膜刚好处在这个量级。

表 6-3　不同厚度 Sb₂Te₃ 薄膜载流子浓度、迁移率和电导率

薄膜厚度/nm	$n/(×10^{19}$ cm$^{-3})$	$\mu/(cm^2 \cdot V^{-1} \cdot s^{-1})$	$\sigma/(S/cm)$
28	2.493	107	425.713
67	1.701	229	623.83
98	2.069	271	898.473
121	2.215	305	1 036

表 6-4　不同厚度的 Sb₂Te₃ 薄膜的颗粒尺寸、载流子平均自由程以及它们的比值

薄膜厚度/nm	颗粒尺寸 L_p/nm	平均自由程 l/nm	l/L_p
28	15.3	6.37	0.42
67	43.1	12.01	0.28
98	55.5	15.20	0.27
121	79.3	17.22	0.22

如图 6-14 所示为 Sb₂Te₃ 薄膜的电传输特性随薄膜厚度的变化曲线,可以看出薄膜的载流子浓度、迁移率和电导率对薄膜厚度是敏感的。对于制备的 Sb₂Te₃ 薄膜,28 nm 厚的薄膜具有最高的载流子浓度 2.493×10^{19} cm^{-3},在薄膜厚度增加到 67 nm 时此值急速降低到 1.701×10^{19} cm^{-3}。这是因为在 28 nm 厚的薄膜中存在大量的微晶,造成大的颗粒边界密度,在界面处的原子提供和散射载流子,因此在 28 nm 厚的薄膜中具有最高的载流子浓度和最低的迁移率。当薄膜从 28 nm 持续增长到 67 nm 时,大量的微晶开始迅速地聚合,造成界面密度的减小。这可以通过薄膜的颗粒尺寸和平均自由程看出,相比于 28 nm 的薄膜,在 67 nm 的薄膜中颗粒尺寸几乎增加了 2 倍,平均自由程也增加了 1 倍。这说明薄膜经历了一个微晶快速增长的过程。一些界面的消失使得提供载流子的中心减少,同时对载流子的散射作用也减小。因此在 67 nm 的薄膜中载流子浓度迅速减小而其迁移率急剧增加。

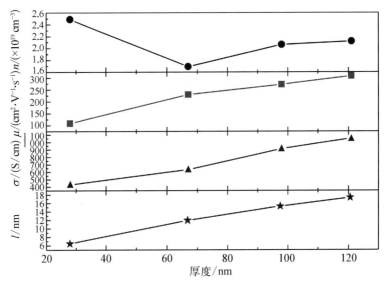

图 6-14 Sb₂Te₃ 薄膜的载流子浓度、迁移率、电导率和载流子平均自由程随厚度的变化曲线(所有数据均在室温下测试获得)

当薄膜厚度超过 67 nm 且继续增加时,载流子浓度稍有增加但并不像刚开始降低得那么剧烈。随着厚度的增加,薄膜内部应力聚集,导致在较厚薄膜的微晶中有更多的杂质和缺陷形成,提供了更多的载流子,这可以从载流子平均自由程与颗粒尺寸的比值看出。随着薄膜厚度的增加,这一比值下降,表明载流子在较厚薄膜的微晶中收到了更多的来自缺陷的散射,这也可由生长过程中 RHEED 衍射模式证明。刚开始载流子浓度的降低是由于在较薄的薄膜中,颗粒边界的影响占支配作用。当薄膜达到一定的厚度时,微晶内部缺陷的影响变得更加重要。同时随着薄膜厚度的增加,基片对薄膜内部的影响越来越小,薄膜内部缺陷浓度逐渐趋于稳定。因此载流子浓度随厚度的增加而降低。对所有的薄膜,迁移率和平均自由程随厚度单调递增说明颗粒边界对载流子的散射比缺陷更明显。在室温下,121 nm 厚的薄膜具有最大的载流子迁移率($305\ \mathrm{cm^2 \cdot V^{-1} \cdot s^{-1}}$)和最大的平均自由程(17.22 nm),即使是 28 nm 厚的薄膜,其载流子迁移率和平均自由程也达到了 $107\ \mathrm{cm^2 \cdot V^{-1} \cdot s^{-1}}$ 和 6.37 nm。由图 6-14 可以看出电导率随薄膜厚度增加而单调地增加,当薄膜从 28 nm 增加到 121 nm 时,电导率从 425.7 S/cm 增加到 1 036 S/cm。前期电导率增加较为缓慢,主要是由于增长的载流子迁移率部分地补偿了载流子浓度的降低。

图 6-15 显示了 67 nm、98 nm 和 121 nm 的薄膜的电阻率与温度的关系。在温度达 300 K 时,所有薄膜的电阻率随温度增加而增加,电阻率与温度的关系近似符合线性变化,并且对所有薄膜拟合的斜率基本相等。对应 67 nm、98 nm 和 121 nm 的薄膜电阻温度系数分别为 $4.15\ \mu\Omega \cdot \mathrm{cm} \cdot \mathrm{K}^{-1}$、$3.85\ \mu\Omega \cdot \mathrm{cm} \cdot \mathrm{K}^{-1}$ 和 $3.35\ \mu\Omega \cdot \mathrm{cm} \cdot \mathrm{K}^{-1}$。符合化学计量比的 $\mathrm{Sb_2Te_3}$ 薄膜的主要杂质是本征的点缺陷,一般是浅掺杂能级。薄膜载流子的平均自由程与颗粒尺寸的比值略小于 0.5,说明薄膜内的微晶中有较少的杂质或缺陷。

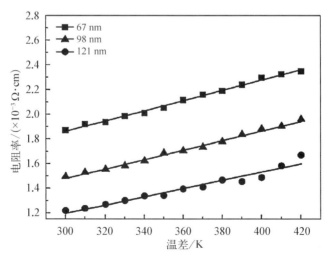

图 6-15　$\mathrm{Sb_2Te_3}$ 薄膜电阻率随温度的变化曲线

6.3 Bi 代位掺杂 Sb₂Te₃ 薄膜

本节利用分子束外延技术将 Bi 原子引入到 Sb₂Te₃ 的晶格位上。由于 Bi₂Te₃ 和 Sb₂Te₃ 具有相同的石墨状的斜方六面体层状结构，每五个单原子层形成一个"五倍层（quintuple layers，QL）"，沿着 c 轴方向原子排列为-[Te(1)- Sb(Bi)- Te(2)- Sb(Bi)- Te(1)]-,这里（1）和（2）代表 Te 原子两个不同的晶格位。设计通过在基片加热的条件下利用分子束外延技术将 Bi 原子引入到 Sb₂Te₃ 的晶格位上,部分替代 Sb 位点,形成如图 6-16 所示的结构。

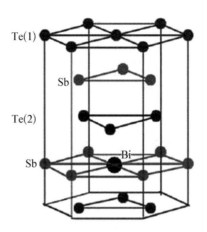

图 6-16　**Bi 原子替代掺杂的 Sb2Te3 晶格结构**

6.3.1　薄膜制备

本节选用本征 Si(111)基片（电阻率为 1 000 Ω·cm）和玻璃基片利用分子束外延技术来制备 Sb₂Te₃ 薄膜和 Bi 原子替代掺杂的 Bi$_x$Sb$_{2-x}$Te₃ 薄膜。在镀膜前,基片首先经过 RCA 标准程序清洗。在本节中仍然选用共蒸发生长外延薄膜,高纯度（99.999%）的 Bi、Sb 和 Te 分别被放置在不同的束源炉中,适当地调控其蒸发速率比例以制备出满足需要的薄膜。Sb 和 Te 元素单独沉积的速率与温度的关系在之前已经得出,在此基础上设计试验研究 Bi 元素单独沉积速率与束源炉温度的关系。镀膜过程中基片保持室温,制备好的薄膜厚度用台阶仪测试,获得不同温度下的成膜速率,Bi 薄膜的成膜速率随温度的变化曲线如图 6-17 所示。

本节选定在基片加热条件下外延生长薄膜,基片温度设定为 280℃。经过一系列的摸索试验,选择在 Bi、Sb 和 Te 的温度分别为 $T_{Bi}=510℃$、$T_{Sb}=430℃$ 和 $T_{Te}=310℃$ 的条件下沉积 Bi 掺杂的 Bi-Sb-Te 薄膜,EDS 测试显示制备的薄膜的原子组分为 Bi$_{0.4}$Sb$_{1.6}$Te₃。Sb₂Te₃ 薄膜在 $T_{Sb}=430℃$ 和 $T_{Te}=270℃$ 的条件下制备。通过控制镀膜时间,获得厚度约 200 nm 的 Sb₂Te₃ 薄膜和 Bi$_{0.4}$Sb$_{1.6}$Te₃ 薄膜,同时利用台阶仪测试,其误差在 5% 以内。

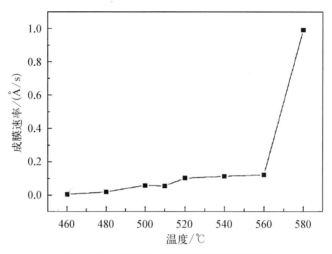

图 6-17 Bi 薄膜成膜速率随温度的变化

6.3.2 结构表征

如图 6-18 所示为 $Bi_{0.4}Sb_{1.6}Te_3$ 薄膜和 Sb_2Te_3 薄膜的 XRD 衍射谱图。Sb_2Te_3 薄膜所有明显的衍射峰对应斜方六面体相（JCPDS 15-0874，$R\bar{3}m$），薄膜具有（00l）取向。$Bi_{0.4}Sb_{1.6}Te_3$ 薄膜的颗粒尺寸达到 79.94 nm，约为 Sb_2Te_3 薄膜颗粒尺寸（36.24 nm）的 2.2 倍。这可能归因于较大的 Bi 原子引入到 Sb_2Te_3 的晶格位后抵消了薄膜内部分的收缩应力，使晶格结构更加稳定，从而促进微晶的生长。增强的结晶度可以通过 $Bi_{0.4}Sb_{1.6}Te_3$ 薄膜更尖锐和更强的衍射峰信号反映出来。

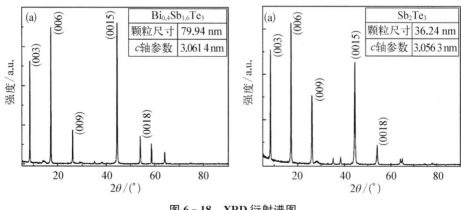

图 6-18 XRD 衍射谱图

(a) $Bi_{0.4}Sb_{1.6}Te_3$；(b) Sb_2Te_3

对制备的 Bi$_{0.4}$Sb$_{1.6}$Te$_3$ 薄膜进行了透射电子显微镜（TEM）检测。将沉积到 Si 基片上的薄膜刮下来，用无水乙醇冲到测试用的铜网上，然后使其自然干燥，获得检测样品。如图 6-19 所示分别是 Bi$_{0.4}$Sb$_{1.6}$Te$_3$ 薄膜的低倍和高倍 TEM 图像，图 6-19(a) 右上方小图为选区电子衍射图，检测区域在图中用白色的圆圈标记。明亮的六角对称选区电子衍射模式显示出微晶具有良好的单晶结构，这清楚地表明 Bi 原子被成功引入到了 Sb$_2$Te$_3$ 的 Sb 晶格位点，形成了代位掺杂的薄膜。从图 6-19(b) 可以清楚地看到明显的晶格条纹，相邻条纹的间距大约为 0.332 nm，是 Sb$_2$Te$_3$ 的 (2011) 晶面。

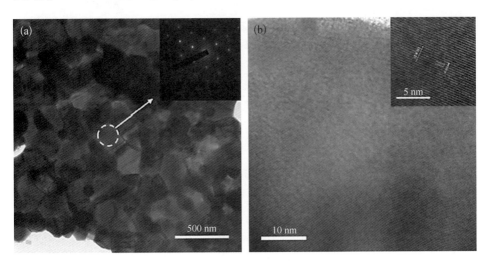

图 6-19　Bi$_{0.4}$Sb$_{1.6}$Te$_3$ 薄膜的 TEM 图像

(a) 低倍（12 000 倍）；(b) 高倍（500 000 倍）

6.3.3　薄膜的热电性能测试

利用自制的塞贝克系数测试装置对在玻璃基片上制备的薄膜样品进行塞贝克系数的测试，测试结果如图 6-20 所示。Sb$_2$Te$_3$ 薄膜和 Bi$_{0.4}$Sb$_{1.6}$Te$_3$ 薄膜的塞贝克系数分别为 159.86 μV/K 和 134.71 μV/K。代位的 Bi 原子掺杂使得 Bi$_{0.4}$Sb$_{1.6}$Te$_3$ 薄膜的塞贝克系数比 Sb$_2$Te$_3$ 薄膜的略有下降但影响不明显。

为获得载流子浓度和迁移率的信息，对制备的 Bi$_{0.4}$Sb$_{1.6}$Te$_3$ 薄膜和 Sb$_2$Te$_3$ 薄膜进行 Hall 系数测试。载流子浓度和迁移率测试的结果以及计算出来的薄膜颗粒尺寸和载流子平均自由程如表 6-5 所示。Bi$_{0.4}$Sb$_{1.6}$Te$_3$ 薄膜和 Sb$_2$Te$_3$ 薄膜测得的载流子均为正，说明两个样品主要以空穴导电。Bi$_{0.4}$Sb$_{1.6}$Te$_3$ 薄膜

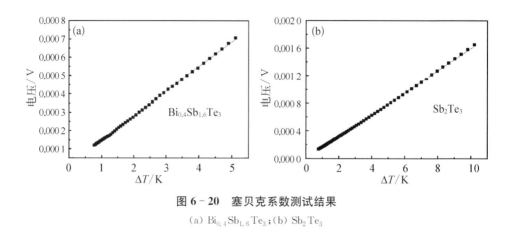

图 6-20　塞贝克系数测试结果

(a) $Bi_{0.4}Sb_{1.6}Te_3$；(b) Sb_2Te_3

具有较低的载流子浓度(7.9×10^{18} cm^{-3})和较小的迁移率(50.6 cm^2 · V^{-1} · s^{-1})，Sb_2Te_3 薄膜对应的值分别为 1.1×10^{19} cm^{-3} 和 457 cm^2 · V^{-1} · s^{-1}，可以看出 Bi 原子的引入同时降低载流子浓度和迁移率。与 Sb_2Te_3 薄膜相比，$Bi_{0.4}Sb_{1.6}Te_3$ 薄膜的载流子平均自由程更小，尽管其颗粒尺寸比前者要大。大的颗粒尺寸意味着载流子受到微晶界面的散射会较弱，因此低的载流子浓度和小的平均自由程说明在微晶内部存在更多的散射中心。这些散射中心很可能来源于代位掺杂的 Bi 原子，因为 $Bi_{0.4}Sb_{1.6}Te_3$ 薄膜具有更高的结晶度。Bi、Sb 的功函数分别为 4.22 eV 和 4.55 eV，因此在 Bi_2Te_3 和 Sb_2Te_3 材料中导带和价带的位置不同。Bi_2Te_3 材料的导带略微低于 Sb_2Te_3 薄膜，同时其价带相比 Sb_2Te_3 材料略高，即 Bi_2Te_3 材料的带隙处在 Sb_2Te_3 材料的带隙之中。这两种材料的能级如图 6-21 左下角所示。当少量的 Bi 原子被引入到 Sb_2Te_3 晶格结构中占据 Sb 原子位，将会导致在导带底和价带顶形成新的能级，电子(在导带中传输)和空穴(在价带中传输)将会受到这些新产生能级的一定的吸引力。因此载流子受到的散射将会增加，导致弛豫时间减少。如图 6-21 所示为代位 Bi 原子对导带中电子传输的影响。

表 6-5　$Bi_{0.4}Sb_{1.6}Te_3$ 和 Sb_2Te_3 薄膜的电学传输特性

样　品	颗粒尺寸 L_p/nm	载流子浓度 $n/(\times 10^{19}$ cm$^{-3})$	迁移率 $\mu/($cm^2 · V^{-1} · s$^{-1})$	载流子平均自由程 l/nm	电导率 $\sigma/($S/cm$)$
$Bi_{0.4}Bi_{1.6}Te_3$	79.94	0.79	50.6	2.06	64.3
Sb_2Te_3	36.24	1.1	457	9.62	801

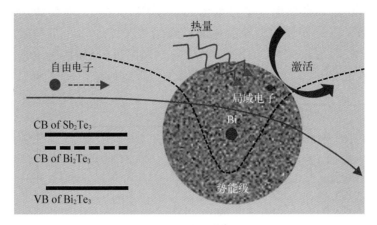

图 6‑21 Bi 原子代位掺杂对传输电子的影响(虚线代表自由电子处在代位掺杂 Bi 原子周围时的势能)

为了进一步了解薄膜电传输特性,在 $-50 \sim 150℃$ 的范围内分别测试 $Bi_{0.4}Sb_{1.6}Te_3$ 薄膜和 Sb_2Te_3 薄膜电阻,然后根据薄膜电导率获得制备的薄膜样品电导率随温度的变化曲线,如图 6‑22 所示。Sb_2Te_3 薄膜的电导率随温度增加而单调递减,类似的现象在之前的文献中也有报道。纯净的 Sb_2Te_3 薄膜拥有浅能级杂质,其中大多数在室温以下的温度已经电离了。当温度进一步升高时,增强的晶格振动增加了电子传输的阻力,导致电导率下降。然而,$Bi_{0.4}Sb_{1.6}Te_3$ 薄膜的电导率随着温度的升高呈近似 e 指数的增加。在 $Bi_{0.4}Sb_{1.6}Te_3$ 薄膜中,替代掺杂的 Bi 原子将会对属于杂质或缺陷局域电子的电离有一定的抑制作用,使得电导活化能增加。因此,随着温度的升高,更多的载流子被激发使得 $Bi_{0.4}Sb_{1.6}Te_3$ 薄膜的电导率增加。

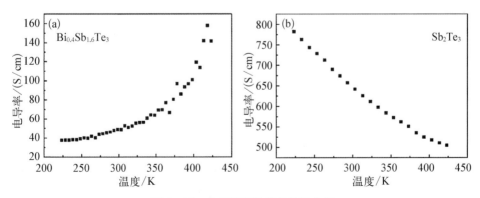

图 6‑22 电导率随温度的变化曲线

(a) $Bi_{0.4}Sb_{1.6}Te_3$;(b) Sb_2Te_3

$Bi_{0.4}Sb_{1.6}Te_3$ 薄膜电导率对数值与温度倒数的关系曲线如图 6 - 23 所示。$Bi_{0.4}Sb_{1.6}Te_3$ 薄膜的电导活化能计算结果是 43.2 meV,稍微高于室温对应的能量 38.8 meV($E_0 = 32k_BT$)。在室温附近,杂质的电离度相对比较低,因此在测试的温度范围内 $Bi_{0.4}Sb_{1.6}Te_3$ 薄膜显示出明显的半导体导电特性。

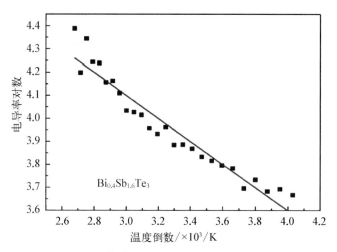

图 6 - 23 $Bi_{0.4}Sb_{1.6}Te_3$ 薄膜电导率的对数值与温度倒数之间的关系曲线

6.4   掺 Te 的 Sb_2Te_3 薄膜

在热电材料中引入纳米颗粒能形成载流子的能级势垒,基于载流子过滤效应来提高热电材料热电性能是一种十分有效的方法,受到广泛的研究。本节采用分子束外延设备,成功地在 Sb_2Te_3 薄膜热电材料中引入了不同直径和数量的 Te 纳米粒子,研究了 Te 纳米粒子含量对 Sb_2Te_3 薄膜微观结构的影响,同时也对不同含量的 Te 纳米粒子的样品进行了热电性能的表征。

6.4.1   薄膜制备

不同 Te 纳米粒子含量的 Sb_2Te_3 薄膜热电材料的制备是在分子束外延设备(DZS - 700 型)中进行的,通过交替生长 Sb_2Te_3 薄膜层和 Te 层引入 Te,当 Te 层很薄时形成不连续纳米颗粒,如图 6 - 24 所示。

Sb_2Te_3 薄膜通过共蒸发高纯度(99.999%)的 Sb 和 Te 单质获得,Te 纳米的引入是通过单独蒸发 Te 单质获得的,在制备不同含量 Te 纳米粒子的样品时,保持 Sb₂Te₃ 层的厚度为 5 nm,而不同样品的 Te 层厚度为 0 nm、1 nm、2 nm 和 4 nm,交替生长 50 周期。基片选择包括高阻 Si(111)和石英玻璃,均经过严格的清洗过程,薄膜制备过程中保持基片的温度为 150℃,腔体压力为 10^{-9} Torr。

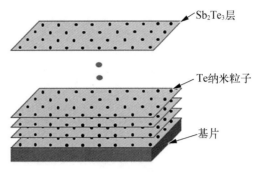

图 6-24　交替 Sb₂Te₃ 和 Te 层引入 Te 纳米粒子的原理图

　　将处理好的基片放入分子束外延设备腔室中,开始抽真空。当真空度达到 10^{-9} Torr 以上时候,开启 PID 控制器,分别对 Sb、Te 束源炉和基片台进行加热。当 Sb、Te 束源炉温度升到 430℃ 和 270℃、基片温度为 150℃ 时,开始制备样品,束源炉上各有一个挡板来控制束流的关断和流出,制备 Sb₂Te₃ 层的同时打开 Sb、Te 束源炉两个挡板,用膜厚仪监测厚度达到 5 nm 后,关闭 Sb 束源炉挡板,仅使 Te 束流喷出,根据不同批次的样品 Te 沉积的厚度不同,在 0 nm、1 nm、2 nm 和 4 nm 间变化。像这样交替生长 Sb₂Te₃ 层和 Te 层 50 个周期,便制备了不同 Te 含量的 Sb₂Te₃ 薄膜,制备出了厚度分别为 250 nm、300 nm、350 nm 和 450 nm 的薄膜,对应的 Te 体积含量分别为 0%、17%、29% 和 45% 的样品。

　　样品沉积完成后,对制备的样品利用 XRD、SEM、AFM、TEM 等分析手段进行结构、形貌和成分的表征,并利用自制设备对其塞贝克系数、电导率、热导率等热电性能进行测试,同时通过 Hall 系数测试获得薄膜材料载流子迁移率和浓度等性能。

6.4.2　Te 纳米粒子体积分数对 Sb₂Te₃ 基薄膜微观结构的影响

1) X 射线结构分析(XRD)

不同 Te 体积分数的 Sb₂Te₃ 薄膜的 XRD 谱图如图 6-25 所示,Te 的体积分数从 0%(Te0)、17%(Te1)、29%(Te2)增加到 45%(Te4)。由图 6-25 可以看出,整体上所有的样品的衍射峰都对应于斜方六面体相(JCPDS 15-0874,R3̄m),从而获得了属于 R3̄m 空间群的 Sb₂Te₃ 样品。当引入 Te 纳米粒子时,随着 Te 体积分数的增加,Te 纳米粒子对样品的影响主要集中在两方面。一方面,初始强度比较弱的峰强度增强了,而某些初始强度强的衍射峰强度变弱了,

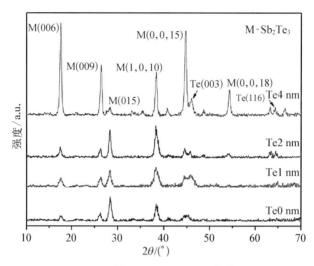

图 6-25 不同 Te 体积分数的 Sb₂Te₃ 薄膜的 XRD 谱图

这种变化归因于 Te 对 Sb₂Te₃ 薄膜生长取向的影响。随着 Te 体积分数的增加,Sb₂Te₃ 薄膜逐渐趋于(00l)方向生长。另一方面,随着 Te 体积分数的增加,在衍射角为 45.89°和 64.37°处出现了新的衍射峰,分别对应于单晶 Te 的(003)(JCPDS 65-3370)和(116)(JCPDS 23-1000)晶面。这便证明了在 Sb₂Te₃ 薄膜中引入了 Te 纳米晶粒后,Te 的(003)晶面的存在可能有助于 Sb₂Te₃ 薄膜沿(00l)方向生长。通过谢乐公式可以算得 Sb₂Te₃ 薄膜的晶粒尺寸。随着 Te 体积分数的增加,Sb₂Te₃ 样品的中 Sb₂Te₃ 的晶粒尺寸逐渐增大,从 13.5 nm(Te0)、14.7 nm(Te1)、16.3 nm(Te2)一直增大到 21.9 nm(Te4)。晶粒的增大可能是由于样品的厚度增加,然而即使样品厚度达到数百纳米,晶粒尺寸却没有达到相同数量级,这是由于 Te 的插入阻断了晶粒生长。

2) 场发射扫描电镜(FESEM)

Sb₂Te₃ 薄膜样品的表面形貌随着 Te 体积分数增大的变化从图 6-26 的 SEM 测试结果中可以清晰地看到。在没有引入 Te 纳米粒子的样品 Te0 中,样品表面由均匀的 Sb₂Te₃ 晶粒组成,没有明显的纳米粒子出现。当 Te 层交替生长引入到 Sb₂Te₃ 样品中,样品中出现了纳米粒子,Te 纳米粒子以岛状形式生长,岛的尺寸直接正比于 Te 体积分数。从图 6-26 中也可以清楚看到,随着 Te 体积分数的增加,纳米粒子的直径逐渐增大。

图 6-27 为 Te 体积分数为 17% 时 Sb₂Te₃ 薄膜的表面和截面 SEM 图。从表面 SEM 可以看出,Te 纳米粒子平均直径约为 5 nm,平均面密度约为

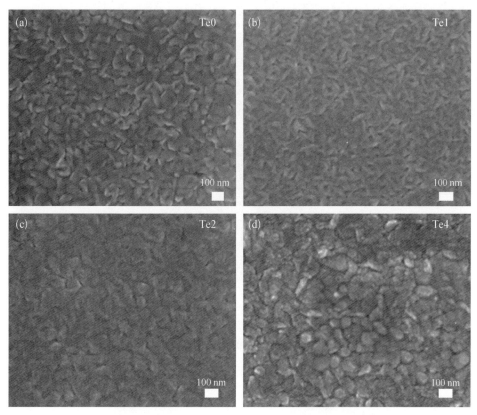

图 6 - 26 不同 Te 体积分数的 Sb_2Te_3 薄膜的 SEM 图
(a) 0%；(b) 17%；(c) 29%；(d) 45%

$160~\mu m^{-2}$，Te 纳米粒子均匀分布在 Sb_2Te_3 薄膜样品表面，从制备过程推测，Sb_2Te_3 薄膜样品内部也均匀分布着 Te 纳米粒子。从 Sb_2Te_3 薄膜样品的截面 SEM 图可以看出，Te 纳米粒子均匀地镶嵌在 Sb_2Te_3 薄膜中。

3）原子力显微镜（AFM）

不同 Te 体积分数的 Sb_2Te_3 薄膜的 AFM 图如图 6 - 28 所示，所有图的扫描尺寸为 $1~\mu m \times 1~\mu m$。通过 AFM 测试可以得到样品表面粗糙度，进而推测表面处 Te 纳米粒子直径大小的变化。当 Te 体积分数分别为 0%（Te0）、17%（Te1）、29%（Te2）和 45%（Te4）时，对应的 Sb_2Te_3 薄膜样品表面粗糙度分别为 2.08 nm、2.32 nm、2.67 nm 和 4.78 nm。表面粗糙度随着 Te 体积分数增大的变化是受 Te 纳米粒子的影响。

4）透射电子显微镜（TEM）

当 Te 体积分数为 17% 时，Sb_2Te_3 薄膜样品的 TEM 图如图 6 - 29 所示，由

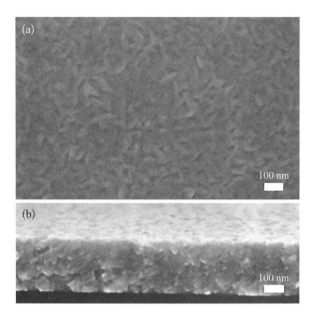

图 6 - 27   Te 体积分数为 17% 时 Sb₂Te₃ 薄膜的 SEM 图

（a）表面；（b）截面

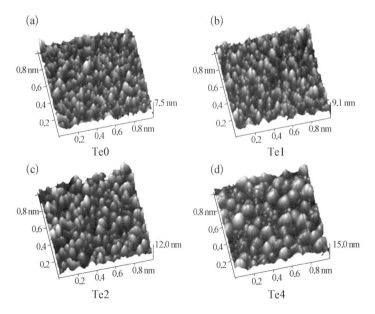

图 6 - 28   不同 Te 体积分数的 Sb₂Te₃ 薄膜的 AFM 图

（a）0%；（b）17%；（c）29%；（d）45%

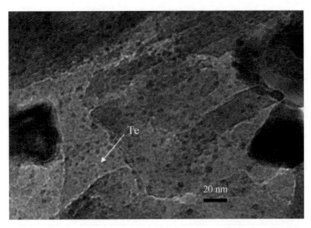

图 6‐29 Te 体积分数为 17% 时 Sb_2Te_3 薄膜的 TEM 图

图中看出,Te 纳米粒子均匀分布在 Sb_2Te_3 薄膜样品中,同时经过分析计算得到 Te 纳米粒子的直径约为 5 nm,这与 SEM 获得的数据相一致。

6.4.3　Te 纳米粒子体积分数对 Sb_2Te_3 基薄膜热电性能的影响

1) Hall 系数测试

由表 6‐6 可以看出,不同 Te 体积分数的 Sb_2Te_3 薄膜的霍尔系数均为正值,表明所有样品都由空穴导电,实验制得的样品均为 P 型半导体。不同 Te 体积分数的 Sb_2Te_3 薄膜载流子迁移率和载流子浓度随 Te 体积分数增大的变化关系如图 6‐30 所示。随着 Te 体积分数的增加,样品的迁移率迅速降低,载流子浓度缓慢增加,迁移率降低的速度大于载流子浓度增加的速度,最终导致了样品的电导率随着 Te 体积分数的增加而降低。

表 6‐6　不同 Te 体积分数样品的霍尔系数测试结果

Te 体积含量	霍尔系数 $R_H/(\times 10^{-3}\ cm^3 \cdot C^{-1})$	载流子迁移率 $\mu/(cm^2 \cdot V^{-1} \cdot s^{-1})$	载流子浓度 $n/(\times 10^{20}\ cm^{-3})$	电导率 $\sigma_H/(S/cm)$	电导率(四探针法) $\sigma_F/(S/cm)$
0%	73.5	33.6	0.85	456.96	512.07
17%	25.6	10.9	2.44	425.54	486.78
29%	21.4	5.61	2.92	262.09	261.68
45%	19.3	1.93	3.23	99.74	100.97

迁移率随 Te 体积分数的增加而减小的变化可归因于 Te 与 Sb_2Te_3 之间形成的界面晶界的影响,纳米复合物体内材料之间若存在功函数差异,会在材料体

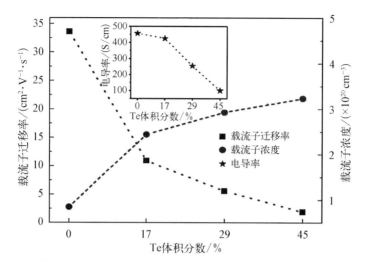

图 6 - 30 不同 Te 体积分数的 Sb₂Te₃ 薄膜载流子迁移率和载
流子浓度随 Te 体积分数增大的变化关系(右上角插
图为电导率随 Te 体积分数增大的变化关系)

内形成载流子的能级势垒,起到过滤载流子的效应,可提高材料的热电性能。图
6 - 31 为 Te 和 Sb₂Te₃ 接触的能带图,平衡时 Te 和 Sb₂Te₃ 接触的能带图如图
6 - 31(b)所示,此图表明在 Te/Sb₂Te₃ 界面处存在能级势垒。由图 6 - 31(a)可
以看出 Te 和 Sb₂Te₃ 功函数分别为 4.95 eV 和 4.45 eV,因而在接触后会存在
能带弯曲的平衡能带图[见图 6 - 37(b)]。由于能级势垒的存在,在 Te 和
Sb₂Te₃ 界面处,低能量的载流子(冷载流子)受到强烈的散射,而高能量载流子
(热载流子)受到的散射较弱,这样高能量的载流子能够越过能级势垒而低能量

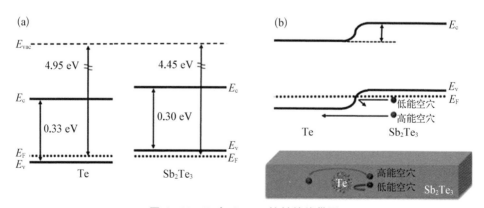

图 6 - 31 Te 与 Sb₂Te₃ 接触的能带图

(a) Te 和 Sb₂Te₃ 接触前的能带图;(b) Te 和 Sb₂Te₃ 接触后平衡的能带图(忽略了界面态的影响)

的载流子则不能,从而导致了热、冷载流子的分离。强烈的散射导致了载流子的迁移率降低,这就给出了含有 Te 纳米粒子的样品迁移率降低的原因。随着 Te 体积分数的增加,Te 纳米粒子的质量越来越大,Te/Sb₂Te₃ 界面越来越明显,对冷载流子的散射也越来越强烈,因而载流子的迁移率随着 Te 体积分数的增加而降低。

2) 塞贝克系数测试

使用实验室搭建的塞贝克系数和电导率测试装置测试了不同 Te 体积分数的 Sb₂Te₃ 薄膜样品。测试结果如图 6 - 32 所示,塞贝克系数均为正值,表明样品均为 P 型半导体,这与 Hall 系数测试一致。随着 Te 体积分数的增加,塞贝克系数迅速增加,从不含 Te 纳米粒子且符合化学计量比的 Sb₂Te₃ 薄膜的 $121\,\mu V/K$ 一直增加到 Te 体积分数为 45% 的 $195\,\mu V/K$。功率因子可由塞贝克系数和电导率计算获得。功率因子随着 Te 体积分数的增加先增加后减小。当 Te 体积分数为 17% 时,功率因子达到最大的 $9.3\,\mu W \cdot cm^{-1} \cdot K^{-2}$,相比不含 Te 纳米粒子且符合化学计量比的 Sb₂Te₃ 薄膜($6.4\,\mu W \cdot cm^{-1} \cdot K^{-2}$)提高了约 50%。当 Te 体积分数继续增大时,功率因子反而降低,这是由于电导率随着 Te 体积分数的增加而迅速降低的速度超过了塞贝克系数增加的速度。

由图 6 - 31 分析得出,Te 纳米粒子的存在会使样品中形成 Te - Sb₂Te₃ 界面势垒,由于此界面势垒的存在,在 Te 和 Sb₂Te₃ 界面处,低能量的载流子(冷载流子)受到强烈的散射,而高能量载流子(热载流子)受到的散射较弱,这样高能量的载流子能够越过能级势垒而低能量载流子则不能,从而导致了热、冷载流子的分离。冷的低能载流子对塞贝克系数不利,因此热、冷载流子的分离有利于提高塞贝克系数,这给出了随着 Te 体积分数的增加,塞贝克系数增加(见图 6 - 32)的原因。另一方面,由 Mott 关系式可知,在费米能级附近,塞贝克系数是依赖于能量的电导率对能量的导数,与载流子浓度和载流子迁移率呈近反比关系。从霍尔系数测试结果可知,不同 Te 体积分数的 Sb₂Te₃ 薄膜样品的载流子浓度差异不大,数量级都为 $10^{20}\,cm^{-3}$。但是随着 Te 体积分数的变化,样品的迁移率变化显著,随着 Te 体积分数的增加,Sb₂Te₃ 薄膜样品的迁移率减小,这也解释了 Te 体积分数不同的 Sb₂Te₃ 薄膜样品塞贝克系数变化的原因。

室温下,Te 体积分数不同的 Sb₂Te₃ 薄膜样品塞贝克系数与载流子浓度的关系(Pisarenko plot)如图 6 - 33 所示。曲线表示不同有效质量下理论关系图,图中实体圆圈表示实验中不同 Te 体积分数时的数值关系。假设 Sb₂Te₃ 薄膜是单周期能带的简并半导体,此模型下可得到如下公式:

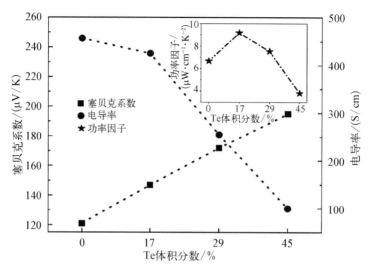

图 6 - 32　不同 Te 体积分数的 Sb₂Te₃ 薄膜塞贝克系数和电导率随 Te 体积分数增加的变化关系(右上角插图为功率因子随 Te 体积分数的变化关系)

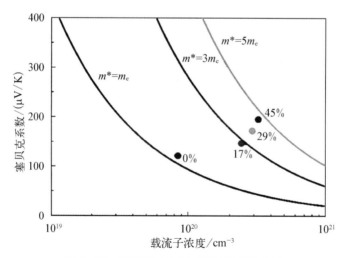

图 6 - 33　塞贝克系数与载流子浓度的关系

$$\alpha = \frac{8\pi^2 k_{\mathrm{B}}^2 T}{3eh^2}\left(\frac{\pi}{3n}\right)^{\frac{2}{3}} m^* \qquad (6-3)$$

式中,k_{B} 为波尔兹曼常数;T 为绝对温度;e 为电子电量;h 为普朗克常量;n 为载流子浓度;m^* 为载流子有效质量。当载流子有效质量分别取 m_{e}、$3m_{\mathrm{e}}$ 和 $5m_{\mathrm{e}}$ 时,得到三条不同的塞贝克系数与载流子浓度的关系曲线,如图 6 - 33 所示。由

图 6-33 可以看出,塞贝克系数与载流子浓度呈反相关的关系,给定载流子浓度,塞贝克系数随载流子有效质量增大而增大。随着 Te 体积分数增加塞贝克系数增大是由于载流子有效质量增大。载流子有效质量是材料内部作用力的反映,这也从另一方面说明了在含有 Te 的纳米粒子的薄膜中,由于 Te-Sb₂Te₃ 界面的存在,低能量载流子受到强烈的散射,增加了载流子的有效质量。

　　3)热导率测试

　　根据热传输理论,纳米晶界面的存在会散射中长波声子,而这些声子会传输大量的热,纳米夹杂物具有降低母体材料热导率的作用。试验中在室温下使用 3ω 法对不同 Te 体积分数的 Sb₂Te₃ 薄膜样品做了处理,并进行了热导率测试。热导率测试结果如图 6-34 所示,误差棒表示多次重复测量结果,不含 Te 纳米粒子的 Sb₂Te₃ 薄膜样品热导率为 $0.42\ \mathrm{W \cdot m^{-1} \cdot K^{-1}}$,当 Te 纳米粒子引入到材料体系中时,热导率为 $0.31 \sim 0.40\ \mathrm{W \cdot m^{-1} \cdot K^{-1}}$。当 Te 的体积分数为 17% 时,与不含 Te 纳米粒子的 Sb₂Te₃ 薄膜样品相比,热导率最大降低约 26%,此时的热电优值也是最大,为 0.90,而没有 Te 纳米粒子的 Sb₂Te₃ 薄膜样品热电优值为 0.46。

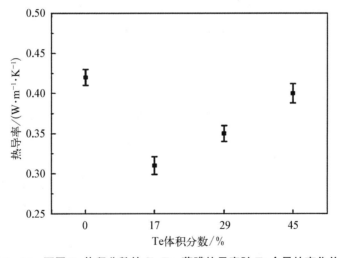

图 6-34　不同 Te 体积分数的 Sb₂Te₃ 薄膜热导率随 Te 含量的变化关系

6.5　本章小结

　　(1)使用分子束外延法制备了 Sb₂Te₃ 薄膜,探索束源炉温度对薄膜沉积速率与成分的影响,获得富 Sb 纳米粒子的 Sb_2Te_3 薄膜。研究表明两相界面对薄膜中载流子和声子的传输具有重大影响。富 Sb 的 Sb_2Te_3 薄膜样品拥有比符合化学计量比的 Sb_2Te_3 薄膜样品更大的塞贝克系数(提高近 6 倍)、更低的热导率(降低了 41%)、更大的功率因子(提高了 80%),最终拥有提高了近乎 3 倍的热电优值 ZT。

(2) 使用分子束外延法制备了 Sb_2Te_3 高(00l)取向的不同厚度的 Sb_2Te_3 薄膜。随薄膜厚度增加,颗粒尺寸明显增大。薄膜载流子浓度和迁移率对薄膜厚度敏感,颗粒边界和微晶内部的缺陷对载流子浓度和迁移率有很强的影响,在较厚的薄膜中,微晶内部缺陷对载流子传输性能的影响越来越重要。在室温下,121 nm 的薄膜具有最大的载流子迁移率(305 $cm^2 \cdot V^{-1} \cdot s^{-1}$)和适中的载流子浓度($2.125 \times 10^{19}$ cm^{-3})。在室温附近,电阻率随温度近似线性增加,这可通过低的掺杂浓度和小的电离能来解释。

(3) 利用分子束外延法制备了 Bi 原子代位掺杂的 $Bi_{0.4}Sb_{1.6}Te_3$ 薄膜和 Sb_2Te_3 薄膜。$Bi_{0.4}Sb_{1.6}Te_3$ 薄膜比 Sb_2Te_3 薄膜结晶度更高,载流子浓度和迁移率相对较低。少量的 Bi 原子被引入到 Sb_2Te_3 薄膜的 Sb 原子位,形成代位掺杂,抵消了薄膜内的压缩应力,促进了微晶的生长,提高了结晶度。载流子迁移率受代位掺杂的 Bi 原子影响很大,对载流子散射作用增强的原因很可能来自代位掺杂的 Bi 原子的库仑力。在 $-50 \sim 150 ℃$ 的范围内,$Bi_{0.4}Sb_{1.6}Te_3$ 薄膜和 Sb_2Te_3 薄膜表现出了不同的电导率温度变化曲线。引入的 Bi 原子降低了杂质的能级,导致了较高的电导活化能(43.2 meV)。

(4) 使用分子束外延法交替生长了 Sb_2Te_3 薄膜层和 Te 层,当 Te 层很薄时形成不连续纳米颗粒,从而获得了不同 Te 纳米粒子体积分数的 Sb_2Te_3 薄膜。制备出了厚度分别为 250 nm、300 nm、350 nm 和 450 nm 的薄膜,对应 Te 体积分数分别为 0%、17%、29% 和 45% 的样品。塞贝克系数测试表明,随着 Te 体积分数的增加,塞贝克系数迅速增加,而功率因子随着 Te 体积分数的增加先增加后减小。在 Te 体积分数为 17% 时,功率因子值达到最大(9.3 $\mu W \cdot cm^{-1} \cdot K^{-2}$),相比于不含 Te 纳米粒子且符合化学计量比的 Sb_2Te_3 薄膜(6.4 $\mu W \cdot cm^{-1} \cdot K^{-2}$)有约 50% 的提高。没有 Te 纳米粒子的 Sb_2Te_3 薄膜样品的热导率为 0.42 $W \cdot m^{-1} \cdot K^{-1}$,当 Te 纳米粒子引入到材料体系中时,根据 Te 体积分数的不同,热导率降为 0.31~0.40 $W \cdot m^{-1} \cdot K^{-1}$ 不等。当 Te 的体积分数为 17% 时,与没有 Te 纳米粒子的 Sb_2Te_3 薄膜样品相比,热导率降低得最多(约 26%),此时的热电优值最大(0.90)。

7

分子束外延法生长 Bi₂Te₃薄膜

Bi_2Te_3 作为室温下热电性能最好的材料[189],越来越受到人们的关注。同时,有理论计算表明量子阱结构的 Bi_2Te_3 材料,其 ZT 值能达到块体材料的 13倍[190],所以对 Bi_2Te_3 材料的低维化是科学家们目前关注的焦点。Plucinski等[191]系统研究了利用分子束外延制备的 Bi_2Te_3 纳米薄膜的表面电性能,Wang[192]利用分子束外延制备了 Bi_2Te_3 的一维纳米棒材料,同时 Bi_2Te_3 还是一种很好的拓扑绝缘体材料,已经有大量的文献报道用分子束外延制备了 Bi_2Te_3 拓扑绝缘体材料[193-195]。

7.1 交叉型 Bi_2Te_3 纳米片薄膜及乙二醇热处理对热电性能影响的研究

纳米孔可以有效降低材料热导率,如通过在块体 Bi_2Te_3 [196]、Cu_2Se [197] 和 $SnSe$ [198] 中制造孔洞能很好地提升热电性能。Dun 等[199]通过溶液法合成了 Bi_2Te_3 纳米片,并将纳米片置于乙二醇(EG)中并放在水热反应釜中,控制不同温度和不同时间,可调节在纳米片中心产生直径为 $5\sim100$ nm 的孔,Bi_2Te_3 中 Bi 与 Te 以原子比 $2:3$ 溶解。本节制备 Bi_2Te_3 纳米片,结合乙二醇热处理,研究了纳米片的行为及热电性能。

7.1.1 纳米片薄膜的制备与乙二醇热处理

使用 MBE 设备沉积 Bi_2Te_3 纳米片薄膜,原料分别为高纯度的 Bi(99.999%)和 Te(99.999%),基片选取表面带有厚度为 600 nm SiO_2 的 Si 片。经过氧化硅片清洗流程的基片放入腔体中,腔体的本底真空度为 6×10^{-9} Torr。沉积薄膜前,基片加热到 473 K 并保持 1 h。Bi 的沉积速率约为 0.14 Å/s,Te 的沉积速率约为 0.24 Å/s,镀膜时的工作真空度为 8×10^{-8} Torr。第一步,先沉积厚度为 8 nm 的 Bi_2Te_3;第二步,基片台温度以 5 K/min 的速率升到 623 K 并保温 1 h,之后温度以 5 K/min 的速率降到 523 K;第三步,沉积 50 nm 的 Bi_2Te_3,并在高真空的腔体中使基台温度以 5 K/min 的速率降到室温后取出基片,命名为样品 B。为了探索物理法制备纳米片结合溶液法造孔的可行性,将样品 B 放入装满乙二醇(纯度为 99.99%)的水热反应釜(容量 100 mL)中,然后将水热反应釜放入烘箱中加热到 343 K,分别保持 30 min、60 min 和 90 min,将样品分别命名为 B30、B60 和 B90。随后对 Bi_2Te_3 纳米片薄膜进行相应的表征和热电性能测试。

7.1.2　交叉型纳米片薄膜形貌与结构表征

首先对薄膜的表面进行了 SEM 表征,结果如图 7-1 所示。初始态的 Bi$_2$Te$_3$ 薄膜形貌展现为交叉的纳米片形态,纳米片尺寸较小。经过溶液处理后,纳米片边缘变得模糊,并伴有点状物出现,如图 7-1(b)所示。随着乙二醇热处理时间的增加,纳米片的形貌越来越模糊,这是因为 Bi$_2$Te$_3$ 在乙二醇热处理时产生了分解。而初始纳米片的不规则和交叉形态导致 Bi$_2$Te$_3$ 纳米片上不同位点溶解所需要的能量不同,故经过乙二醇热处理后纳米片的形貌没有明显的规律性。

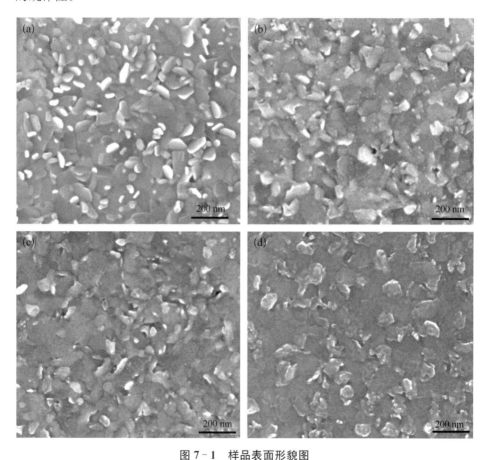

图 7-1　样品表面形貌图

(a) 样品 B;(b) 样品 B30;(c) 样品 B60;(d) 样品 B90

为了检测乙二醇热处理对 Bi$_2$Te$_3$ 纳米片薄膜的成分比例是否有影响,使用扫描电镜对薄膜的成分进行了元素分布检测,样品 B、B30、B60、B90 中的 Te 与 Bi 原子百分比分别为 63.8∶36.2、63.23∶36.77、63.56∶36.44 和 64.30∶35.70,Te 与 Bi 的原子比约在 1.75 左右,薄膜中 Te 成分过量,各薄膜的成分波动介于能谱检测的误差内,结果表明乙二醇热处理对于 Bi$_2$Te$_3$ 纳米片薄膜的成分影响较小,Bi$_2$Te$_3$ 纳米片薄膜表面形貌的变化主要来自 Bi$_2$Te$_3$ 在乙二醇热处理中以一定比例(n_{Bi}∶n_{Te}=2∶3)溶解所致,而非某一种成分的变化。

通过扫描电镜观察到纳米片薄膜的表面形貌发生了变化,为了进一步探测微细结构,使用 AFM 对薄膜的表面形貌进行了表征,观察区域为 5 μm×5 μm,如图 7-2 所示。样品 B、B30、B60 和 B90 的表面均方根粗糙度分别为 7.2 nm、7.0 nm、6.3 nm 和 9.6 nm。样品表面的粗糙度先减小后增加,表明在乙二醇热处理的过程中,纳米片凸起的地方优先溶解,使得薄膜逐渐趋于平坦。随着乙二醇热处理时间的进一步增加,Bi$_2$Te$_3$ 薄膜沿纵向的溶解加剧,使得薄膜表面粗糙度增大。薄膜表面粗糙度的变化意味着薄膜表面的电子、声子传输的方式也会发生变化,散射强度会增强,相应的变化对薄膜的热电性能也会产生显著的影响,这些将在后文进行分析。

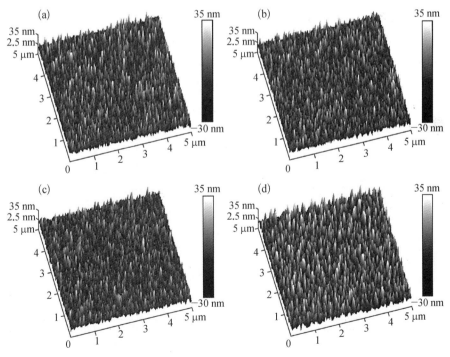

图 7-2 样品表面形貌 AFM 图

(a) 样品 B;(b) 样品 B30;(c) 样品 B60;(d) 样品 B90

为了便于后文比较分析，对样品基本参数进行了整理，见表 7 - 1。

表 7 - 1　Bi₂Te₃ 薄膜的基本参数

样品	原子百分比 ($n_{Te} : n_{Bi}$)	EG 热处理时间/min	厚度/nm	RMS/nm
B	63.8 : 36.2	0		7.2
B30	63.23 : 36.77	30	~60	7.0
B60	63.56 : 36.44	60		6.3
B90	64.30 : 35.70	90		9.6

使用 XRD 对 Bi₂Te₃ 纳米片薄膜在乙二醇热处理前后的结构进行了表征，如图 7 - 3(a)所示。薄膜中峰谱经查可确定为 Bi₂Te₃ 相(JCPDS 卡片号 72 - 2036)和 Te 相(JCPDS 卡片号 85 - 0555)。其中 Bi₂Te₃ 相的(006)峰最为尖锐，相对强度最大。由于 Bi₂Te₃ 晶体的本征六方结构与层间范德瓦耳斯力结合的特征，当 Bi₂Te₃ 自由生长时，趋向于($00l$)方向，体现的形貌为六角纳米片。根据 XRD 谱图中 Bi₂Te₃ 的(006)峰获得各样品对应的晶粒尺寸，样品 B、B30、B60 和 B90 的晶粒尺寸分别为 26.3 nm、28.6 nm、28.9 nm 和 24.8 nm。晶粒尺寸变化不大，经过乙二醇热处理 90 min 的样品晶粒尺寸最小。此外，在每个样品的 XRD 谱图中均出现 Te(101)峰，这与能谱检测结果中的 Te 成分过量相符。各 XRD 谱图的峰均相差不大，表明乙二醇热处理对薄膜的结构影响较小。

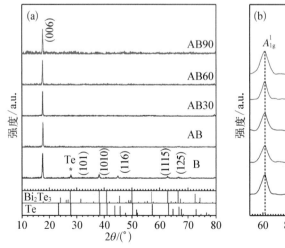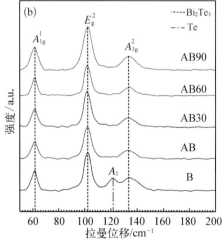

图 7 - 3　样品 XRD 谱图和拉曼谱图

(a) XRD；(b) 拉曼光谱

使用拉曼光谱对 Bi_2Te_3 纳米片薄膜经过乙二醇热处理前后的声子振动模式进行了检测,如图 7-3(b)所示。所有的样品均有三个明显的峰,峰的位移约为 62 cm^{-1}、103 cm^{-1} 和 120 cm^{-1},分别对应于 Bi_2Te_3 的 A_{1g}^1、E_g^2 和 Te 的 A_1 拉曼活性声子振动模式[170-171]。样品 B、B30 和 B60 第四个峰的拉曼位移约为 135 cm^{-1},对应于 Bi_2Te_3 的 A_{1g}^2 模式。B90 样品中的第四个峰则右偏约为 140 cm^{-1}。该右偏的出现有两种可能:一种为 Bi_2Te_3 的 A_{1g}^2 模式,由于在乙二醇中热处理的时间较长,反应时间较长,Bi_2Te_3 在此声子振动方向受到一定应力,使得对应的拉曼位移右偏;另一种可能是 Te 的 E' 模式。相对于单晶 Bi_2Te_3 和 Te 的峰谱,测试获得的拉曼峰有轻微偏移,可能受到微小应力,属于正常范围。

选取样品 B 进行透射电镜分析,进一步观测纳米片的精细结构,Bi_2Te_3 纳米片的结构如图 7-4 所示。制备 TEM 样品时,使用刀刮法。刀刮法对薄膜的破坏较小,由于无水乙醇的分散作用,使得多个纳米片连续平铺成大面积的区域,如图 7-4(a)所示。Bi_2Te_3 薄膜内的界面主要为纳米片之间的界面,如图 7-4(b)所示,可以观察到多个不同取向的 Bi_2Te_3 纳米片之间的界面。除了 Bi_2Te_3 纳米片之间的同质结界面之外,还可以观察到 Bi_2Te_3 和 Te 之间的异质结纳米界面,如图 7-4(c)和(d)所示。通过 TEM 观察表面,Bi_2Te_3 纳米片薄膜中存在多种界面,不同界面对载流子和声子的散射贡献不一样,进而影响材料的热电性能。

7.1.3 交叉型纳米片薄膜热电性能

对 Bi_2Te_3 纳米片在室温下的热电性能进行了测试,如表 7-2 所示。随着乙二醇热处理时间的增加,样品 B、B30、B60 和 B90 中的载流子浓度依次增加。在经过乙二醇热处理后,Bi_2Te_3 的溶解使得 Te 空位缺陷占主导,N 型载流子时间随着热处理时间的增加而依次增加。经乙二醇热处理后薄膜的载流子迁移率依次增加,而相对处理前有所降低,如图 7-5(a)所示,其变化趋势与薄膜表面粗糙度一致。这种变化趋势是由于乙二醇热处理时,Bi_2Te_3 纳米片上不同位点溶解导致表面的粗糙度变化,表面粗糙度主要为纳米片的高度变化所致,表面的纳米界面会散射载流子使得迁移率发生相应的变化。根据电导率的表达式和塞贝克系数的 Mott 公式,电导率随载流子浓度和迁移率的增加而增加,而塞贝克系数则随载流子浓度和迁移率的增加而减小。综合载流子浓度和迁移率的变化趋势,使得样品 B 的电导率在经过乙二醇热处理后,先减小随后增大,与薄膜表面的粗糙度变化趋势一致。而塞贝克系数的变化呈现先增大后减小的趋势,这与

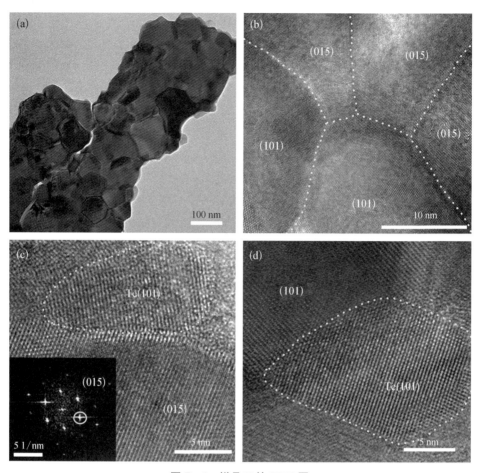

图 7 - 4   样品 B 的 TEM 图

(a) 低分辨率 TEM 图;(b) 不同取向的 Bi_2Te_3 晶粒界面;(c) Bi_2Te_3(015)与 Te(101)界面,
插图为 Bi_2Te_3 区域的傅里叶变换图;(d) Bi_2Te_3(101)与 Te(101)界面

前文所检测的纳米片薄膜表面的粗糙度变化密切相关。最后由电导率和塞贝克系数获得的功率因子呈现先减小后增大的趋势。经过乙二醇热处理 90 min 后的样品在温度为 300 K 时功率因子最高,达到 $13.4\ \mu W \cdot cm^{-1} \cdot K^{-2}$。

表 7 - 2   样品在温度为 300 K 时的热电性能

样品	n /cm^{-3}	μ /$(cm^2 \cdot V^{-1} \cdot s^{-1})$	σ /(S/cm)	α /$(\mu V/K)$	PF /$(\mu W \cdot cm^{-1} \cdot K^{-2})$
B	13.9×10^{19}	26.2	582.9	-148.8	12.9
B30	15.4×10^{19}	16.5	406.3	-154.0	9.6

（续表）

样品	n /cm^{-3}	μ /(cm² · V^{-1} · s^{-1})	σ /(S/cm)	α /(μV/K)	PF /(μW · cm^{-1} · K^{-2})
B60	16.2×10^{19}	18.0	468.0	−165.2	12.8
B90	22.2×10^{19}	21.4	760.0	−132.8	13.4

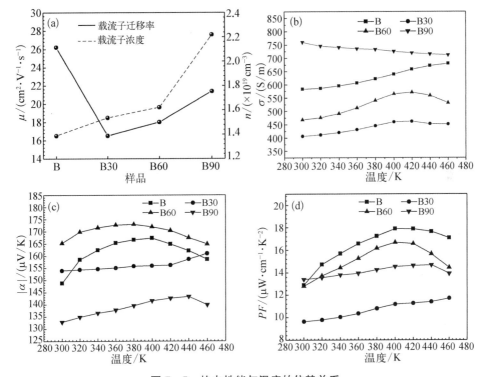

图 7-5 热电性能与温度的依赖关系

（a）样品在温度为 300 K 时的载流子迁移率和载流子浓度变化趋势；（b）、（c）和（d）分别为电导率、塞贝克系数和功率因子随温度变化的关系

为了探索 Bi₂Te₃ 纳米片薄膜工作的最佳温度区间，对其在不同温度下的热电性能进行了测试，如图 7-5(b)～(d)所示。样品 B 和 B30 的电导率随温度的升高而增大，样品 B60 的电导率随温度的升高先增大后有减小的趋势，样品 B90 的电导率随温度的升高而持续降低。在温度较低时，所有样品的塞贝克系数随着温度的升高而逐渐升高，在较高温度后会有所下降。样品 B30 的塞贝克系数随温度变化最为缓慢，在高温时增大少许，这可能是乙二醇热处理时，Bi₂Te₃ 纳米片刚刚开始溶解，溶解位点边缘存在很窄的非晶态区域[199]，使得塞贝克变化

随温度变化有所差异。所有样品的功率因子大致随着温度的增加而增大,样品 B 在 400 K 时的功率因子达到最大,为 18 μW · cm^{-1} · K^{-2}。

7.2   平铺型 Bi$_2$Te$_3$ 纳米片薄膜及乙二醇热处理对热电性能影响研究

Buha 等[200]对 Bi$_2$Te$_3$ 在一定退火温度下的热稳定性和各向异性升华做了研究。Zhu 等[201]通过使用磁控溅射法制备了(015)晶向的 Bi$_{0.5}$Sb$_{1.5}$Te$_3$ 的薄膜,并通过退火实现了向(00l)方向的转变。本节在上一节的研究基础上,进行退火处理并结合乙二醇热处理,研究了纳米片的行为及热电性能。

7.2.1   退火处理与乙二醇热处理

本节在上节制备的交叉型 Bi$_2$Te$_3$ 纳米片薄膜的基础上进行研究。因 Te 在较高温度时易挥发,会使薄膜的成分发生偏移,所以本节对样品 B 在一定温度下进行了退火处理。将样品 B 放入退火炉中,将退火炉内真空抽至 0.1 Pa 以下,随后充满高纯 N$_2$(纯度为 99.999%)至真空度 9.9×10^4 Pa,并重复以上步骤 3 次,尽量排除腔体内的空气。随后退火温度设置为 573 K,退火时间保持 2 h,以 0.5 K/s 的速度升温和降温,待冷却至室温后取出样品,样品命名为 AB。将样品 AB 放入装满乙二醇(纯度为 99.99%)的水热反应釜(容量 100 mL)中,然后将水热反应釜放入烘箱中加热到 343 K,分别保持 30 min、60 min 和 90 min,将样品分别命名为 AB30、AB60 和 AB90。随后对 Bi$_2$Te$_3$ 薄膜进行相应的表征和热电性能测试,为了便于比较,后文分析中列出样品 B 和退火后的 AB 系列样品。

7.2.2   平铺型纳米片薄膜形貌与结构表征

样品 B 与样品 AB 系列的表面形貌如图 7 - 6 所示。样品 B 为交叉的纳米片形态,经过退火处理后的样品 AB 变为平铺状的纳米片,且伴有孔隙出现[201]。交叉纳米片在热处理的过程中倾倒,而交叉的纳米片是无规则的,因此倾倒后的纳米片并不能无缝排列,导致了纳米孔的出现。此外,Te 在退火处理中的挥发也会使纳米片变得不规则更易于平铺,并可能出现纳米孔[200]。此外退火处理也导致了纳米片尺寸的变化,在后文会进行更具体的 XRD 分析。经过乙二醇热处理后,平铺纳米片薄膜出现更多的孔。随着乙二醇热处理时间的增加,纳米孔的总面积倾向于增大,这是由 Bi$_2$Te$_3$ 在乙二醇中的溶解反应随着时间的增长而加剧所致。使用 AFM 检测了 AB、AB30、AB60、AB90 中典型纳米孔的尺寸和深度。随着乙二醇热处理时间的增加,AB、AB30、AB60、AB90 中典型纳米孔的深度依次为 18 nm、36 nm、46 nm 和 52 nm,如图 7 - 6(f)所示。以上结果表明,Bi$_2$Te$_3$ 在乙二醇热处理中的溶解反应包含了平行于薄膜方向和垂直于薄膜方向的反应。

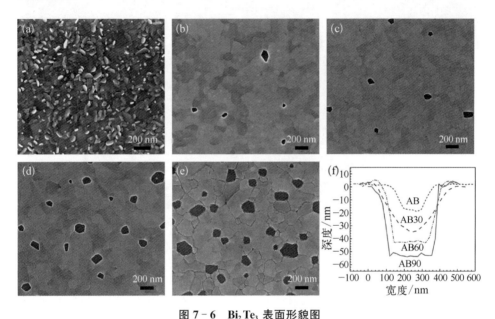

图 7 - 6 Bi$_2$Te$_3$ 表面形貌图

(a) 样品 B;(b) 样品 AB;(c) 样品 AB30;(d) 样品 AB60;(e) 样品 AB90;(f) AFM 检测的 AB 系列样品中典型纳米孔的深度和尺寸

使用 AFM 对薄膜的表面形貌进行了表征,进一步探测微细结构,观察区域为 5 μm×5 μm,结果如图 7 - 7 所示。样品 B、B30、B60 和 B90 的高度色标条的范围依次增大,这是由于 Bi$_2$Te$_3$ 在垂直于薄膜方向的溶解随反应时间的增加而变强。相对于 B 系列样品表面粗糙度的变化,AB 系列样品表面的变化主要体现在孔深度的增加。在经过退火处理后,交叉的纳米片变成平铺,纵向凸起减小。在乙二醇热处理时,Bi$_2$Te$_3$ 溶解反应主要从暴露的平铺纳米片表面开始,从面内和深度方向扩展。纳米孔的出现将会使薄膜表面的电子、声子传输的方式发生巨大变化,相应的变化对薄膜的热电性能也会产生显著的影响。热电性能与孔的关系将在后文进行分析。

由于薄膜的纳米片形态在退火处理以及乙二醇热处理后发生了较大的变

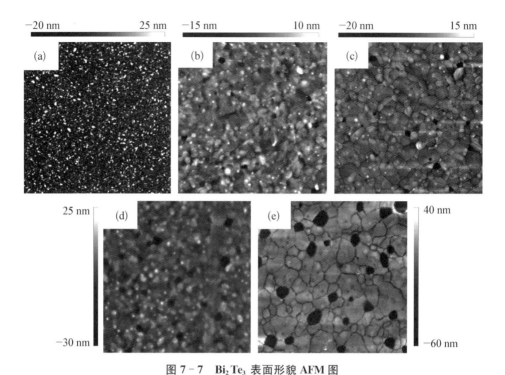

图 7 - 7 Bi_2Te_3 表面形貌 AFM 图

(a) 样品 B;(b) 样品 AB;(c) 样品 AB30;(d) 样品 AB60;(e) 样品 AB90

化,有必要对其元素成分的变化进行检测,检测结果如表 7 - 3 所示。样品 AB、AB30、AB60、AB90 中的 Te/Bi 比在 1.5~1.6 范围内,相比于退火处理前,薄膜中 Te 含量降低,这是由于 573 K 退火处理时,部分 Te 发生了升华所致[200]。此外 Bi_2Te_3 平铺纳米片和交叉纳米片的形态不同,导致其在乙二醇热处理中的溶解反应所开始的位点和剧烈程度不同,但并不影响其仍然以一定比例(n_{Bi} : $n_{Te}=2$: 3)溶解。

表 7 - 3   退火处理后 Bi_2Te_3 薄膜的基本参数

样品	原子百分比比值 (n_{Te} : n_{Bi})	EG 热处理时间/min	厚度/nm	孔深度/nm
B	63.8 : 36.2	0	~60	—
AB	61.6 : 38.4	0		18
AB30	61.06 : 38.94	30	~50	36
AB60	60.97 : 39.03	60		46
AB90	60.85 : 39.15	90		52

使用 XRD 对 Bi₂Te₃ 纳米片薄膜在退火处理前后以及乙二醇热处理前后的结构进行了表征,如图 7-8(a)所示。退火处理后的薄膜中峰谱均可以索引到 Bi₂Te₃ 相(JCPDS 卡片号 72-2036)。相比于退火前,AB 系列样品中只有 Bi₂Te₃ 相的(006)峰,Te 的峰基本消失。表明退火后的 Bi₂Te₃ 纳米片为与基片高度平行的单晶片。根据 XRD 谱图中 Bi₂Te₃ 的(006)峰可获得 AB 系列各样品对应的晶粒尺寸,晶粒尺寸均在 36~40 nm 之间,乙二醇热处理对晶粒尺寸影响不大,而退火处理则使得薄膜的晶粒尺寸变大。

使用拉曼光谱对 Bi₂Te₃ 纳米片薄膜经过乙二醇热处理前后的声子振动模式进行了检测,如图 7-8(b)所示。退火处理后的 AB 系列样品均有三个明显的峰,峰的位移约为 $62 \, \text{cm}^{-1}$、$103 \, \text{cm}^{-1}$ 和 $135 \, \text{cm}^{-1}$,分别对应于 Bi₂Te₃ 的 A_{1g}^1、E_g^2 和 A_{1g}^2 拉曼活性声子振动模式。相比于样品 B,AB 系列样品中 Te 的 A_1 模式消失,只剩下 Bi₂Te₃ 的声子振动模式,表明退火导致 Te 含量变少,与 XRD 和 EDS 检测的结果相一致。而在乙二醇热处理过程中,AB 系列薄膜拉曼谱图中

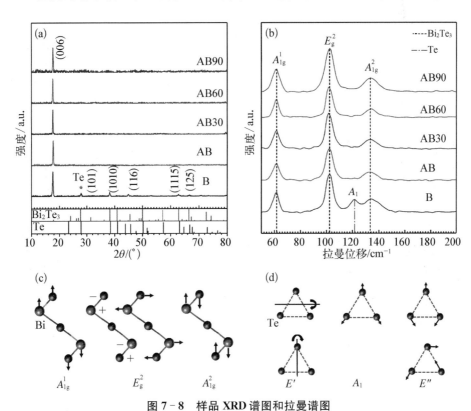

图 7-8 样品 XRD 谱图和拉曼谱图

(a) 样品 XRD 谱图;(b) 样品拉曼谱图;(c) 和(d)分别为 Bi₂Te₃ 和 Te 的拉曼活性声子振动模式

各峰的拉曼位移随处理时间的增加没有明显变化。综合上节交叉状纳米片在乙二醇溶液中的行为,表明在相同成分下,不论纳米片的形状是交叉还是平铺,其拉曼声子振动模式均不受乙二醇热处理的影响。

选取样品 AB 作为代表进行 TEM 分析,进一步观测纳米片及纳米孔的精细结构。为了不破坏薄膜和纳米孔的结构,使用 FIB 方法制备 TEM 观察试样,带有纳米孔的多片 Bi_2Te_3 纳米片的结构如图 7-9(a)所示,元素分布如图 7-9(b)和(c)所示。选定多个纳米片做选取电子衍射分析,衍射谱图为多晶环,表明为多晶,如图 7-9(d)所示。由于选定区域包含多个 Bi_2Te_3 纳米片,不同纳米片以不同的角度接触,这是导致多晶环出现的原因。在观察区域可以观察到多个纳米片之间形成的纳米孔,如图 7-9(e)所示。通过对纳米片周边的纳米片晶格及傅里叶变换进行分析,表明单个纳米片为单晶,晶面为(110),如图 7-9(f)所示。

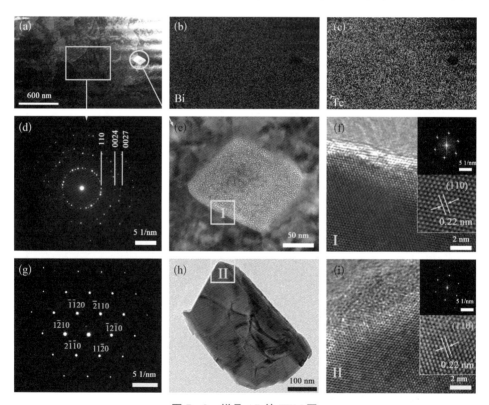

图 7-9　样品 AB 的 TEM 图

(a) 低倍;(b) Bi 元素分布;(c) Te 元素分布;(d) 表示图(a)中选定区域的选区电子衍射谱图;(e)和(f)表示图(a)中纳米孔和相应的边界,插图为傅里叶变换图和高分辨率图;(g)、(h)和(i)分别表示单个 Bi_2Te_3 纳米片的选区电子衍射谱图、对应的纳米片和纳米片边界,插图为傅里叶变换图和高分辨率图

为了更细致的观测到单个纳米片的结构,使用超声振荡法进行制样,单个纳米片的结构如图 7-9(h)所示,其选区电子衍射如图 7-9(g)所示,表明纳米片为单晶。同时相应的高分辨率图和傅里叶变换也证明了这一点,如图 7-9(i)所示。因此平铺的 Bi₂Te₃ 纳米片为(00l)取向的单晶,与 XRD 谱图检测结果相符。单晶片形成的主要原因在于退火处理中纳米片的平铺以及再结晶。

7.2.3　平铺型纳米片薄膜中纳米孔的特征及形成机制

为了探究退火处理以及乙二醇热处理后各样品中孔的分布规律,在扫描电镜下放大 10 000 倍时,每个样品随机选取 10 个区域进行孔的分布统计,结果如图 7-10 所示。样品孔径均值由高斯分布获得,计算孔隙率时,取所有孔的面积总和除以统计区域总面积。

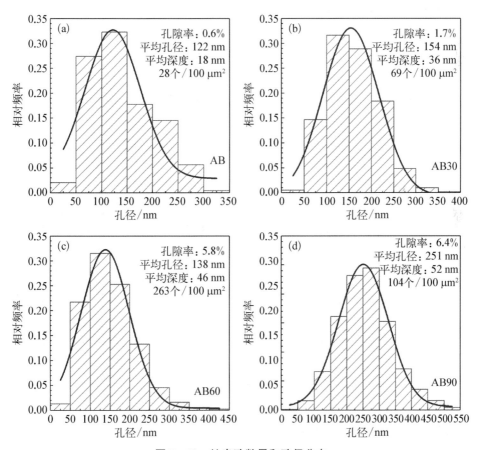

图 7-10　纳米孔数量和孔径分布

(a) 样品 AB;(b) 样品 AB30;(c) 样品 AB60;(d) 样品 AB90

样品 AB 中的孔为纳米片之间的孔,为了区分乙二醇热处理所产生的孔,将其分类为 I 型。样品 AB 中 I 型孔的孔径均值为 122 nm,孔数量为 28 个/100 μm^2。乙二醇热处理 30 min 后,随着 Bi_2Te_3 的溶解,孔径增大至 154 nm,数量增加至 69 个/100 μm^2,孔径均值的增大可能来源于 I 型孔周边纳米片的溶解所导致的孔的进一步扩大,数量的增多主要来源于 Bi_2Te_3 中新孔的产生。当乙二醇热处理时间延长至 60 min 时,孔径均值相比于样品 AB30 减小,为 138 nm,而数量却急剧增加至 263 个/100 μm^2,这是因为大量新孔的生成并逐渐长大,使得孔径均值略有减小。当乙二醇热处理时间延长至 90 min 时,孔径均值增大至 251 nm,而数量则为 104 个/100 μm^2。随处理时间的增加,样品 AB60 中的孔长大,并有部分孔因纳米片溶解而扩大,最后两个小孔融合成一个更大的孔,孔径迅速增加,而孔的数量则略有减少。样品 AB 在乙二醇中的热处理时间为 30 min、60 min 和 90 min 时,其孔隙率由 0.6% 分别增加至 1.7%、5.8% 和 6.4%。通过孔径均值和数量的分布变化趋势,可以初步体现 Bi_2Te_3 纳米片在乙二醇热处理中的溶解机制。同时表明,可以通过合适的乙二醇热处理控制薄膜的孔隙率、孔径大小及孔的数量。

为了进一步研究平铺型 Bi_2Te_3 纳米片薄膜在乙二醇热处理过程中随时间的溶解过程,使用扫描电镜在样品表面选取了大量的区域进行观测,并选取具有代表性的孔分析溶解机制,如图 7-11 所示。首先,交叉纳米片在经过退火后变成平铺纳米片,孔主要为纳米片之间的孔隙,即样品 AB 中的 I 型纳米孔,其边界棱角清晰分明,如图 7-11(e)所示。为了分析 Bi_2Te_3 在乙二醇热处理过程中的溶解过程,首先对 Bi_2Te_3 的晶体结构进行了分析。如图 7-11(a)所示,六角型 Bi_2Te_3 纳米片在 c 轴方向以多个五层原子堆叠,每个五层原子与五层原子之间的 Te 和 Te 以范德瓦耳斯力结合。室温时,Bi_2Te_3 在乙二醇中是稳定的。经乙二醇热处理后,由于层与层之间的范德瓦耳斯力相对较弱,层发生断裂导致了 Bi_2Te_3 的溶解。相关文献[199] 比较了 Bi_2Te_3 的不同表面能并获得了不同晶面的拆解速率,通过溶液法合成的 Bi_2Te_3 纳米片在经过乙二醇热处理后,其中心出现了六角型的纳米孔。在样品 AB30 中平铺型纳米片的中心也出现了六角型纳米孔,将此孔分类为 II 型,如图 7-11(f)所示。II 型纳米孔边缘比较粗糙,表明 Bi_2Te_3 的溶解由中心向四周扩展。随着乙二醇热处理时间的增加,Bi_2Te_3 的溶解加剧,纳米孔会逐渐长大。此外还有另一种类型孔的生成,Bi_2Te_3 的溶解沿平铺纳米片之间的边界向纳米片中心进行,将此孔分类为 III 型,如图 7-11(g)所示。从图 7-11(g)中可以观察到,纳米孔中心还剩下一些未溶解的 Bi_2Te_3 小岛。对以上各类型的纳米孔的分布进行总结可知,I 型纳米孔为样品 AB 中的纳米孔，Ⅱ型纳米孔主要存在于样品 AB30 中，Ⅲ型纳米孔主要存在于样品 AB60 中。样品经过退火处理和乙二醇热处理后，不同纳米孔的生成示意图如图 7-11(b)～(d)所示。样品经乙二醇热处理 90 min 后，Bi_2Te_3 的溶解加剧，纳米孔边缘变得更加粗糙，如图 7-11(h)所示。

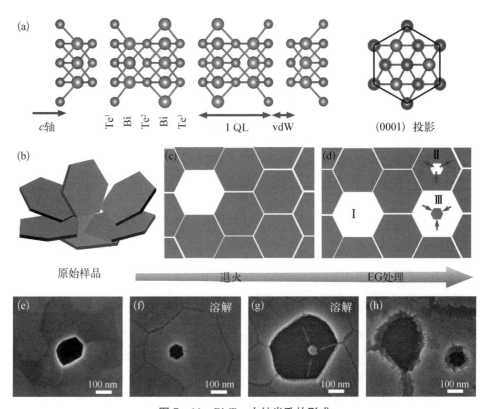

图 7-11　Bi_2Te_3 中纳米孔的形成

(a) Bi_2Te_3 的晶体结构；(b) 样品 B 中的纳米片；(c) 晶粒之间的纳米孔(类型Ⅰ)；(d) 反应生成的纳米孔(类型Ⅱ和Ⅲ)；(e)、(f)、(g)和(h)分别代表样品 AB、AB30、AB60 和 AB90 中的典型纳米孔

7.2.4　平铺型纳米片薄膜热电性能

为了探索纳米孔对平铺 Bi_2Te_3 纳米片薄膜内电子传输的影响，测试了薄膜在不同温度下的热电性能，如图 7-12 所示。

经退火处理后，样品 AB 的电导率随温度的增加而降低，与样品 B 的变化趋势相反，如图 7-12(a)所示。而 AB 系列样品在经过乙二醇热处理后，电导率大大减小，这是由于孔的存在使得沿薄膜表面传输的载流子受到了强烈散射。乙二醇热处理时间增加后,薄膜的孔隙率增加,电导率呈现减小的趋势,然而样品 AB60 的电导率比 AB90 更低,与纳米孔的数量出现反常有关。以上结果初步表明,相对于孔隙率而言,孔的数量对电导率的影响更大。载流子浓度随温度的变化如图 7 - 12(b)所示。

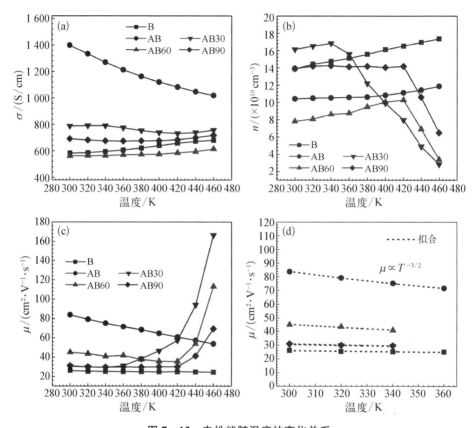

图 7 - 12 电性能随温度的变化关系

(a) 电导率;(b) 载流子浓度;(c) 载流子迁移率;(d) 载流子迁移率与温度的拟合关系

未经乙二醇热处理时,无论样品是否经过退火处理,薄膜中载流子浓度均随温度的升高而增加。经乙二醇热处理后,薄膜中载流子浓度随温度的升高先缓慢增加,随后迅速减小。由前文分析可知,Bi_2Te_3 在乙二醇中的热溶解导致纳米孔的边缘出现粗糙界面,可能会出现很窄的非晶过渡区,致使载流子浓度随温度变化与处理前出现较大的差异[199]。沿纳米片薄膜表面分布的纳米孔将对薄膜表面的电子传输产生强烈的散射作用,载流子的迁移率如图 7 - 12(c)所示。未经乙二醇热处理时,样品 B 的载流子迁移率随温度变化较小,样品 AB 的载流子迁移率则随温度的升高而逐渐减小。经过乙二醇热处理后,AB 样品中载流子迁移率随温度的升高先缓慢减小,随后增加。载流子迁移率随温度的升高而增加的区间,可能与乙二醇处理后产生的纳米孔边缘存在的窄非晶态区域有关,载流子的散射机制随温度的变化发生了一定改变,此时主要散射机制为杂质散射。在较低温度区间时,载流子迁移率随着温度变化的拟合关系正比于 $T^{-3/2}$,如图 7 - 12(d)所示。表明此温度区间以声学散射为主,散射因子为 -1/2。

Bi₂Te₃ 纳米片薄膜中各样品的塞贝克系数随温度的变化如图 7 - 13(a)所示。在未经退火处理的样品 B 中,塞贝克系数随温度的升高先增大后减小。而经退火处理的 AB 系列样品,不管是否进行过乙二醇热处理,纳米片薄膜样品的塞贝克系数均随温度的增加而减小。根据 Mott 公式,较高的载流子浓度和迁移率会导致塞贝克系数的降低,塞贝克系数随温度变化的趋势体现了载流子浓度和迁移率随温度变化的综合结果。Bi₂Te₃ 纳米片薄膜中各样品的功率因子随温度的变化如图 7 - 13(b)所示。样品 AB 的功率因子随温度的升高而减小,变化明显。样品 AB 在经过乙二醇热处理后,功率因子减小,但仍高于样品 B。随乙二醇热处理时间的增加,AB 系列样品的功率因子随温度变化的趋势越来越平缓。

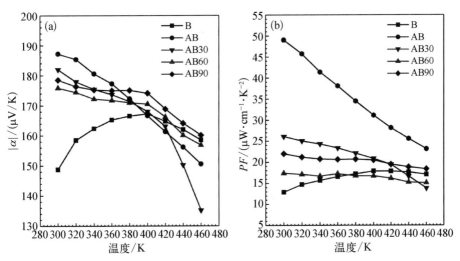

图 7 - 13　热电性能随温度的变化关系

(a) 塞贝克系数;(b) 功率因子

为了考察纳米孔对 Bi₂Te₃ 纳米片薄膜热电性能的影响,表 7 - 4 列出了薄膜室温下的热电相关参数。经退火处理后,AB 系列样品在 300 K 时的功率因子均高于样品 B。样品 AB 中载流子平均自由程最大,使得其电导率达到了

1 398.6 S/cm,其室温功率因子最大达到 49.1 $\mu W \cdot cm^{-1} \cdot K^{-2}$。随乙二醇热处理时间的增加,样品的孔隙率增加,功率因子逐渐减小。而样品 AB60 的功率因子的变化趋势却出现异常,其孔隙率小于样品 AB90,但其功率因子也小于AB90。由于样品 AB60 中纳米孔数量的异常,导致其电导率的变化趋势也出现了异常。同时,其对应的塞贝克系数趋势也发生了相应变化。经退火处理后,纳米片薄膜的塞贝克系数均高于退火处理前。

表7-4　样品在温度为 300 K 时的热电性能

样品	n /cm^{-3}	l /nm	L /($V^{-2} \cdot K^{-2}$)	m^*/m_0	η	σ /(S/cm)	α /($\mu V/K$)	PF /($\mu W \cdot cm^{-1} \cdot K^{-2}$)
B	13.9×10^{19}	2.8	1.73×10^{-8}	2.27	1.05	582.9	−148.8	12.9
AB	10.4×10^{19}	8.0	1.64×10^{-8}	2.66	0.29	1 398.6	−187.3	49.1
AB30	16.1×10^{19}	3.9	1.65×10^{-8}	3.39	0.39	787.4	−182.0	26.1
AB60	7.8×10^{19}	3.4	1.66×10^{-8}	1.98	0.50	562.6	−175.9	17.4
AB90	13.9×10^{19}	3.3	1.66×10^{-8}	2.98	0.45	690.9	−178.5	22.0

塞贝克系数与载流子浓度的关系(Pisarenko)如图 7-14(a)所示。由图可知,除样品 AB60 外,其他 AB 系列样品的载流子有效质量相比于 B 均有所增大。通过调节纳米孔的大小和数量,可以调节载流子有效质量,进而调节薄膜的

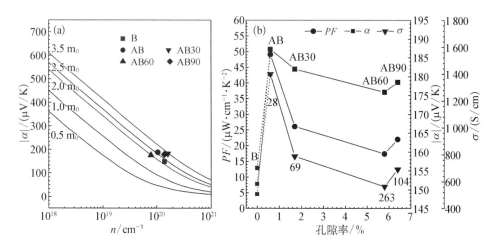

图7-14　Pisarenko 和热电性能

(a) 塞贝克系数绝对值与载流子浓度在 300 K 时的关系图(Pisarenko plot);(b) 纳米孔和热电性能的关系(图中数字为每 100 μm^2 面积内的纳米孔数)

塞贝克系数。纳米片薄膜热电性能与纳米孔的关系如图 7 - 14(b)所示。综上因素,样品 AB 合适的塞贝克系数和电导率使得其获得了较高的功率因子。

交叉型纳米片薄膜在变为平铺型纳米片薄膜后功率因子得到了极大提高,为了进一步比较热电性能的变化,对其热导率进行了测试。由于薄膜沉积在硅基片上,且薄膜厚度太薄,面内热导率的测量存在很大的困难。本文使用 TDTR 方法对薄膜进行了纵向(面外)热导率测试,并参考相关文献[202-203]通过纳米片薄膜的面外热导率可估算其面内热导率。由于乙二醇热处理后的 AB 系列样品孔隙过多会影响纵向的热导率的测试,因而仅对样品 B 和 AB 在室温下的面外热导率进行了测试,其 TDTR 测试数据及拟合曲线如图 7 - 15 所示。

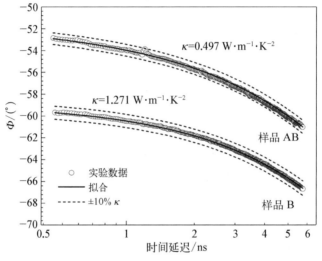

图 7 - 15 TDTR 测试的热导率数据

样品 B 为交叉型纳米片薄膜,测得其面外热导率 $\kappa_{\perp}$ 为 1.271 W·m⁻¹·K⁻¹。根据 XRD 谱图检测结果,Bi₂Te₃ 并没有明显的择优取向,因此可以粗略认为其各向同性,面内热导率 $\kappa_{\parallel}$ 等于面外热导率。根据其面内功率因子,计算获得其在 300 K 时的面内 ZT 值为 0.3。而样品 AB 为平铺型纳米片薄膜,XRD图谱结果表明其为(00l)取向的纳米片,纳米片薄膜面外的方向即为 Bi₂Te₃ 晶体的 c 轴方向。根据 Wiedemann - Franz 定律和表 7 - 4 中计算获得的洛伦兹常数可计算获得面内电子热导率 $\kappa_{\parallel,e}$ 为 0.69 W·m⁻¹·K⁻¹。根据载流子浓度相似的块体 Bi₂Te₃ 单晶中的各向异性因子,可以初步估算获得平铺型纳米片薄膜的热导率,其中电子热导率各向异性的关系为 $\kappa_{\perp,e}/\kappa_{\parallel,e}=6.67$,晶格热导率各向异性的关系为 $\kappa_{\perp,L}/\kappa_{\parallel,L}=1.34$[151]。块体 Bi₂Te₃ 单晶和本节的平铺型纳米片薄膜的相关计算参数和结果如表 7 − 5 所示。

表 7 − 5 样品 AB 和相关材料的热导率

样品结构		$\kappa/(W \cdot m^{-1} \cdot K^{-1})$	$\kappa_e/(W \cdot m^{-1} \cdot K^{-1})$	$\kappa_L/(W \cdot m^{-1} \cdot K^{-1})$	$\kappa_{\parallel,e}/\kappa_{\perp,e}$	$\kappa_{\parallel,L}/\kappa_{\perp,L}$
AB	面内	1.22	0.69	0.53	6.67	1.34
	面外	0.50	0.10	0.40		
块体单晶	面内	3.24	1.89	1.35		
	面外	1.29	0.28	1.01		

AB 样品的面外热导率为 $0.497 \ W \cdot m^{-1} \cdot K^{-1}$，在不考虑面内存在纳米孔的前提下，根据面内电子热导率和各向异性因子，获得面外的电子热导率为 $0.10 \ W \cdot m^{-1} \cdot K^{-1}$，根据测得的面外热导率获得面外的晶格热导率为 $0.40 \ W \cdot m^{-1} \cdot K^{-1}$，随后根据面外晶格热导率和各向异性因子获得面内的晶格热导率为 $0.53 \ W \cdot m^{-1} \cdot K^{-1}$。最后，估算获得的面内热导率为 $1.22 \ W \cdot m^{-1} \cdot K^{-1}$，为其面外热导率的 2.44 倍。由此面内热导率可得薄膜面内 ZT 值为 1.2。此种方法估算面内热导率是在不考虑纳米孔为前提条件下进行的。由于面内存在大量的纳米孔，会强烈散射面内声子，使得面内实际热导率会低于估算获得的值，因此其实际 ZT 值会大于 1.2。

7.3 本章小结

本章主要对分子束外延制备 Bi_2Te_3 材料的试验工艺进行了摸索。

(1) 使用 MBE 制备了交叉型 Bi_2Te_3 纳米片薄膜，并使用乙二醇对薄膜进行了 0 min、30 min、60 min、90 min 的热处理。在热处理时，Bi_2Te_3 在乙二醇中以一定比例（$n_{Bi}:n_{Te}=2:3$）溶解。由于溶解反应时间的不同，纳米片薄膜表面的粗糙度发生变化，致使 Bi_2Te_3 纳米片薄膜表面的电子-声子传输发生相应改变。经过乙二醇热处理 90 min 后的薄膜在 300 K 时获得最大的功率因子为 $13.4 \ \mu W \cdot cm^{-1} \cdot K^{-2}$，未经乙二醇处理的 Bi_2Te_3 薄膜在 400 K 时获得最大的功率因子 $18 \ \mu W \cdot cm^{-1} \cdot K^{-2}$。

(2) 通过退火处理，使 Bi_2Te_3 交叉纳米片薄膜变为平铺的多个单晶纳米片，这些纳米片之间存在孔。使用乙二醇对平铺型纳米片薄膜进行了 0 min、30 min、60 min、90 min 的热处理。在热处理时，Bi_2Te_3 在乙二醇中以一定比例

($n_{Bi} : n_{Te} = 2 : 3$)溶解,平铺型纳米片薄膜中出现新的孔。随乙二醇热处理时间的增加,孔的数量和大小呈增加趋势,由于孔生成机制的差异,在 60 min 热处理时孔的数量急剧增多,而孔径均值略有减小。整体上,随乙二醇热处理时间的增加,孔隙率增加。相对孔隙率和孔径而言,孔数量对薄膜的功率因子影响更明显。随薄膜单位面积内孔数量的增多,塞贝克系数、电导率和功率因子逐渐减小。未经乙二醇热处理的平铺型纳米片薄膜的功率因子最大,在 300 K 时高达 $49.1\ \mu W \cdot cm^{-1} \cdot K^{-2}$,相应的孔隙率、孔径和数量分别为 0.6%、122 nm 和 28 个/100 μm^2。在 300 K 时,未经乙二醇热处理的交叉纳米片和平铺型纳米片薄膜的面外热导率分别为 $1.27\ W \cdot m^{-1} \cdot K^{-1}$ 和 $0.50\ W \cdot m^{-1} \cdot K^{-1}$,通过薄膜各向异性的分析,估算其面内热导率分别为 $1.27\ W \cdot m^{-1} \cdot K^{-1}$ 和 $1.22\ W \cdot m^{-1} \cdot K^{-1}$。最后,获得交叉型纳米片和平铺型纳米片薄膜的室温 ZT 值分别为 0.3 和 1.2。由于平铺型纳米片薄膜的面内有大量纳米孔,因此其实际 ZT 值会大于 1.2。

8 总结与展望

通过控制不同维度可以设计热电材料,低维化的热电材料热电性能优异。一方面,热电材料低维化后,费米能级附近的状态密度会提高,载流子有效质量及塞贝克系数绝对值增加;另一方面,声子的量子禁闭效应会降低热导率。此外,量子约束等效应会提高载流子迁移率。相比于发展较为成熟的块体热电材料与器件,热电薄膜更易与现代微纳加工技术结合制成微型器件,适用的领域更加广阔。本书旨在制备纳米构建热电薄膜,对影响热电薄膜性能的因素进行了调控,为热电薄膜的低维化应用提供借鉴。

磁控溅射法是微纳加工技术中最为常见的薄膜沉积方法之一。首先使用磁控溅射法构建多层热电薄膜,选取 Si 材料,构建了 Si/($Si_{0.75}Ge_{0.25}$、Cr、Ti)、Si/$Si_{0.75}Ge_{0.25}$/Au、Si/Au 多层薄膜;选取 Sb_2Te_3 材料,构建了 M(M=Au,Ag,Cu,Pt,Cr,Mo,W,Ta)/Sb_2Te_3 多层薄膜。控制不同界面、周期、厚度,通过构造界面散射声子降低薄膜热导率。此外,选取部分多层薄膜进行退火处理,调控热导率和功率因子,研究界面演变与热电性能的关系。

采用磁控溅射法沉积 Sb_2Te_3 和 Bi_2Te_3 基薄膜,研究溅射方式、溅射功率、退火温度、厚度等因素对薄膜的结构和热电性能的影响。此外,使用分子束外延法沉积 Sb_2Te_3 和 Bi_2Te_3 基薄膜,通过精确地控制掺杂、生长方式、纳米孔等因素,考察薄膜结构和热电性能。

在过去的几年里,利用微电子工业的优势,越来越多的组件、设备和仪器实现了小型化。目前,热电材料已由块状热电材料向纳米线、超晶格、多层薄膜等低维热电材料发展。此外,小型化可以提高热电模块的集成密度,从而增加电力输出。同时,热电器件的特征尺寸越小,功率密度越大。因此,实现热电装置的小型化越来越受到人们的重视。微型化的热电器件可以向一些微机电系统(MEMS)器件设备提供微瓦或毫瓦数量级的能量供应。根据 MEMS 热电器件的结构特点,可以将 MEMS 热电器件分为平面结构 MEMS 热电器件和垂直结构 MEMS 热电器件。其中,垂直结构热电器件的结构特点是热电柱与基片垂直,即热流和电流流过热电材料的方向与基片相互垂直。传统的热电器件主要是垂直结构。与平面结构相比,垂直结构的加工相对简单,因此微型热电器件大部分也是垂直结构。在现有的国内外研究状况中,垂直结构 MEMS 热电器件按照底电极、热电材料、顶电极的顺序依次加工完成,也有分模块加工,然后进行键合组装完成的工艺。P 型和 N 型的热电单元通过电极材料按照一定的上下顺序串联,夹在两个导热良好的基片之间。当热量通过基片,热电单元形成热并联,产生电能。热电材料加工方法有电子束蒸发法、电化学沉积法、丝网印刷法、分子束外延法、磁控溅射法等。综上所述,MEMS 技术已经在微型热电器件的加工中得到了广泛应用，MEMS 技术的应用也极大地促进了微型热电器件结构和性能的发展。

辐射制冷是近年来发展起来的一种被动制冷方式，可以不使用电能等其他能源将地球上的物体的热量以热辐射的形式通过"大气窗口"传输到外太空，从而降低物体的温度。外太空的温度大约为 4 K 左右，对于地球上的物体来说，外太空是一个巨大的冷源。但是，由于地球大气中存在水蒸气、臭氧、二氧化碳等气体，阻碍了地球物体与外太空之间通过热辐射进行的热交换。然而，对于某些波段的电子波来说，大气可以让其顺利透过而不受阻碍或者受到很小的阻碍，对于这些波段的电磁波，大气就像透明的一样，因此，这些能让大气透明的波段称为"大气窗口"。大气窗口的波段主要有 0.3～2.5 μm、3.2～4.8 μm、8～13 μm 等，通过这些窗口，地球上的物体就能向外太空（近似绝对零度）以热辐射的形式进行热量传递。根据维恩位移定律，地球上的物体（温度约在 20～50℃ 范围内）的热辐射波的波长正好对应于 8～13 μm 的大气窗口，因此，人们对 8～13 μm 这个大气窗口最感兴趣，希望能利用这个窗口实现辐射制冷。经过几十年的研究，对辐射体性能的改善已经取得了巨大的进步。一方面，为了获得良好的红外发射体，许多研究者已经对天然化合物、聚合物薄膜、色素涂料及气体等进行了研究；另一方面，近年来，越来越多的研究人员开始关注白天的辐射冷却，并取得了突破性进展，实现了全天 24 小时的辐射制冷。本课题组创新性地提出并初步验证了利用辐射制冷技术与微纳热电芯片互联实现发电的研究。

MEMS 热电芯片系统可以把自然界中无处不在、无时不在，且长期被忽视的微小温差（如室内外温差、海洋不同深度海水温差、洞穴温差、红外辐射制冷产生的温差等）转换为电能，解决当前需要长期、稳定、无源的能源供给问题。能源供给系统维护复杂和使用寿命不足等问题极大地限制了其在外太空探测等方面的应用，而基于辐射制冷的微小温差发电芯片可以实现全天候无人值守发电，在极地、海岛、高山、沙漠等条件恶劣、无人值守的地方，诸如自动无人气象站、浮标和灯塔、地震观察站、飞机导航信标、微波通讯中继站等都可以使用免维护、长寿命的微小温差发电芯片。在医学上，长寿命微小温差发电芯片可广泛应用于各种植入式传感器，它们体积虽小，却可以免维护免更换，免除了病人更换电池的痛苦。微小温差发电芯片也有望应用于手机制造领域，它可以充分利用手机运行产生的废热，提高手机续航能力。在自然界和人类的生产生活中存在着各种情形的温差条件，比如室内外的温差、汽车发动机排气管内外的温差、人体和环境之间的温差、阳光照射面与背面之间的温差、地球与外太空之间的温差、工业废水废气与环境之间的温差、太阳能电池板背面与环境之间的温差等，以上被长期忽略的微小温差均可以通过微小温差发电芯片实现充分的能源利用。

　　总的来说,采用物理气相沉积方法沉积热电薄膜,针对热电材料的不同参数进行了调控优化,有利于结合微加工工艺制备微型器件,拓展更广的应用场景。针对热电薄膜的研究工作仍在继续,与此同时将其用于微型器件的工作也在不懈努力中。希望本书能对研究热电薄膜及其应用的工作者有所裨益。

附录 1　Si 和 Sb_2Te_3 基多层薄膜热导率

多 层 薄 膜			厚度/nm	层 数	热导率/
材料 A	材料 B	材料 C	A/B/C	A+B+C	$(W \cdot m^{-1} \cdot K^{-1})$
非晶 Si	—	—	—	—	1.44
—	非晶 $Si_{0.75}Ge_{0.25}$	—	—	—	0.76
Si	$Si_{0.75}Ge_{0.25}$	—	1.5/1	200+200	0.98
			3/2	100+100	1.09
			6/4	50+50	1.09
			12/8	25+50	0.85
			30/20	10+50	1.12
			12/10/0	10+10	0.94
		Au	12/10/10	10+8+2	0.97
			12/10/10	10+5+5	1.02
			13.1/8.5	10+10	1.01
		Cr	14.2/9.4		0.89
		Ti	12.0/7.9		0.44
	—	Au	12/1		0.67
			12/3		0.60
			12/5		0.62
			12/10		1.31
			12/20		1.55
			12/40		2.28
Sb_2Te_3	—	Au			1
			13/1	10+10	0.85
			13/3		0.5

（续表）

多　层　薄　膜			厚度/nm	层　数	热导率/
材料 A	材料 B	材料 C	A/B/C	A+B+C	(W・m^{-1}・K^{-1})
Sb$_2$Te$_3$	—	Au	13/5	10+10	0.45
			13/10		0.55
			13/20		0.72
			15/5		0.43
			15/10		0.60
			15/15		0.77
		Ag	15/5		0.16
			15/10		0.33
			15/15		0.50
		Cu	15/5		0.68
			15/10		1.39
			15/15		1.93
		Pt	15/5		1.44
			15/10		2.07
			15/15		2.52
		Cr	15/5		0.31
			15/10		0.43
			15/15		0.55
		Mo	15/5		0.21
			15/10		0.41
			15/15		0.53
		W	15/5		0.26
			15/10		0.37
			15/15		0.42
		Ta	15/5		0.22
			15/10		0.30
			15/15		0.37

注：制备方式为磁控溅射法，获得的热导率为室温条件下面外方向。

附录 2　Sb_2Te_3 基多层薄膜热电性能

多层薄膜 材料A	材料B	厚度/nm A/B	层数 A+B	基片温度/K	退火温度(K)/时间(h)	测试性能温度范围/K	σ/(S/cm)	α/(μV/K)	PF/(μW·cm^{-1}·K^{-2})	κ/(W·m^{-1}·K^{-1})
Sb_2Te_3	—	200	1	室温	423/6	300	200	90	1.62	—
					473/6		300	92	2.40	
	Cu	20/0.1	10+10		423/6		800	65	3.40	
					473/6		1 587	43	2.90	
		20/0.3			423/6		1 120	66	4.80	
					473/6		1 250	58	4.20	
	—	200	1		423/6	210~425	127~174	100~138	1.28~3.25	
	Ag	20/1	10+10				150~197	138~162	2.85~5.10	
		20/2					60~129	160~197	1.61~4.84	
		20/4					342~589	88~121	4.56~4.89	
	Te	250	1	423	—	300	456.96	121	6.69	0.42
		5/1	50+50				425.54	147.5	9.26	0.31
		5/2					262.09	171	7.66	0.35
		5/4					99.74	195	3.79	0.4

注：采用分子束外延法共蒸发制备 Sb_2Te_3，功率因子为面内，热导率为面外。

附录 3 磁控溅射 Sb_2Te_3/Bi_2Te_3 基薄膜热电性能

薄膜	沉积方式	基片	控制参数		厚度/nm	$\sigma/(\text{S/cm})$	$\alpha/(\mu V/K)$	$PF/(\mu W \cdot cm^{-1} \cdot K^{-2})$	$\kappa/(W \cdot m^{-1} \cdot K^{-1})$
Sb_2Te_3	Sb_2Te_3(RF)溅射	玻璃	调控溅射功率/W	15	~240	82.37	136.43	1.53	—
				20		115.47	147.24	2.50	
				25		125.47	140.26	2.47	
			功率20 W, 退火6 h, 调控退火温度/K	373	243	277.78	119.60	3.97	
				423	240	907.44	116.63	12.34	
				473	238	1 043.84	119.01	14.78	
				523	236	1 176.47	124.00	18.09	
				573	180	4.23	330.7	0.46	
			功率20 W, 调控厚度	—	90	36.70	149.48	0.82	
					140	1	150.44	1.34	
					190	93.02	146.63	2.00	
					230	115.47	150.34	2.61	
					270	119.33	147.61	2.60	
					90	1 111.11	121.77	16.48	

（续表）

薄膜	沉积方式	基片	控制参数		厚度/nm	$\sigma/(S/cm)$	$\alpha/(\mu V/K)$	$PF/(\mu W \cdot cm^{-1} \cdot K^{-2})$	$\kappa/(W \cdot m^{-1} \cdot K^{-1})$
Sb$_2$Te$_3$	Sb$_2$Te$_3$(RF)溅射	玻璃	功率20 W,调控厚度 523 K,退火6 h		140	1 190.48	120.93	17.41	—
					190	1 234.57	119.31	17.57	
					230	1 298.70	117.95	18.07	
					270	1 449.28	116.14	19.55	
Te/Sb$_2$Te$_3$	Sb$_2$Te$_3$(RF 150 W)+Te(DC 10 W)共溅射 Te/Sb原子百分比为1.8	SiO$_2$/Si	423 K退火,调控退火时间/min	0	85	5.33	335.4	0.6	0.41
				30	80	524.4	145.9	11.2	0.55
				180	75	557.02	112.9	7.1	0.69
Sb$_2$Te$_3$	Sb(DC,15 W)+Te(RF,10 W)共溅射	SiO$_2$/Si	退火2 h,调控退火温度/K	473	915	75	104.2	0.8	
				523	924	112	120.6	1.6	
				573	951	121	125.0	1.9	
				623	981	126	127.5	2.1	
				673	1 200	101	121.5	1.5	
Bi$_2$Te$_3$	Bi(DC,13 W)+Te(RF,10 W)共溅射	SiO$_2$/Si	退火2 h,调控退火温度/K	473	687	73	−108.8	0.9	—
				523	699	74	−126.4	1.2	
				573	673	82	−129.7	1.4	
				623	571	116	−134.4	2.1	
				673	552	98	−127.9	1.6	

（续表）

薄膜	沉积方式	基片	控制参数		厚度/nm	σ/(S/cm)	α/(μV/K)	PF/(μW·cm^{-1}·K^{-2})	κ/(W·m^{-1}·K^{-1})
Bi-Sb-Te	Sb$_2$Te$_3$(RF, 20 W)+Bi	玻璃	调控 Bi 功率/W	3	~240	32.82	66.1	0.14	—
				4		28.89	64.07	0.12	
				5		23.80	58.73	0.08	
			退火 6 h,调控退火温度/K	373	—	66.72	115.98	0.90	
				423		104.53	124.77	1.63	
				473		203.22	127.41	3.30	
				523		714.29	154.64	17.08	
				573		620.45	190.6	22.54	
				623		68.86	19.9	0.03	
	Sb$_2$Te$_3$(RF, 20 W)+Bi(DC,3 W)		调控厚度	—	90	16.28	93.9	0.14	
					140	21.34	86.93	0.16	
					180	24.14	77.95	0.15	
					240	32.71	66.34	0.14	
					280	34.65	66.17	0.14	
				673 K 退火 6 h	90	589.57	167.19	16.48	
					140	603.25	171.95	17.84	
					180	613.21	180.92	20.07	

（续表）

薄膜	沉积方式	基片	控制参数		厚度/nm	$\sigma/(S/cm)$	$\alpha/(\mu V/K)$	$PF/(\mu W \cdot cm^{-1} \cdot K^{-2})$	$\kappa/(W \cdot m^{-1} \cdot K^{-1})$
Bi－Sb－Te	Sb_2Te_3(RF,20 W)＋Bi(DC,3 W)	玻璃	调控厚度	673 K 退火 6 h	240	623.50	190.96	22.74	—
					280	636.94	203.82	26.41	
			基片室温,退火6 h	室温	—	24.24	78.45	0.15	
				423		60.31	125.15	0.94	
				473		141.67	130.70	2.42	
				523		689.37	153.63	16.27	
				573		613.31	181.16	20.13	
				623		35.19	58.40	0.12	
			基片温度423 K,退火6 h	室温	—	117.67	112.72	1.49	
				423		173.25	121.06	2.54	
				473		251.85	133.77	4.51	
				523		605.84	161.81	15.86	
				573		694.33	190.99	25.32	
				623		34.87	86.00	0.26	
			基片温度473 K,退火6 h	室温	—	102.22	109.09	1.22	
				423		159.06	124.13	2.45	
				473		200	131.72	3.47	

（续表）

薄膜	沉积方式	基片	控制参数	厚度/nm	$\sigma/(\mathrm{S/cm})$	$\alpha/(\mu\mathrm{V/K})$	$PF/(\mu\mathrm{W}\cdot\mathrm{cm}^{-1}\cdot\mathrm{K}^{-2})$	$\kappa/(\mathrm{W}\cdot\mathrm{m}^{-1}\cdot\mathrm{K}^{-1})$
Bi-Sb-Te	Sb_2Te_3(RF, 20 W) + Bi(DC, 3 W)	玻璃	基片温度 473 K, 退火 6 h　523		536.13	168.45	15.21	—
			573	—	624.53	190.87	22.75	
			623		44.44	93.16	0.39	
			基片温度 523 K, 退火 6 h　室温		73.92	103.87	0.80	
			423	—	152.81	120.55	2.22	
			473		181.33	128.65	3.00	
			523		526.49	155.16	12.68	
			573		533.51	195.64	20.42	
			623		68.86	102.88	0.73	

注：上表为室温时热电性能,功率因子为面内,热导率为面面外。

附录 4　分子束外延法制备 Sb_2Te_3/Bi_2Te_3 薄膜热电性能

薄膜	基片	参数	调节	$\sigma/(S/cm)$	$\alpha/(\mu V/K)$	$PF/(\mu W \cdot cm^{-1} \cdot K^{-2})$	$\kappa/(W \cdot m^{-1} \cdot K^{-1})$	ZT
Sb_2Te_3-Sb	石英	调节 Sb 原子含量/%	10	97.58	121	1.43	0.13	0.33
			40	144.71	90	1.17	0.17	0.21
			63	7.32	536	2.10	0.10	0.63
Sb_2Te_3	Si(111)	调节薄膜厚度/nm	28	425.713				
			67	623.83		—		
			98	898.473				
			121	1 036				
		非掺杂	Sb_2Te_3	64.3	159.86	1.64	—	
		Bi 掺杂	$Bi_{0.4}Sb_{1.6}Te_3$	801	134.71	14.5		
Bi_2Te_3	SiO_2/Si	乙二醇 343 K 热处理时间/min	0	582.9	−148.8	12.9	1.27	
			30	406.3	−154.0	9.6		
			60	468.0	−165.2	12.8	—	—
			90	760.0	−132.8	13.4		
		573 K 退火 2 h	0	1 398.6	−187.3	49.1	0.50	
			30	787.4	−182.0	26.1		
			60	562.6	−175.9	17.4	—	
			90	690.9	−178.5	22.0		

注：采用分子束外延法共蒸发制备。上表为室温时热电性能。功率因子为面内，热导率为面外。

重要符号列表

B	磁感应强度	T_c	冷端温度
C	比热容	T_h	热端温度
D	晶粒尺寸	U_H	霍尔电压
E_0	真空能级	v_p	声子群速度
E_A	电子亲和能	ZT	热电优值
E_c	导带能级	Λ	声子平均自由程
E_F	费米能级	Φ	功函数
E_g	禁带宽度	ϕ_b	势垒高度
E_v	价带能级	α	塞贝克系数
e	电子电荷量	γ	散射因子
k_B	玻尔兹曼常数	η	简约费米能级
L	洛伦兹常数	κ_e	电子热导率
l	载流子平均自由程	κ_L	晶格热导率
m^*	载流子有效质量	κ	热导率
m_0	电子质量	λ	波长
n	载流子浓度	μ	载流子迁移率
PF	功率因子	σ	电导率
R_H	霍尔系数		

参 考 文 献

［1］ 孙晓仁,孙怡玲. 21 世纪世界能源发展的 10 个趋势[J]. 科技导报,2004,
    (5)：51 – 3.

［2］ DAI Z Q. Comparison of energy structure and utilization efficiency of
    major world countries[J]. Shanghai Electric Power, 2004, 17(6)：545.

［3］ BELL L E. Cooling, heating, generating power, and recovering waste
    heat with thermoelectric systems[J]. Science, 2008, 321(5895)：1457 –
    1461.

［4］ LI P, CAI L, ZHAI P, et al. Design of a concentration solar
    thermoelectric generator[J]. Journal of Electronic Materials, 2010, 39
    (9)：1522 – 1530.

［5］ ORR B, AKBARZADEH A, LAPPAS P. An exhaust heat recovery
    system utilising thermoelectric generators and heat pipes[J]. Applied
    Thermal Engineering, 2017, 126：1185 – 1190.

［6］ KIM C S, LEE G S, CHOI H, et al. Structural design of a flexible
    thermoelectric power generator for wearable applications[J]. Applied
    Energy, 2018, 214：131 – 138.

［7］ LU Z, ZHANG H, MAO C, et al. Silk fabric-based wearable
    thermoelectric generator for energy harvesting from the human body
    [J]. Applied Energy, 2016, 164：57 – 63.

［8］ HYLAND M, HUNTER H, LIU J, et al. Wearable thermoelectric
    generators for human body heat harvesting[J]. Applied Energy, 2016,
    182：518 – 524.

［9］ KIM S J, WE J H, CHO B J. A wearable thermoelectric generator
    fabricated on a glass fabric[J]. Energy & Environmental Science,
    2014, 7(6)：1959 – 1965.

［10］ ZHU W, DENG Y, WANG Y, et al. High-performance photovoltaic-
    thermoelectric hybrid power generation system with optimized thermal

management[J]. Energy, 2016, 100: 91 - 101.

[11]　AMATYA R, RAM R. Solar thermoelectric generator for micropower applications[J]. Journal of Electronic Materials, 2010, 39(9): 1735 - 1740.

[12]　KAJIHARA T, MAKINO K, LEE Y H, et al. Study of thermoelectric generation unit for radiant waste heat [J]. Materials Today: Proceedings, 2015, 2(2): 804 - 813.

[13]　ARANGUREN P, ASTRAIN D, RODRiGUEZ A, et al. Experimental investigation of the applicability of a thermoelectric generator to recover waste heat from a combustion chamber[J]. Applied Energy, 2015, 152: 121 - 130.

[14]　KIZIROGLOU M E, WRIGHT S W, TOH T T, et al. Design and fabrication of heat storage thermoelectric harvesting devices[J]. IEEE Transactions on Industrial Electronics, 2013, 61(1): 302 - 309.

[15]　NAVONE C, SOULIER M, TESTARD J, et al. Optimization and fabrication of a thick printed thermoelectric device[J]. Journal of Electronic Materials, 2011, 40(5): 789 - 793.

[16]　CHEN A, MADAN D, WRIGHT P, et al. Dispenser-printed planar thick-film thermoelectric energy generators [J]. Journal of Micromechanics and Microengineering, 2011, 21(10): 104006.

[17]　ZHOU H, MU X, ZHAO W, et al. Low interface resistance and excellent anti-oxidation of Al/Cu/Ni multilayer thin-film electrodes for Bi_2Te_3 - based modules[J]. Nano Energy, 2017, 40: 274 - 281.

[18]　JIANG J, CHEN L, BAI S, et al. Fabrication and thermoelectric performance of textured n-type Bi2 (Te, Se) 3 by spark plasma sintering[J]. Materials Science and Engineering: B, 2005, 117(3): 334 - 338.

[19]　ZOU M, LI J-F, DU B, et al. Fabrication and thermoelectric properties of fine-grained TiNiSn compounds [J]. Journal of Solid State Chemistry, 2009, 182(11): 3138 - 3142.

[20]　LUO W, YANG M, CHEN F, et al. Fabrication and thermoelectric properties of $Mg_2Si_{1-x}Sn_x$ ($0 \leqslant x \leqslant 1.0$) solid solutions by solid state reaction and spark plasma sintering [J]. Materials Science and

Engineering: B, 2009, 157(1 - 3): 96 - 100.

[21] ZHAO D, TIAN C, TANG S, et al. Fabrication of a $CoSb_3$ - based thermoelectric module [J]. Materials Science in Semiconductor Processing, 2010, 13(3): 221 - 224.

[22] WANG H, SUN X, YAN X, et al. Fabrication and thermoelectric properties of highly textured $Ca_9Co_{12}O_{28}$ ceramic[J]. Journal of Alloys and Compounds, 2014, 582: 294 - 298.

[23] HEWITT C A, KAISER A B, ROTH S, et al. Multilayered carbon nanotube/polymer composite based thermoelectric fabrics[J]. Nano Letters, 2012, 12(3): 1307 - 1310.

[24] LI S, TOPRAK M S, SOLIMAN H M, et al. Fabrication of nanostructured thermoelectric bismuth telluride thick films by electrochemical deposition[J]. Chemistry of Materials, 2006, 18(16): 3627 - 3633.

[25] NUWAYHID R Y, SHIHADEH A, GHADDAR N. Development and testing of a domestic woodstove thermoelectric generator with natural convection cooling[J]. Energy Conversion and Management, 2005, 46 (9 - 10): 1631 - 1643.

[26] LEONOV V, VULLERS R. Wearable thermoelectric generators for body-powered devices[J]. Journal of Electronic Materials, 2009, 38 (7): 1491 - 1498.

[27] GABRIEL-BUENAVENTURA A, AZZOPARDI B. Energy recovery systems for retrofitting in internal combustion engine vehicles: A review of techniques[J]. Renewable and Sustainable Energy Reviews, 2015, 41: 955 - 964.

[28] JUNIOR O A, MARAN A, HENAO N. A review of the development and applications of thermoelectric microgenerators for energy harvesting [J]. Renewable and Sustainable Energy Reviews, 2018, 91: 376 - 393.

[29] ZHENG X, LIU C, YAN Y, et al. A review of thermoelectrics research-Recent developments and potentials for sustainable and renewable energy applications[J]. Renewable and Sustainable Energy Reviews, 2014, 32: 486 - 503.

[30] ELSHEIKH M H, SHNAWAH D A, SABRI M F M, et al. A review

on thermoelectric renewable energy: principle parameters that affect their performance[J]. Renewable and Sustainable Energy Reviews, 2014, 30: 337 – 355.

[31] SNYDER G J, TOBERER E S. Complex thermoelectric materials[J]. Nature Materials, 2008, 7(2): 105 – 114.

[32] WOOD C. Materials for thermoelectric energy conversion[J]. Reports on Progress in Physics, 1988, 51(4): 459.

[33] DRESSELHAUS M S, CHEN G, TANG M Y, et al. New directions for low-dimensional thermoelectric materials[J]. Advanced Materials, 2007, 19(8): 1043 – 1053.

[34] GAYNER C, KAR K K. Recent advances in thermoelectric materials [J]. Progress in Materials Science, 2016, 83: 330 – 382.

[35] HO C Y, POWELL R W, LILEY P E. Thermal conductivity of the elements[J]. Journal of Physical and Chemical Reference Data, 1972, 1 (2): 279 – 421.

[36] VINING C B. A model for the high temperature transport properties of heavily doped n type silicon germanium alloys[J]. Journal of Applied Physics, 1991, 69(1): 331 – 341.

[37] BOUKAI A I, BUNIMOVICH Y, TAHIR-KHELI J, et al. Silicon nanowires as efficient thermoelectric materials[M]. UK: Co-Published with Macmillan Publishers Ltd, 2010.

[38] TONKIKH A A, ZAKHAROV N D, EISENSCHMIDT C, et al. Aperiodic SiSn/Si multilayers for thermoelectric applications [J]. Journal of Crystal Growth, 2014, 392: 49 – 51.

[39] PERNOT G, STOFFEL M, SAVIC I, et al. Precise control of thermal conductivity at the nanoscale through individual phonon-scattering barriers[J]. Nature Materials, 2010, 9(6): 491 – 495.

[40] YAMASHITA O, SADATOMI N. Thermoelectric properties of $Si_{1-x}Ge_x(x \leqslant 0.10)$ with alloy and dopant segregations[J]. Journal of Applied Physics, 2000, 88(1): 245 – 251.

[41] ROWE D M. Thermoelectric power generation[J]. Proceedings of the Institution of Electrical Engineers, 1978, 125(11): 1113 – 1136.

[42] TANI J-I, KIDO H. Thermoelectric properties of Sb-doped Mg_2Si

semiconductors[J]. Intermetallics, 2007, 15(9): 1202 - 1207.

[43] FEDOROV M I, ZAITSEV V K, EREMIN I S, et al. Transport properties of $Mg_2X_{0.4}Sn_{0.6}$ solid solutions (X = Si, Ge) with p-type conductivity[J]. Physics of the Solid State, 2006, 48(8): 1486 - 1490.

[44] NEMOTO T, AKASAKA M, IIDA T, et al. Characterization of oxide-incorporated n-type Mg_2Si prepared by a spark plasma sintering method [C]. Proceedings of the 25th International Conference on Thermoelectrics, 2006.

[45] GESELE G, LINSMEIER J, DRACH V, et al. Temperature-dependent thermal conductivity of porous silicon[J]. Journal of Physics D: Applied Physics, 1997, 30(21): 2911 - 2916.

[46] YAMAMOTO A, TAKAZAWA H, OHTA T. Random porous silicon [C]. 18th International Conference on Thermoelectrics, 1999.

[47] SONG D, CHEN G. Thermal conductivity of periodic microporous silicon films[J]. Applied Physics Letters, 2004, (5): 687 - 689.

[48] LEE J-H, GROSSMAN J, REED J, et al. Lattice thermal conductivity of nanoporous Si: molecular dynamics study [J]. Applied Physics Letters, 2007, 91(22): 223110.

[49] HUXTABLE S T, ABRAMSON A R, TIEN C-L, et al. Thermal conductivity of Si/SiGe and SiGe/SiGe superlattices [J]. Applied Physics Letters, 2002, 80(10): 1737 - 1739.

[50] LEE S M, CAHILL D G, VENKATASUBRAMANIAN R. Thermal conductivity of Si-Ge superlattices[J]. Applied Physics Letters, 1997, 70(22): 2957 - 2959.

[51] BORCA-TASCIUC T, LIU W, LIU J, et al. Thermal conductivity of symmetrically strained Si/Ge superlattices [J]. Superlattices and Microstructures, 2000, 28(3): 199 - 206.

[52] KOGA T, SUN X, CRONIN S, et al. Carrier pocket engineering to design superior thermoelectric materials using GaAs/AlAs superlattices [M]. MRS Online Proceedings Library Archive. 1998.

[53] HOCHBAUM A I, CHEN R, DELGADO R D, et al. Enhanced thermoelectric performance of rough silicon nanowires[J]. Nature, 2008, 451(7175): 163 - 167.

[54] YANG H Q, MIAO L, LIU C Y, et al. A facile surfactant-assisted reflux method for the synthesis of single-crystalline Sb_2Te_3 nanostructures with enhanced thermoelectric performance[J]. ACS Applied Materials and Interfaces, 2015, 7(26): 14263 – 14271.

[55] KO D K, KANG Y, MURRAY C B. Enhanced thermopower via carrier energy filtering in solution-processable Pt-Sb_2Te_3 nanocomposites[J]. Nano Letters, 2011, 11(7): 2841 – 2844.

[56] DAS S, SINGHA P, DEB A K, et al. Role of graphite on the thermoelectric performance of Sb_2Te_3/graphite nanocomposite [J]. Journal of Applied Physics, 2019, 125(19): 195105.

[57] LIU E Y, LIN F H, YANG Z R, et al. A facile energy-saving route of fabricating thermoelectric Sb_2Te_3-Te nanocomposites and nanosized Te [J]. Royal Society Open Science, 2018, 5(10): 180698.

[58] MUN H, LEE K H, YOO S J, et al. Highly fluidic liquid at homointerface generates grain-boundary dislocation arrays for high-performance bulk thermoelectrics[J]. Acta Materialia, 2018, 159: 266 – 275.

[59] YANG H Q, CHEN Y J, WANG X Y, et al. Realizing high thermoelectric performance in Te nanocomposite through Sb_2Te_3 incorporation[J]. CrystEngComm, 2018, 20(47): 7729 – 7738.

[60] SCHAUMANN J, LOOR M, ÜNAL D, et al. Improving the ZT value of thermoelectrics by nanostructuring: tuning the nanoparticle morphology of Sb_2Te_3 by using ionic liquids[J]. Dalton Transactions, 2017, 46(3): 656 – 668.

[61] MUKHERJEE S, FEMI O E, CHETTY R, et al. Microstructure and thermoelectric properties of Cu_2Te-Sb_2Te_3 pseudo-binary system[J]. Applied Surface Science, 2018, 449: 805 – 814.

[62] MEHTA R J, ZHANG Y, ZHU H, et al. Seebeck and figure of merit enhancement in nanostructured antimony telluride by antisite defect suppression through sulfur doping[J]. Nano Letters, 2012, 12(9): 4523 – 4529.

[63] ZHENG W, BI P, KANG H, et al. Low thermal conductivity and high thermoelectric figure of merit in p-type Sb_2Te_3/poly (3, 4-

ethylenedioxythiophene) thermoelectric composites[J]. Applied Physics Letters, 2014, 105(2): 023901.

[64] ZHANG C, NG H, LI Z, et al. Minority carrier blocking to enhance the thermoelectric performance of solution-processed $Bi_x Sb_{2-x} Te_3$ nanocomposites via a liquid-phase sintering process[J]. ACS Applied Materials and Interfaces, 2017, 9(14): 12501 - 12510.

[65] LEE M H, KIM K R, RHYEE J S, et al. High thermoelectric figure-of-merit in $Sb_2 Te_3/Ag_2 Te$ bulk composites as Pb-free p-type thermoelectric materials[J]. Journal of Materials Chemistry C, 2015, 3 (40): 10494 - 10499.

[66] SINDUJA M, AMIRTHAPANDIAN S, JEGADEESAN P, et al. Morphological investigations on the growth of defect-rich $Bi_2 Te_3$ nanorods and their thermoelectric properties [J]. CrystEngComm, 2018, 20(33): 4810 - 4822.

[67] SON J S, CHOI M K, HAN M K, et al. N-type nanostructured thermoelectric materials prepared from chemically synthesized ultrathin $Bi_2 Te_3$ nanoplates[J]. Nano Letters, 2012, 12(2): 640 - 647.

[68] SINDUJA M, AMIRTHAPANDIAN S, MAGUDAPATHY P, et al. Tuning of the thermoelectric properties of $Bi_2 Te_3$ nanorods using helium ion irradiation[J]. ACS Omega, 2018, 3(12): 18411 - 18419.

[69] DU Y, LI J, XU J, et al. Thermoelectric properties of reduced graphene oxide/$Bi_2 Te_3$ nanocomposites[J]. Energies, 2019, 12(12): 24 - 30.

[70] STAVILA V, ROBINSON D B, HEKMATY M A, et al. Wet-chemical synthesis and consolidation of stoichiometric bismuth telluride nanoparticles for improving the thermoelectric figure-of-merit[J]. ACS Applied Materials and Interfaces, 2013, 5(14): 6678 - 6686.

[71] GUO W, MA J, YANG J, et al. A new strategy for realizing the conversion of "Homo-Hetero-Homo" heteroepitaxial growth in $Bi_2 Te_3$ and the thermoelectric performance [J]. Chemistry - A European Journal, 2014, 20(19): 5657 - 5664.

[72] SONI A, YANYUAN Z, LIGEN Y, et al. Enhanced thermoelectric properties of solution grown $Bi_2 Te_{3-x} Se_x$ nanoplatelet composites[J].

Nano Letters，2012，12(3)：1203－1209.

[73] XU B，FENG T，AGNE M T，et al. Highly porous thermoelectric nanocomposites with low thermal conductivity and high figure of merit from large-scale solution-synthesized $Bi_2Te_{2.5}Se_{0.5}$ hollow nanostructures[J]. Angewandte Chemie-International Edition，2017，56(13)：3546－3551.

[74] ZHANG Y，WANG H，KRAEMER S，et al. Surfactant-free synthesis of Bi_2Te_3-Te micro-nano heterostructure with enhanced thermoelectric figure of merit[J]. Acs Nano，2011，5(4)：3158－3165.

[75] CHENG L，CHEN Z G，YANG L，et al. T-shaped Bi_2Te_3-Te heteronanojunctions：epitaxial growth，structural modeling，and thermoelectric properties[J]. Journal of Physical Chemistry C，2013，117(24)：12458－12464.

[76] HONG M，CHEN Z G，YANG L，et al. Enhancing thermoelectric performance of Bi_2Te_3－based nanostructures through rational structure design[J]. Nanoscale，2016，8(16)：8681－8686.

[77] LI S，FAN T，LIU X，et al. Graphene quantum dots embedded in Bi_2Te_3 nanosheets to enhance thermoelectric performance[J]. ACS Applied Materials and Interfaces，2017，9(4)：3677－3685.

[78] MIN Y，ROH J W，YANG H，et al. Surfactant-free scalable synthesis of Bi_2Te_3 and Bi_2Se_3 nanoflakes and enhanced thermoelectric properties of their nanocomposites[J]. Advanced Materials，2013，25(10)：1425－1429.

[79] ZHANG Q，AI X，WANG L，et al. Improved thermoelectric performance of silver nanoparticles-dispersed Bi_2Te_3 composites deriving from hierarchical two-phased heterostructure[J]. Advanced Functional Materials，2015，25(6)：966－976.

[80] HAO F，QIU P，TANG Y，et al. High efficiency Bi_2Te_3－based materials and devices for thermoelectric power generation between 100 and 300℃[J]. Energy & Enviromental Scicence，2016，9(10)：3120－3127.

[81] WU H J，YEN W T. High thermoelectric performance in Cu-doped Bi_2Te_3 with carrier-type transition[J]. Acta Materialia，2018，157：33－41.

［82］ IVANOV O，YAPRINTSEV M，LYUBUSHKIN R，et al. Enhancement of thermoelectric efficiency in Bi_2Te_3 via rare earth element doping［J］. Scripta Materialia，2018，146：91 - 94.

［83］ HAN M K，HWANG J，KIM S J. Improved thermoelectric properties of n-type Bi_2Te_3 alloy deriving from two-phased heterostructure by the reduction of CuI with Sn［J］. Journal of Materials Science-Materials in Electronics，2019，30(2)：1282 - 1291.

［84］ LI Z，MIAO N，ZHOU J，et al. High thermoelectric performance of few-quintuple Sb_2Te_3 nanofilms［J］. Nano Energy，2018，43：285 - 290.

［85］ KHUMTONG T，SUKWISUTE P，SAKULKALAVEK A，et al. Microstructure and electrical properties of antimony telluride thin films deposited by RF magnetron sputtering on flexible substrate using different sputtering pressures［J］. Journal of Electronic Materials，2017，46(5)：3166 - 3171.

［86］ SHEN H，LEE S，KANG J-G，et al. Thickness dependence of the electrical and thermoelectric properties of co-evaporated Sb_2Te_3 films［J］. Applied Surface Science，2018，429：115 - 120.

［87］ BENDT G，KAISER K，HECKEL A，et al. Structural and thermoelectrical characterization of epitaxial Sb_2Te_3 high quality thin films grown by thermal evaporation［J］. Semiconductor Science and Technology，2018，33(10)：105002.

［88］ LEE C W，KIM G H，CHOI J W，et al. Improvement of thermoelectric properties of Bi_2Te_3 and Sb_2Te_3 films grown on graphene substrate［J］. Physica Status Solidi-Rapid Research Letters，2017，11(6)：1700029.

［89］ VIEIRA E M F，FIGUEIRA J，PIRES A L，et al. Enhanced thermoelectric properties of Sb_2Te_3 and Bi_2Te_3 films for flexible thermal sensors［J］. Journal of Alloys and Compounds，2019，774：1102 - 1116.

［90］ WANARATTIKAN P，JITTHAMMAPIROM P，SAKDANUPHAB R，et al. Effect of grain size and film thickness on the thermoelectric properties of flexible Sb_2Te_3 thin films［J］. Advances in Materials Science and Engineering，2019：1 - 7.

[91] ZHANG X, ZENG Z, SHEN C, et al. Investigation on the electrical transport properties of highly (00l)- textured Sb_2Te_3 films deposited by molecular beam epitaxy[J]. Journal of Applied Physics, 2014, 115(2): 024307.

[92] GONCALVES L M, ALPUIM P, ROLO A G, et al. Thermal co-evaporation of Sb_2Te_3 thin-films optimized for thermoelectric applications[J]. Thin Solid Films, 2011, 519(13): 4152 – 4157.

[93] TRUNG N, SAKAMOTO K, TOAN N, et al. Synthesis and evaluation of thick films of electrochemically deposited Bi_2Te_3 and Sb_2Te_3 thermoelectric materials[J]. Materials, 2017, 10(2): 154.

[94] KIM J, ZHANG M, BOSZE W, et al. Maximizing thermoelectric properties by nanoinclusion of γ – SbTe in Sb_2Te_3 film via solid-state phase transition from amorphous Sb-Te electrodeposits [J]. Nano Energy, 2015, 13: 727 – 734.

[95] ZHANG Z, WU Y, ZHANG H, et al. Enhancement of Seebeck coefficient in Sb-rich Sb_2Te_3 thin film[J]. Journal of Materials Science-Materials in Electronics, 2015, 26(3): 1619 – 1624.

[96] ZHANG Z, ZHANG H, WU Y, et al. Optimization of the thermopower of antimony telluride thin film by introducing tellurium nanoparticles[J]. Applied Physics A – Materials Science & Processing, 2015, 118(3): 1043 – 1051.

[97] YOO I-J, SONG Y, LIM D C, et al. Thermoelectric characteristics of Sb_2Te_3 thin films formed via surfactant-assisted electrodeposition[J]. Journal of Materials Chemistry A, 2013, 1(17): 5430 – 5435.

[98] DUN C, HEWITT C A, LI Q, et al. 2D chalcogenide nanoplate assemblies for thermoelectric applications [J]. Advanced Materials, 2017, 29(21): 1700070.

[99] KIM J, LEE K H, KIM S D, et al. Simple and effective fabrication of Sb_2Te_3 films embedded with Ag_2Te nanoprecipitates for enhanced thermoelectric performance [J]. Journal of Materials Chemistry A, 2018, 6(2): 349 – 356.

[100] ZHANG Y, SNEDAKER M L, BIRKEL C S, et al. Silver-based intermetallic heterostructures in Sb_2Te_3 thick films with enhanced

thermoelectric power factors[J]. Nano Letters, 2012, 12(2): 1075 – 1080.

[101] ZHANG Y, BAHK J H, LEE J, et al. Hot carrier filtering in solution processed heterostructures: a paradigm for improving thermoelectric efficiency[J]. Advanced Materials, 2014, 26(17): 2755 – 2761.

[102] SHI D, WANG R, WANG G, et al. Enhanced thermoelectric properties in Cu-doped Sb_2Te_3 films [J]. Vacuum, 2017, 145: 347 – 350.

[103] DUN C, HEWITT C A, LI Q, et al. Self-assembled heterostructures: selective growth of metallic nanoparticles on V_2-VI_3 Nanoplates[J]. Adv Mater, 2017, 29(38): 1702968.

[104] THANKAMMA G, KUNJOMANA A G. Studies on sulfur doping and figure of merit in vapor grown Sb_2Te_3 platelet crystals[J]. Journal of Crystal Growth, 2015, 415: 65 – 71.

[105] LIN J M, CHEN Y C, LIN C P. Annealing effect on the thermoelectric properties of Bi_2Te_3 thin films prepared by thermal evaporation method[J]. Journal of Nanomaterials, 2013: 201017.

[106] ZENG Z, YANG P, HU Z. Temperature and size effects on electrical properties and thermoelectric power of bismuth telluride thin films deposited by co-sputtering[J]. Applied Surface Science, 2013, 268: 472 – 476.

[107] ZHANG Z, WANG Y, DENG Y, et al. The effect of (00*l*) crystal plane orientation on the thermoelectric properties of Bi_2Te_3 thin film [J]. Solid State Communications, 2011, 151(21): 1520 – 1523.

[108] WANG Z, ZHANG X, ZENG Z, et al. Two-step molecular beam epitaxy growth of bismuth telluride nanoplate thin film with enhanced thermoelectric properties[J]. ECS Solid State Letters, 2014, 3(8): 99 – 101.

[109] SHANG H J, DING F Z, DENG Y, et al. Highly (00*l*)-oriented Bi_2Te_3/Te heterostructure thin films with enhanced power factor[J]. Nanoscale, 2018, 10(43): 20189 – 20195.

[110] SUH J, YU K M, FU D, et al. Simultaneous enhancement of electrical conductivity and thermopower of Bi_2Te_3 by multifunctionality

of native defects[J]. Advanced Materials, 2015, 27(24): 3681 - 3686.

[111] LIU S, PENG N, BAI Y, et al. Self-formation of thickness tunable Bi_2Te_3 nanoplates on thin films with enhanced thermoelectric performance[J]. RSC Advances, 2016, 6(38): 31668 - 31674.

[112] TALEBI T, GHOMASHCHI R, TALEMI P, et al. Thermoelectric performance of electrophoretically deposited p-type Bi_2Te_3 film[J]. Applied Surface Science, 2019, 477: 27 - 31.

[113] JIN Q, JIANG S, ZHAO Y, et al. Flexible layer-structured Bi_2Te_3 thermoelectric on a carbon nanotube scaffold[J]. Nature Materials, 2019, 18(1): 62 - 68.

[114] KIM C, BAEK J Y, LOPEZ D H, et al. Interfacial energy band and phonon scattering effect in Bi_2Te_3 - polypyrrole hybrid thermoelectric material[J]. Applied Physics Letters, 2018, 113(15): 153901.

[115] CHOI H, JEONG K, CHAE J, et al. Enhancement in thermoelectric properties of Te-embedded Bi_2Te_3 by preferential phonon scattering in heterostructure interface[J]. Nano Energy, 2018, 47: 374 - 384.

[116] YANG W, TSAKALAKOS T, HILLIARD J. Enhanced elastic modulus in composition-modulated gold-nickel and copper-palladium foils[J]. Journal of Applied Physics, 1977, 48(3): 876 - 879.

[117] SCHNEIDER H, FUJIWARA K, GRAHN H, et al. Electro-optical multistability in GaAs/AlAs superlattices at room temperature[J]. Applied Physics Letters, 1990, 56(7): 605 - 607.

[118] SIFFALOVIC P, MAJKOVA E, CHITU L, et al. Characterization of Mo/Si soft X-ray multilayer mirrors by grazing-incidence small-angle X-ray scattering[J]. Vacuum, 2009, 84(1): 19 - 25.

[119] STEARNS D G, ROSEN R S, VERNON S P. Multilayer mirror technology for soft-X-ray projection lithography[J]. Applied Optics, 1993, 32(34): 6952 - 6960.

[120] BOTTNER H, NURNUS J, GAVRIKOV A, et al. New thermoelectric components using microsystem technologies [J]. Journal of Microelectromechanical Systems, 2004, 13(3): 414 - 420.

[121] NIELSCH K, BACHMANN J, KIMLING J, et al. Thermoelectric nanostructures: from physical model systems towards nanograined

composites[J]. Advanced Energy Materials, 2011, 1(5): 713 - 731.

[122] YAO T. Thermal properties of AlAs/GaAs superlattices[J]. Applied Physics Letters, 1987, 51(22): 1798 - 1800.

[123] CHEN B, ZHANG Q-M, BERNHOLC J. Si diffusion in GaAs and Si-induced interdiffusion in GaAs/AlAs superlattices[J]. Physical Review B, 1994, 49(4): 2985 - 2988.

[124] FEUCHTER M, JOOSS C, KAMLAH M. The 3ω - method for thermal conductivity measurements in a bottom heater geometry[J]. Physica Status Solidi (a), 2016, 213(3): 649 - 661.

[125] DUAN N, WANG X, LI N, et al. Thermal analysis of high-power InGaAs-InP photodiodes[J]. IEEE Journal of Quantum Electronics, 2006, 42(12): 1255 - 1258.

[126] CAPINSKI W S, MARIS H J. Thermal conductivity of GaAs/AlAs superlattices[J]. Physica B - Condensed Matter, 1996, 219: 699 - 701.

[127] HARMAN T, SPEARS D, WALSH M. PbTe/Te superlattice structures with enhanced thermoelectric figures of merit[J]. Journal of Electronic Materials, 1999, 28(1): L1 - L5.

[128] HARMAN T, TAYLOR P, WALSH M, et al. Quantum dot superlattice thermoelectric materials and devices[J]. Science, 2002, 297(5590): 2229 - 2232.

[129] MAHAN G D, WOODS L M. Multilayer thermionic refrigeration[J]. Physical Review Letters, 1998, 80(18): 4016 - 4019.

[130] RAWAT V, SANDS T. Growth of TiN/GaN metal/semiconductor multilayers by reactive pulsed laser deposition[J]. Journal of Applied Physics, 2006, 100(6): 064901.

[131] RAWAT V, KOH Y K, CAHILL D G, et al. Thermal conductivity of (Zr, W)N/ScN metal/semiconductor multilayers and superlattices [J]. Journal of Applied Physics, 2009, 105(2): 024909.

[132] ZEBARJADI M, BIAN Z, SINGH R, et al. Thermoelectric transport in a ZrN/ScN superlattice[J]. Journal of Electronic Materials, 2009, 38(7): 960 - 963.

[133] BOTTNER H, NURNUS J, SCHUBERT A, et al. New high density

micro structured thermogenerators for stand alone sensor systems[C].
Proceedings of the 26th International Conference on Thermoelectrics,
IEEE, 2007.

[134] CAHILL D G. Thermal conductivity measurement from 30 to 750 K:
the 3 omega method[J]. Review of Scientific Instruments, 1990, 61
(2): 802 - 808.

[135] YAO D J, CHIEN H C, LIU Y C, et al. The study of thin films
thermal conductivity measurement by 3 omega method [C].
Proceedings of the International Symposium on Nanotechnology and
Energy, Hsinchu, Taiwan, 2004.

[136] CARSLAW H S, JAEGER J C. Conduction of heat in solids[M].
Oxford: Oxford University Press, 1959.

[137] CALLISTER W D. Materials science and engineering: an introduction
[M]. New York: John Wiley & Sons Inc, 2003.

[138] CAHILL D G, FISCHER H E, KLITSNER T, et al. Thermal
conductivity of thin films: measurements and understanding [J].
Journal of Vacuum Science & Technology A - Vacuum Surfaces and
Films, 1989, 7(3): 1259 - 1266.

[139] CAHILL D G, ALLEN T H. Thermal conductivity of sputtered and
evaporated SiO_2 and TiO_2 optical coatings [J]. Applied Physics
Letters, 1994, 65(3): 309 - 311.

[140] KIM J H, FELDMAN A, NOVOTNY D. Application of the three
omega thermal conductivity measurement method to a film on a
substrate of finite thickness[J]. Journal of Applied Physics, 1999, 86
(7): 3959 - 3963.

[141] YAMANE T, NAGAI N, KATAYAMA S, et al. Measurement of
thermal conductivity of silicon dioxide thin films using a 3 omega
method[J]. Journal of Applied Physics, 2002, 91(12): 9772 - 9776.

[142] MOON S, HATANO M, LEE M, et al. Thermal conductivity of
amorphous silicon thin films[J]. International Journal of Heat and
Mass Transfer, 2002, 45(12): 2439 - 2447.

[143] RUF T, HENN R W, ASEN-PALMER M, et al. Thermal
conductivity of isotopically enriched silicon [J]. Solid State

Communications，2000，115(5)：243 – 247.

[144] LEVINSHTEIN M E，SERGEY L RUMYANTSEV，MICHAEL S SHUR. Properties of Advanced SemiconductorMaterials GaN，AlN，InN，BN，SiC，SiGe[M]. New York：John Wiley & Sons，2001.

[145] CHEN G，BORCA-TASCIUC T，LIU W L，et al. Thermal conductivity of symmetrically strained Si/Ge superlattices [J]. Superlattices and Microstructures，2000，28(3)：199 – 206.

[146] VENKATASUBRAMANIAN R. Lattice thermal conductivity reduction and phonon localizationlike behavior in superlattice structures[J]. Physical Review B，2000，61(4)：3091 – 3097.

[147] CHEN G. Thermal conductivity and ballistic-phonon transport in the cross-plane direction of superlattices[J]. Physical Review B，1998，57 (23)：14958 – 14973.

[148] MAJUMDAR A，REDDY P. Role of electron-phonon coupling in thermal conductance of metal-nonmetal interfaces[J]. Applied Physics Letters，2004，84(23)：4768 – 4770.

[149] HOPKINS P E，KASSEBAUM J L，NORRIS P M. Effects of electron scattering at metal-nonmetal interfaces on electron-phonon equilibration in gold films[J]. Journal of Applied Physics，2009，105 (2)：023710.

[150] ORDONEZ-MIRANDA J，ALVARADO-GIL J J，YANG R. The effect of the electron-phonon coupling on the effective thermal conductivity of metal-nonmetal multilayers[J]. Journal of Applied Physics，2011，109(9)：094310.

[151] ROWE D M. CRC Handbook of thermoelectrics[M]. Boca Raton：CRC Press，1995.

[152] 陈立东，刘睿恒，史讯. 热电材料与器件[M]. 北京：科学出版社，2018.

[153] FALEEV S V，LéONARD F. Theory of enhancement of thermoelectric properties of materials with nanoinclusions[J]. Physical Review B，2008，77(21)：214304.

[154] ROSE D H，HASOON F S，DHERE R G，et al. Fabrication procedures and process sensitivities for CdS/CdTe solar cells [J]. Progress in Photovoltaics，1999，7(5)：331 – 340.

[155] MATIN M, ALIYU M M, QUADERY A H, et al. Prospects of novel front and back contacts for high efficiency cadmium telluride thin film solar cells from numerical analysis[J]. Solar Energy Materials and Solar Cells, 2010, 94(9): 1496－1500.

[156] MINNICH A J, DRESSELHAUS M S, REN Z F, et al. Bulk nanostructured thermoelectric materials: current research and future prospects[J]. Energy & Environmental Science, 2009, 2(5): 466－479.

[157] SCHERRER P. Determination of the size and internal structure of colloidal particles using X-rays[J]. Nachr Ges Wiss Göttingen, 1918, 2: 98－100.

[158] PAL K, ANAND S, WAGHMARE U V. Thermoelectric properties of materials with nontrivial electronic topology[J]. Journal of Materials Chemistry C, 2015, 3(46): 12130－12139.

[159] SHEKAR N V C, POLVANI D A, MENG J F, et al. Improved thermoelectric properties due to electronic topological transition under high pressure[J]. Physica B, 2005, 358(1－4): 14－18.

[160] ZHANG H, LIU C X, QI X L, et al. Topological insulators in Bi_2Se_3, Bi_2Te_3 and Sb_2Te_3 with a single Dirac cone on the surface[J]. Nature Physics, 2009, 5(6): 438－442.

[161] 赵堃. 压力下 Bi_2Te_3 和 Sb_2Te_3 中电子拓扑转变的第一性原理研究[D]. 哈尔滨工业大学, 2017.

[162] GOMIS O, VILAPLANA R, MANJóN F J, et al. Lattice dynamics of Sb_2Te_3 at high pressures[J]. Physical Review B, 2011, 84(17): 174305.

[163] ZHAO K, WANG Y, XIN C, et al. Pressure-induced anomalies in structure, charge density and transport properties of Bi_2Te_3: a first principles study[J]. Journal of Alloys and Compounds, 2016, 661: 428－434.

[164] BERA A, PAL K, MUTHU D V S, et al. Sharp Raman anomalies and broken adiabaticity at a pressure induced transition from band to topological insulator in Sb_2Se_3[J]. Physical Review Letters, 2013, 110 (10): 107401.

[165] YU Z, WANG L, HU Q, et al. Structural phase transitions in Bi_2Se_3 under high pressure[J]. Scientific Reports, 2015, 5: 15939.

[166] ZHANG J, HU T, YAN J, et al. Pressure driven semi-metallic phase transition of Sb_2Te_3[J]. Materials Letters, 2017, 209: 78-81.

[167] MENG J F, SHEKAR N V C, BADDING J V, et al. Multifold enhancement of the thermoelectric figure of merit in p-type $BaBiTe_3$ by pressure tuning[J]. Journal of Applied Physics, 2001, 90(6): 2836-2839.

[168] POLVANI D A, MENG J F, CHANDRA SHEKAR N V, et al. Large improvement in thermoelectric properties in pressure-tuned p-type $Sb_{1.5}Bi_{0.5}Te_3$[J]. Chemistry of Materials, 2001, 13(6): 2068-2071.

[169] WU Y, CHEN Z, NAN P, et al. Lattice strain advances thermoelectrics[J]. Joule, 2019, 3: 1276-1288.

[170] RICHTER W, BECKER C R. A Raman and far-infrared investigation of phonons in the rhombohedral V_2-VI_3 compounds Bi_2Te_3, Bi_2Se_3, Sb_2Te_3 and $Bi_2(Te_{1-x}Se_x)_3(0<x<1)$, $(Bi_{1-y}Sb_y)_2Te_3(0<y<1)$[J]. Physica Status Solidi B - Basic Research, 1977, 84(2): 619-628.

[171] PINE A S, DRESSELHAUS G. Raman spectra and lattice dynamics of tellurium[J]. Physical Review B, 1971, 4(2): 356-371.

[172] SECOR J, HARRIS M A, ZHAO L, et al. Phonon renormalization and Raman spectral evolution through amorphous to crystalline transitions in Sb_2Te_3 thin films[J]. Applied Physics Letters, 2014, 104(22): 221908.

[173] RICHTER W, RENUCCI J B, CARDONA M. Hydrostatic pressure dependence of first-order Raman frequencies in Se and Te[J]. Physica Status Solidi B - Basic Research, 1973, 56(1): 223-229.

[174] KLEMENS P G. Thermal conductivity and lattice vibrational modes [J]. Phys Rev B, 1958, 20: 1-98.

[175] CARRUTHERS P. Scattering of phonons by elastic strain fields and the thermal resistance of dislocations[J]. Physical Review, 1959, 114(4): 995-1001.

[176] 刘恩科,朱秉升,罗晋生. 半导体物理学[M]. 7 版. 北京:电子工业出版

社,2008.

[177] ZHU T, HU L, ZHAO X, et al. New insights into intrinsic point defects in V_2VI_3 thermoelectric materials [J]. Advanced Science, 2016, 3(7): 1600004.

[178] NOGUCHI S, SAKATA H. Electrical properties of undoped In_2O_3 films prepared by reactive evaporation [J]. Journal of Physics D - Applied Physics, 1980, 13(6): 1129 - 1133.

[179] LI Y Y, QIN X Y, LI D, et al. Enhanced thermoelectric performance of $Cu_2Se/Bi_{0.4}Sb_{1.6}Te_3$ nanocomposites at elevated temperatures [J]. Applied Physics Letters, 2016, 108(6): 062104.

[180] SHEN S, ZHU W, DENG Y, et al. Enhancing thermoelectric properties of Sb_2Te_3 flexible thin film through microstructure control and crystal preferential orientation engineering [J]. Applied Surface Science, 2017, 414: 197 - 204.

[181] SALEEMI M, RUDITSKIY A, TOPRAK M S, et al. Evaluation of the structure and transport properties of nanostructured antimony telluride (Sb_2Te_3) [J]. Journal of Electronic Materials, 2014, 43: 1927 - 1932.

[182] VAN THIET D, VAN QUANG N, HAI N T M, et al. Optimizing the carrier density and thermoelectric properties of Sb_2Te_3 films by using the growth temperature [J]. Journal of the Korean Physical Society, 2018, 72(8): 915 - 919.

[183] SCHUMACHER C, REINSBERG K G, AKINSINDE L, et al. Optimization of electrodeposited p-doped Sb_2Te_3 thermoelectric films by millisecond potentiostatic pulses [J]. Advanced Energy Materials, 2012, 2(3): 345 - 352.

[184] SHI W, YU S, LIU P, et al. Hydrothermal synthesis and thermoelectric transport properties of Sb_2Te_3-Te heterogeneous nanostructures [J]. CrystEngComm, 2013, 15(15): 2978 - 2985.

[185] SUN Y, ZHANG E, JOHNSEN S, et al. Growth of $FeSb_2$ thin films by magnetron sputtering [J]. Thin Solid Films, 2011, 519(16): 5397 - 5402.

[186] NUTHONGKUM P, SAKDANUPHAB R, HORPRATHUM M, et

al. [Bi] : [Te] control, structural and thermoelectric properties of flexible bix tey thin films prepared by RF magnetron sputtering at different sputtering pressures[J]. Journal of Electronic Materials, 2017, 46(11): 6444 - 6450.

[187] KIM D-H, BYON E, LEE G-H, et al. Effect of deposition temperature on the structural and thermoelectric properties of bismuth telluride thin films grown by co-sputtering[J]. Thin Solid Films, 2006, 510(1 - 2): 148 - 153.

[188] MADELUNG O. Semiconductor: date handbook [M]. Berlin: Springer, 2003.

[189] WRIGHT D A. Thermoelectric properties of bismuth telluride and its alloys[J]. Nature, 1958, 181(4612): 834.

[190] HICKS L D, DRESSELHAUS M S. Effect of quantum-well structures on the thermoelectric figure of merit[J]. Physical Review B, 1993, 47 (19): 12727 - 12731.

[191] PLUCINSKI L, MUSSLER G, KRUMRAIN J, et al. Robust surface electronic properties of topological insulators: $Bi_2 Te_3$ films grown by molecular beam epitaxy[J]. Applied Physics Letters, 2011, 98(22): 222503.

[192] WANG G. MBE-Grown Binary Chalcogenide one-dimensional nanostructures: synthesis, structural analysis and formation mechanisms[D]. Hong Kong: Hong Kong University of Science and Technology, 2011.

[193] SHAHIL K M F, HOSSAIN M Z, TEWELDEBRHAN D, et al. Crystal symmetry breaking in few-quintuple $Bi_2 Te_3$ films: applications in nanometrology of topological insulators [J]. Applied Physics Letters, 2010, 96(15): 153103.

[194] LI H, CAO J, ZHENG W, et al. Controlled Synthesis of Topological Insulator Nanoplate Arrays on Mica[J]. Journal of the American Chemical Society, 2012, 134(14): 6132 - 6135.

[195] TEWELDEBRHAN D, GOYAL V, BALANDIN A A. Exfoliation and characterization of bismuth telluride atomic quintuples and quasi-two-dimensional crystals[J]. Nano Letters, 2010, 10 (4): 1209 -

1218.

[196] ZHANG Y, MEHTA R J, BELLEY M, et al. Lattice thermal conductivity diminution and high thermoelectric power factor retention in nanoporous macroassemblies of sulfur-doped bismuth telluride nanocrystals[J]. Applied Physics Letters, 2012, 100(19): 193113.

[197] ZHAO K, DUAN H, RAGHAVENDRA N, et al. Solid-state explosive reaction for nanoporous bulk thermoelectric materials[J]. Advanced Materials, 2017, 29(42): 1701148.

[198] SHI X, WU A, LIU W, et al. Polycrystalline SnSe with extraordinary thermoelectric property via nanoporous design[J]. ACS Nano, 2018, 12(11): 11417 - 11425.

[199] DUN C, HEWITT C A, JIANG Q, et al. Bi_2Te_3 plates with single nanopore: the formation of surface defects and self-repair growth[J]. Chemistry of Materials, 2018, 30(6): 1965 - 1970.

[200] BUHA J, GASPARI R, DEL RIO CASTILLO A E, et al. Thermal stability and anisotropic sublimation of two-dimensional colloidal Bi_2Te_3 and Bi_2Se_3 nanocrystals[J]. Nano Letters, 2016, 16(7): 4217 - 4223.

[201] ZHU W, DENG Y, WANG Y, et al. Preferential growth transformation of $Bi_{0.5}Sb_{1.5}Te_3$ films induced by facile post-annealing process: enhanced thermoelectric performance with layered structure[J]. Thin Solid Films, 2014, 556: 270 - 276.

[202] TAKASHIRI M, TANAKA S, MIYAZAKI K. Improved thermoelectric performance of highly-oriented nanocrystalline bismuth antimony telluride thin films[J]. Thin Solid Films, 2010, 519(2): 619 - 624.

[203] SUN T, SAMANI M K, KHOSRAVIAN N, et al. Enhanced thermoelectric properties of n-type $Bi_2Te_{2.7}Se_{0.3}$ thin films through the introduction of Pt nanoinclusions by pulsed laser deposition[J]. Nano Energy, 2014, 8: 223 - 230.